计算机科学与技术专业核心教材体系建设 —— 建议使用时间

课程系列	基础系列	电类系列	程序系列	系统系列	应用系列	选修系列
四年级下						
四年级上			软件工程综合实践	计算机体系结构	计算机图形学	机器学习 物联网导论 大数据分析技术 数字图像技术
三年级下			软件工程 编译原理		人工智能导论 数据库原理与技术 嵌入式系统	
三年级上			算法设计与分析	计算机网络		
二年级下			数据结构	计算机系统综合实践		
二年级上	离散数学(下)	数字逻辑设计 数字逻辑设计实验	面向对象程序设计 程序设计实践	操作系统		
一年级下	离散数学(上) 信息安全导论	电子技术基础	计算机程序设计	计算机原理		
一年级上	大学计算机基础					

面 向 新 工 科 专 业 建 设 计 算 机 系 列 教 材

Java 语言与网络编程

（微课版）

刘 康 钱 旭 高文超◎编著

清華大學出版社
北 京

内 容 简 介

本书在全面介绍Java语言面向对象的程序设计思想、类与对象的定义与使用,以及Java Web编程等基本知识的基础上,着重介绍Java语言的封装、继承与多态的实现机制,图形用户界面设计方法,基于Servlet的服务器端服务程序,以及基于JSP和JavaBean技术的网络程序设计方法。

全书共分三篇:语言篇(第1～7章)着重介绍Java语言本身,包括Java语言基础知识和类的使用;应用篇(第8～12章)着重讨论利用Java GUI框架编写图形用户界面程序,同时介绍异常处理机制和多线程在程序中的实现细节;Web编程篇(第13～17章)基于Servlet技术框架介绍Java语言在Web编程中的应用。全书提供大量程序示例,每章后均附有习题。

本书适合作为高等院校计算机科学与技术、软件工程专业高年级本科生、研究生的教材,也可供对Java语言比较熟悉并且对Web编程有所了解的开发人员、广大科技工作者和研究人员参考。

图书在版编目(CIP)数据

Java语言与网络编程:微课版/刘康,钱旭,高文超编著.—北京:清华大学出版社,2022.6
面向新工科专业建设计算机系列教材
ISBN 978-7-302-60773-1

Ⅰ.①J… Ⅱ.①刘… ②钱… ③高… Ⅲ.①JAVA语言—程序设计—高等学校—教材 Ⅳ.①TP312.8

中国版本图书馆CIP数据核字(2022)第076071号

责任编辑: 白立军 杨 帆
封面设计: 刘 乾
责任校对: 焦丽丽
责任印制: 丛怀宇

出版发行: 清华大学出版社
网 址: http://www.tup.com.cn, http://www.wqbook.com
地 址: 北京清华大学学研大厦A座 **邮 编:** 100084
社 总 机: 010-83470000 **邮 购:** 010-62786544
投稿与读者服务: 010-62776969, c-service@tup.tsinghua.edu.cn
质量反馈: 010-62772015, zhiliang@tup.tsinghua.edu.cn
课件下载: http://www.tup.com.cn,010-83470236
印 装 者: 三河市龙大印装有限公司
经 销: 全国新华书店
开 本: 185mm×260mm **印 张:** 18 **插 页:** 1 **字 数:** 419千字
版 次: 2022年6月第1版 **印 次:** 2022年6月第1次印刷
定 价: 59.00元

产品编号:094455-01

出版说明

一、系列教材背景

人类已经进入智能时代，云计算、大数据、物联网、人工智能、机器人、量子计算等是这个时代最重要的技术热点。为了适应和满足时代发展对人才培养的需要，2017 年 2 月以来，教育部积极推进新工科建设，先后形成了“复旦共识”“天大行动”和“北京指南”，并发布了《教育部高等教育司关于开展新工科研究与实践的通知》《教育部办公厅关于推荐新工科研究与实践项目的通知》，全力探索形成领跑全球工程教育的中国模式、中国经验，助力高等教育强国建设。新工科有两个内涵：一是新的工科专业；二是传统工科专业的新需求。新工科建设将促进一批新专业的发展，这批新专业有的是依托于现有计算机类专业派生、扩展而成的，有的是多个专业有机整合而成的。由计算机类专业派生、扩展形成的新工科专业有计算机科学与技术、软件工程、网络工程、物联网工程、信息管理与信息系统、数据科学与大数据技术等。由计算机类学科交叉融合形成的新工科专业有网络空间安全、人工智能、机器人工程、数字媒体技术、智能科学与技术等。

在新工科建设的“九个一批”中，明确提出“建设一批体现产业和技术最新发展的新课程”“建设一批产业急需的新兴工科专业”。新课程和新专业的持续建设，都需要以适应新工科教育的教材作为支撑。由于各个专业之间的课程相互交叉，但是又不能相互包含，所以在选题方向上，既考虑由计算机类专业派生、扩展形成的新工科专业的选题，又考虑由计算机类专业交叉融合形成的新工科专业的选题，特别是网络空间安全专业、智能科学与技术专业的选题。基于此，清华大学出版社计划出版“面向新工科专业建设计算机系列教材”。

二、教材定位

教材使用对象为“211 工程”高校或同等水平及以上高校计算机类专业及相关专业学生。

三、教材编写原则

(1) 借鉴 *Computer Science Curricula* 2013(以下简称 CS2013)。CS2013 的核心知识领域包括算法与复杂度、体系结构与组织、计算科学、离散结构、图形学与可视化、人机交互、信息保障与安全、信息管理、智能系统、网络与通信、操作系统、基于平台的开发、并行与分布式计算、程序设计语言、软件开发基础、软件工程、系统基础、社会问题与专业实践等内容。

(2) 处理好理论与技能培养的关系,注重理论与实践相结合,加强对学生思维方式的训练和计算思维的培养。计算机专业学生能力的培养特别强调理论学习、计算思维培养和实践训练。本系列教材以"重视理论,加强计算思维培养,突出案例和实践应用"为主要目标。

(3) 为便于教学,在纸质教材的基础上,融合多种形式的教学辅助材料。每本教材可以有主教材、教师用书、习题解答、实验指导等。特别是在数字资源建设方面,可以结合当前出版融合的趋势,做好立体化教材建设,可考虑加上微课、微视频、二维码、MOOC 等扩展资源。

四、教材特点

1. 满足新工科专业建设的需要

系列教材涵盖计算机科学与技术、软件工程、物联网工程、数据科学与大数据技术、网络空间安全、人工智能等专业的课程。

2. 案例体现传统工科专业的新需求

编写时,以案例驱动,任务引导,特别是有一些新应用场景的案例。

3. 循序渐进,内容全面

讲解基础知识和实用案例时,由简单到复杂,循序渐进,系统讲解。

4. 资源丰富,立体化建设

除了教学课件外,还可以提供教学大纲、教学计划、微视频等扩展资源,以方便教学。

五、优先出版

1. 精品课程配套教材

主要包括国家级或省级的精品课程和精品资源共享课的配套教材。

2. 传统优秀改版教材

对于已经出版、得到市场认可的优秀教材,由于新技术的发展,计划给图书配上新的教学形式、教学资源的改版教材。

3. 前沿技术与热点教材

反映计算机前沿和当前热点的相关教材，例如云计算、大数据、人工智能、物联网、网络空间安全等方面的教材。

六、联系方式

联系人：白立军
联系电话：010-83470179
联系和投稿邮箱：bailj@tup.tsinghua.edu.cn

面向新工科专业建设计算机系列教材编委会
2019年6月

面向新工科专业建设计算机系列教材编委会

FOREWORD

前言

1995年，Java语言在Internet编程领域大放异彩，原因在于其纯面向对象、平台无关性、多线程、高安全性、良好的可移植性和可扩展性等特征，使它成为连接用户与信息的窗口，并得到了广泛的应用和发展。截至2022年3月，Oracle公司已经发布了Java开发包(Java Development Kit，JDK)的18个主要版本，应用程序接口(Application Programming Interface，API)已经从200个类扩充到超过4000个类。现如今，API已实现覆盖用户界面的构建、数据库管理、国际化、安全性以及可扩展标记语言(eXtensible Markup Language，XML)处理等各个不同的领域，加上各种功能配件的推陈出新，使得Java能够满足产品开发的需求，成为网络时代最流行的程序设计语言。

本书主要包括17章。第1章Java程序设计概述，解释Java语言的设计初衷，以及Java语言的特点。详细描述不同操作系统环境如何下载和安装JDK以及本书的程序示例。通过编译和运行一个典型的Java控制台应用程序，指导读者使用常用的Java IDE编程平台。第2、3章介绍Java程序设计的基本语法规则和程序流程控制，涉及变量、循环等基础知识点。第4章介绍面向对象编程的特性，Java是一种面向对象的编程语言，介绍抽象原则实现对类定义的描述，着重描述对象定义及使用方式，简要介绍包的使用方式。第5章介绍面向对象编程的两个重要机制：封装与继承，详细介绍访问控制符实现对象的封装机制，继承使程序员可使用现有类，并根据需要进行修改。此外，介绍Java接口的概念，掌握接口可充分获得Java的完全面向对象的程序设计能力。第6章介绍Java高阶类的使用，详细讲解Java高级编程技术。第7章介绍Java中常用的两个类：数组和字符串，详细描述两个类中常用的数据成员以及成员方法的使用。第8～10章介绍Java图形用户界面的设计与编程实现技术，并以Swing GUI组件为基础，详细讨论Swing GUI中常用的控制组件，如按钮、文本组件、列表框和对话框等，以及如何编写代码来响应用户触发的事件。第11章介绍Java中的异常处理机制。第12章介绍Java中的多线程编程实现技术。第13章介绍网络编程使用的Web知识，讲述不同系统环境下Tomcat服务器的配置。第14章介绍Servlet技术基本概念，以及常用的类和接口中提供的成员方法，讲解超文本传送协议(Hypertext Transfer Protocol，HTTP)使用规则及如何使用部署描述文件或者 Web 注解技术实现服务器部署 Servlet 及网络访问。第 15 章介绍 Servlet 高阶技术，详细讲解网络编程中的请求并发、请求转发和重定向的操作，以及通过会话管理机制实现有状态的网络通信方式和使用 Cookie 实现便捷的网络访问。第 16 章介绍 JSP 技术，讲解 JSP 基本语法规则及 JSP 页面生命周期运行模式，描述 JSP 隐含变量的使用以及作用域范围。第 17 章介绍 JavaBean 在 JSP 中的应用，以及不同作用范围中的使用方式。

本书主要分为两个读者群。第一个群体是教师和学习 Java 语言与网络编程的学生。Java 语言编程课程和网络编程课程都可以使用本书。学习 Java 语言与网络编程课程之前的先决条件是已经学习了 C 语言编程课程，本书中少量章节内容预设读者已经了解相关知识，并且书中很多章节内容涉及程序设计思想。

本书的第二个群体是对 Java 语言和网络编程感兴趣的读者。本书旨在培养读者正确地理解面向对象编程思维方式以及分析问题和解决问题的能力，以适应网络时代对社会人才的需求，可供对 Java 编程技术和网络编程技术感兴趣的读者自学。

本书考虑为每种不同风格的课程推荐章节集合。对于 Java 语言基本原理课程，应把重点放在第 1、2、4～6、11 和 12 章。教师为了补充上述内容，可以在第 7、9 和 10 章选取示例，也可将其指定为课外读物。对于 Java GUI 编程课程，应把重点放在第 1、2、4、5、8～10 章，除此之外，还需要选择第 11 和 12 章作为 Java GUI 编程补充知识点。对于 Java Web 编程课程，应把重点放在第 1、2、4、5、14～17 章，可选取第 6、11 和 12 章作为 Java Web 编程的补充知识点。

本书的每章都体现不同的主题，在某些情况下，使用详细代码示例说明技术的不同格式，每章都包括一些知识回顾，可以帮助读者建立上下文的联系。此外，每章中对程序示例代码都有详细解读，以结合示例的方式帮助读者理解所学的理论知识点。

在本书的编写过程中，作者不断学习 Java 语言并向同行学习，参考了很多相关书籍和网站资料，得到很多同行和同事的支持与帮助，在此表示感谢。

尽管对书稿不断进行修改和完善，但由于作者水平有限，书中难免存在不妥和疏漏之处，欢迎各位同行和广大读者批评指正。

作　者

2022 年 3 月

CONTENTS

目录

语 言 篇

应 用 篇

Web 编程篇

语 言 篇

第1章 Java 程序设计概述

Java 是一门高级的面向对象的程序设计语言。1996 年 Java 第一次发布就引起了开发人员的极大兴趣。Java 是一个完整的平台，有一个庞大的库，以及一个提供安全性、跨平台性、可移植性以及自动垃圾收集等服务的执行环境。Java 程序可以在任何计算机、操作系统以及支持 Java 的硬件设备上运行。正是因为 Java 集多种优势于一身，对广大的程序开发人员有着不可抗拒的吸引力。

1.1 Java 语言历史

Java 语言历史

1991 年初，美国 Sun 公司成立了一个以“Java 之父”之称的 James Gosling 领导的 Green 项目组，该项目组主要目标是为消费类电子产品开发一种软件，使用其可以实现对消费类电子产品的集成控制。然而，消费市场的电子产品种类繁多，包括掌上电脑（Personal Digital Assistant，PDA）、电冰箱、电视机、手机等，以及不同消费类电子产品所采用的处理芯片和操作系统不尽相同、跨平台软件适配难等问题。项目开始之初，Green 项目组考虑使用 C++ 语言编写电子产品的应用程序，并改写 C++ 语言编译器。但是，项目组成员逐渐发现 C++ 语言过于复杂、庞大，而且还存在安全性等问题，无法满足消费类电子产品对软件的高度简洁性和安全性要求。因此，Green 项目组决定设计并开发一种新的语言——Oak（橡树）。由于注册 Oak 商标时已经被其他厂商产品所使用，项目组后来为这个新语言取了一个新名——Java（爪哇）。据说这个新名的灵感来源于项目组成员的生活插曲：项目组成员正在咖啡馆喝着来自爪哇岛咖啡豆所研磨的咖啡，其中一个人提议将新语言取名为 Java，马上得到了小组其他成员的认可，于是这个新的语言取名为 Java。直到现在，Java 程序图标仍然是一杯盛满咖啡的咖啡杯。

1993 年，Internet 发展势头迅猛，伊利诺伊大学推出了一个在 Internet 上广为流行的非商业化的网页浏览器 Mosaic 1.0 版本。此时的万维网（Word Wide Web，Web，WWW）页面只是一个静态的内容展示界面，如果需要增强万维网页面的动态效果，必须使用一种额外的机制来完成，Oak 语言具有“一次编写，到处运行”的跨平台能力，完全能够满足互联网应用程序开发的要求。1994 年，Sun 公司的创始人之一 Bill Joy，因早年曾参与 UNIX 的开发，深知网络对

UNIX 推广所起的作用,他力排众议,促成了 Java 在 Internet 上的免费发布。由于 Java 是一种分布式、安全性高、内部包含编译器且非常适合网络开发环境的语言,一经发布,立即得到包括 Netspace 公司在内的各大万维网厂商的广泛支持。

1996 年初,Sun 公司发布 Java 1.0。开发人员很快意识到 Java 1.0 不能用来进行真正的应用开发。后来的 Java 1.1 弥补了其中许多缺陷,大大改进了反射能力,并为图形用户界面(Graphical User Interface,GUI)编程增加了新的事件处理模型。

1998 年 12 月,Java 1.2 发布。发布仅 3 天之后,Sun 公司市场部将它改名为"Java 2 标准版软件开发包 1.2 版"。除了标准版(Standard Edition, SE)之外,Sun 公司还推出了其他两个版本:用于手机等嵌入式设备的微型版(Micro Edition, ME);用于服务器端的企业版(Enterprise Edition, EE)。标准版的 Java 1.3 和 Java 1.4 版本对最初的 Java 2 版本进行增量式改进,扩展标准类库,优化性能,修正早期发现的代码缺陷(bug)。此时,Java 已经成为服务器端应用的首选平台。

2004 年,Java 5.0 版本发布,该版本添加了泛型类型(generic type, 类似于 C++ 的模板),另外受到 C# 启发,增加了 for…each 循环、自动装箱和注解功能。

2006 年,Java 6 版本发布。该版本没有语言方面的修改,仅仅优化了性能,增强类库功能。随着数据中心发展依赖于商业硬件,Sun 公司逐渐没落,于 2009 年被 Oracle 公司收购,Java 版本的开发停滞相当长一段时间。

2011 年,Oracle 公司发布 Java 7。该版本只做了一些简单的改进。

2014 年,Java 8 版本发布。该版本也是自 Java 1.0 发布以来近 20 年发生改变最大的版本。Java 8 包含了一种函数式编程方式,可以很容易地表达并发执行的计算。

2017 年,Java 9 版本发布。该版本设计和实现适用于 Java 平台的模块系统,但是否也使用 Java 应用和类库还需验证。

从 2018 年开始,每 6 个月就会发布一个 Java 版本,以便更快地引入新特性。

截至 2022 年,Oracle 公司已经发布了 Java SE 18。Java 在发展过程中与时俱进,适应时代发展的需要,提供了泛型、Lambda 表达式和枚举类等重要的功能。

如表 1-1 所示,TIOBE 社区发布的 2021 年 3 月和 2022 年 3 月的编程语言排行榜,Java 语言热度依然不减。

表 1-1　TIOBE 编程语言排行榜

2022 年 3 月	2021 年 3 月	编程语言	评级/%	评级变化/%
1	3	Python	14.26	+3.95
2	1	C	13.06	−2.27
3	2	Java	11.19	+0.74
4	4	C++	8.66	+2.14
5	5	C#	5.92	+0.95
6	6	Visual Basic	5.77	+0.91
7	7	JavaScript	2.09	−0.03

续表

2022 年 3 月	2021 年 3 月	编 程 语 言	评级/%	评级变化/%
8	8	PHP	1.92	−0.15
9	9	Assembly language	1.90	−0.07
10	10	SQL	1.85	−0.02
11	13	R	1.37	+0.12
12	14	Delphi/Object Pascal	1.12	−0.07
13	11	Go	0.98	−0.33
14	19	Swift	0.90	−0.05
15	18	MATLAB	0.80	−0.23
16	16	Ruby	0.66	−0.52
17	12	Classic Visual Basic	0.60	−0.66
18	20	Objective-C	0.59	−0.31
19	17	Perl	0.57	−0.58
20	38	Lua	0.56	+0.23

1.2 Java 语言特点

Java 语言特点

Java 语言能够经久不衰，得益于 Java 语言具备很多优秀的特点。Sun 公司编写了颇具影响力的“Java 白皮书”，用于解释 Java 语言设计的初衷以及完成的情况，并且发布了一个简短的摘要。

“Java 白皮书”中对 Java 的定义如下：

Java：A simple，objective-oriented，distributed，interpreted，robust，secure，architecture-neutral，portable，high-performance，multi-threaded，and dynamic language.(Java 是一种具有简单、面向对象、分布式、解释型、健壮、安全、与体系结构无关、可移植、高性能、多线程和动态执行等特性的语言。)

1. 简单性

Java 设计目标之一是构建一个无须参加专业训练就可进行编程的程序开发系统，方便学习，使用简单，而且是面向对象的语言。

Green 项目组在设计 Java 之初，是从改写 C++ 编译器开始的。因此，Java 语言风格尽可能地接近 C++，并保留了 C++ 语言的优点，同时也摒弃了 C++ 中很少使用且难以理解、容易混淆的特性。

Java 语言简单性主要体现在以下 5 方面。

(1) Java 没有头文件、指针运算符、结构体、联合体和虚基类。

(2) Java使用接口替代C++多重继承机制,取消操作符重载和数据类型自动转换的操作,消除了C++中二义性以及存在的安全隐患。

(3) Java提供内存垃圾自动回收机制,减轻编程人员开发过程中内存管理负担,有助于降低软件错误的发生率。

(4) Java提供丰富的类库、应用程序接口(Application Program Interface,API)文档和第三方开发包,方便编程人员快速地实现软件产品。

(5) Java系统自身占用空间小,其基本解释器以及类支持的空间大约40KB,再加上基础的标准类库和线程支持(自包含的微内核),额外占用大约175KB,因此,整个Java系统所占空间仅有250KB左右。

2. 面向对象

Java是纯粹的面向对象语言,在Java中"一切皆为对象"。面向对象设计是一种程序设计技术,重点关注对象和对象的接口。

在面向对象的技术中,可把客观世界中的任何实体都认定为对象,对象是客观世界模型的一个自然延伸。客观世界中的对象均具有属性和行为,以计算机程序思维理解下:属性用数据表示,行为用程序代码实现。Java提供了类机制以及动态的接口模型。Java中不能在类外部定义单独的数据和函数,所有的元素都要通过类和对象来访问。

举例说明:一个面向对象的建筑设计师,首先要关注的是楼房,其次才考虑使用何种工具才能盖好楼房。楼房就是客观世界的对象。一个非面向对象的建筑工人,主要考虑盖好楼房所使用的工具。

3. 分布性

Java为分布式系统而设计。分布性包括操作分布和数据分布。其中,操作分布是指将计算工作分散到不同的主机上进行处理,解决单个主机计算能力瓶颈问题;数据分布是指将数据分散存储在多个不同的主机上,解决海量数据的存储问题。

Java开发工具包(Java Development Kits,JDK)中包含了丰富的类库,用于处理HTTP和文件传送协议(File Transfer Protocol,FTP)之类的TCP/IP协议。Java应用程序能够通过统一资源定位符(Uniform Resource Locator,URL)打开和访问网络上的对象,其访问方式与访问本地文件系统一样。

4. 解释性

为了实现跨平台,Java被设计成解释执行的,即Java字节码文件可以直接运行在任何装载Java解释器的机器上。

Java解释器负责将字节码文件转换成特定的机器码进行执行。由于连接是一个增量式且轻量级的过程,开发过程也更加快捷,更加具有探索性。

5. 健壮性

Java是强类型编程语言,Java编译器能够在编译时进行代码检查,避免程序在运行期因代码错误而导致系统崩溃。Java摒弃C++中指针的操作,不会出现由指针操作错误而引起的内存分配错误、内存泄漏等问题。内存管理方面,Java采用内存垃圾自动回收机制,减少内存错误问题的发生,提高程序健壮性。

6. 安全性

Java要适用于网络/分布式应用环境,安全性是其首要考虑的问题。Java虚拟机采用"沙箱"运行模式,Java应用程序的代码和数据都被限定在一定的内存空间内部,不允许程序访问空间以外的内存区域,以保证程序运行安全。

7. 体系结构中立性

Java程序需要在不同网络设备中运行,而不同的设备具有很多不同类型的中央处理器和操作系统。Java编译器生成一个与特定体系结构无关的字节码文件,任何机器上的Java虚拟机都可以解释执行字节码文件,并动态地转换成本地机器代码。

8. 可移植性

Java规范中没有依赖具体实现的说明,但明确规定了基本数据类型的大小以及运算行为。首先,Java中int型数据就确定为32位的整型数据,而在C/C++中,int型数据可以是16位整型数据,也可由不同厂商的编译器确定其大小。Java中数值是固定字节数,首先解决了程序移植时数值空间大小随系统平台变化的问题;其次作为系统组成部分的Java类库也实现了针对不同平台的接口,使类库也可以被移植。此外,体系结构中立性也确保了Java程序具备可移植性。

9. 高性能性

通常情况下,安全性和可移植性是以性能换取而来,解释型编程语言的执行效率也会低于直接执行源码的编译型语言。

为了弥补代码的性能差距,Java采取以下两个措施。

(1) 高效字节码。首先Java编译器采用即时编译技术,通过监控哪些代码频繁执行,并优化代码以提高速度;其次消除函数调用(内联),基于当前加载的类集合分配执行,如果一个特定的函数不会被覆盖,就可以使用内联,必要时还可撤销该优化。

(2) 多线程。线程提高程序的并发执行程度,从而提高系统执行效率。Java提供多线程支持,而早期C/C++仅采用单线程体系结构。

10. 多线程

由于摩尔定律的约束,厂商不再追求更快的处理器,而是着眼于更多的处理器,并保证多处理器一直保持工作。当时,多核处理器尚未问世,Web编程才刚刚起步,处理器需要长时间等待服务器响应,因此,急需并发程序设计来确保用户界面的实时响应。

Java是第一个支持并发程序设计的编程语言,多线程机制能够使应用程序在同一时间并行执行多项任务,且提供同步机制确保不同线程之间可以正确地共享数据,易于实现网络上的实时交互操作。

11. 动态性

Java 应用程序在运行过程中,可以动态地加载各种类库。此外,类库可以自由地添加新方法和实例变量,而对客户端没有任何影响,非常适用 Web 编程,同时也有利于软件的开发。

Java 开发运行环境

1.3 Java 开发运行环境

Oracle 公司提供最新的、最完备的 JDK,但它并不是一个 IDE(Integrated Development Environment)开发工具。IDE 开发工具将程序的编辑、编译、调试、执行等功能集成在一个开发环境中,方便用户进行软件开发。

Java 的 IDE 开发工具非常多,主要有 IntelliJ IDEA、Eclipse 和 NetBeans 等。在下载所需软件之前,需先了解基本的 Java 语言的术语,如表 1-2 所示。

表 1-2 Java 语言的术语

术语名	缩写	含义
Java Development Kit	JDK	Java 开发工具包,编写 Java 程序的程序员所使用的软件
Java Runtime Environment	JRE	运行 Java 程序的用户使用的软件
ServerJRE		在服务器上运行 Java 程序的软件
OpenJDK		Java SE 的免费开源实现
Integrated Development Environment	IDE	集成开发环境

1.3.1 JDK 下载和安装

JDK 是一个编写 Java 应用程序的开发工具包,如果想要编写任何的 Java 程序,必须首先安装 JDK。图 1-1 为 JDK 8 下载界面,开发工具包的下载地址是 https://www.oracle.com/java/technologies/javase/javase-jdk8-downloads.html。

JDK 支持的操作系统有 Linux、macOS、Solaris 和 Windows,下面只针对两种常用的操作系统分别进行介绍。

1. macOS 系统

计算机操作系统是 macOS,首先选中 jdk-8u271-macosx-x64.dmg 下载 JDK 文件。单击“下载”按钮后,弹出 Accept License Agreement(同意许可协议)对话框,选中“已读并接受”复选框,登录 Oracle 账户(用户可免费注册)即可下载。

下载完成后,双击 jdk-8u271-macosx-x64.dmg 文件就可以安装了,安装过程会出现如图 1-2 所示的安装界面,单击 Continue 按钮安装即可。

macOS x64	205.46 MB	jdk-8u271-macosx-x64.dmg
Solaris SPARC 64-bit (SVR4 package)	125.94 MB	jdk-8u271-solaris-sparcv9.tar.Z
Solaris SPARC 64-bit	88.75 MB	jdk-8u271-solaris-sparcv9.tar.gz
Solaris x64 (SVR4 package)	134.42 MB	jdk-8u271-solaris-x64.tar.Z
Solaris x64	92.52 MB	jdk-8u271-solaris-x64.tar.gz
Windows x86	154.48 MB	jdk-8u271-windows-i586.exe

图 1-1　JDK 8 下载界面

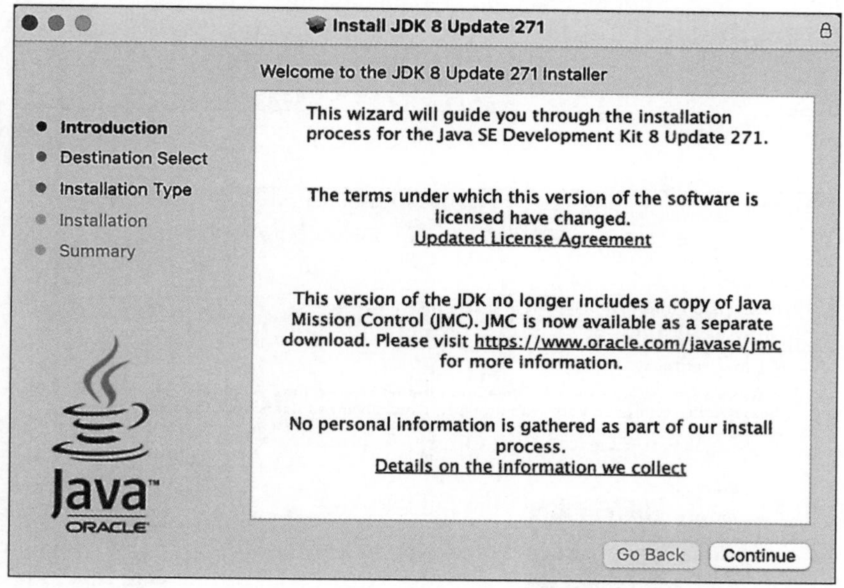

图 1-2　安装界面

安装完成后，可在“设置”界面找到 Java 图标，表示 JDK 安装成功，如图 1-3 所示。

双击 Java 图标，单击 About 按钮，即可显示 JDK 版本的信息，表明 JDK 已经成功安装到计算机系统中，如图 1-4 所示。

2. Windows 系统

计算机操作系统是 Windows 64 位系统，首先选中 jdk-8u271-windows-x64.exe 下载 JDK 文件。如果是 Windows 32 位系统，则选中 jdk-8u271-windows-i586.exe。

单击“下载”按钮后，弹出 Accept License Agreement（同意许可协议）对话框，选中“已读并接受”复选框，登录 Oracle 账户（用户可免费注册）即可下载。

图 1-3 Java 安装成功

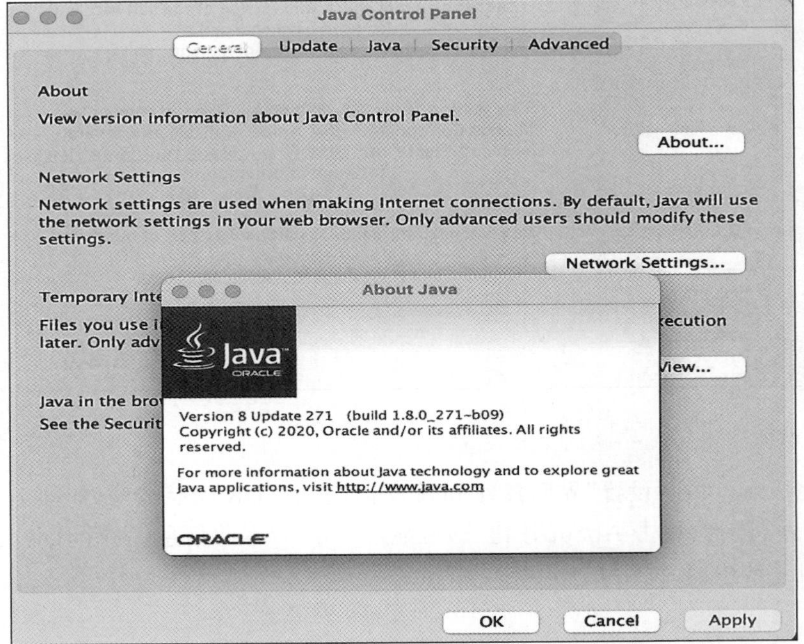

图 1-4 JDK 安装成功

下载完成后,双击 jdk-8u271-windows-x64.exe 文件开始安装,安装过程中会出现如图 1-5 所示的安装界面。

在如图 1-6 所示的 JDK 定制安装对话框中,无须更改安装路径,单击“下一步”按钮,即可完成开发工具包安装。

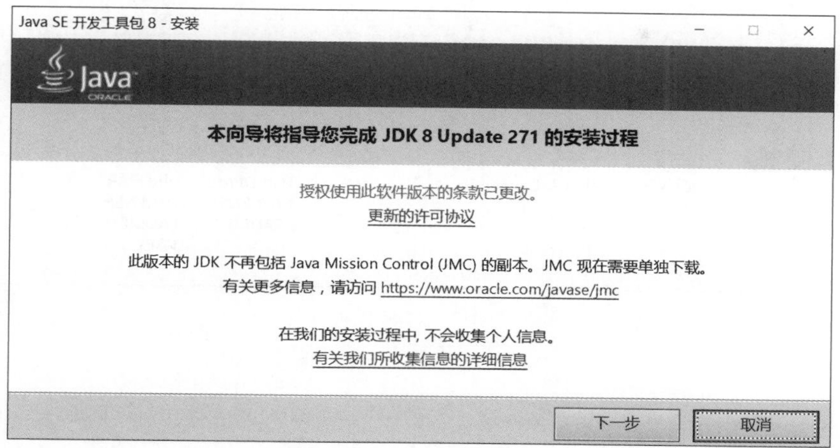

图 1-5　安装界面

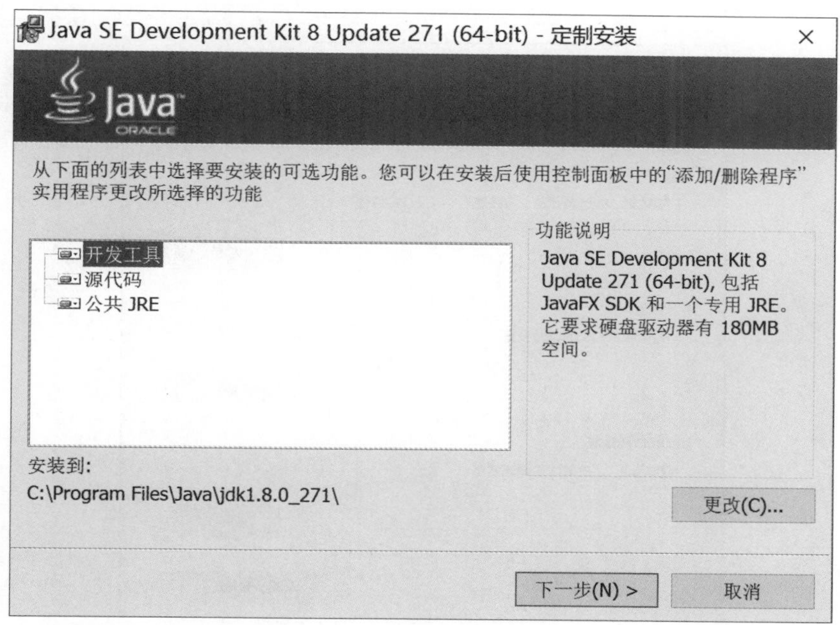

图 1-6　JDK 定制安装对话框

JDK 安装成功之后，在操作系统指定安装位置的文件夹中会显示所有 JDK 文件，如图 1-7 所示。

此外，需要在 Windows 操作系统中配置环境变量，才能够使用 Java 开发环境。以 Windows 10 操作系统为例，需配置的环境变量主要包括如下两个

- JAVA_HOME 环境变量。该变量指明 JDK 文件安装目录。由于很多 Java 工具运行都需要设置此环境变量后才能使用，强烈建议添加该变量。
- Path 环境变量。配置该变量的优势：在任何路径下都可以执行 JDK 提供的工具

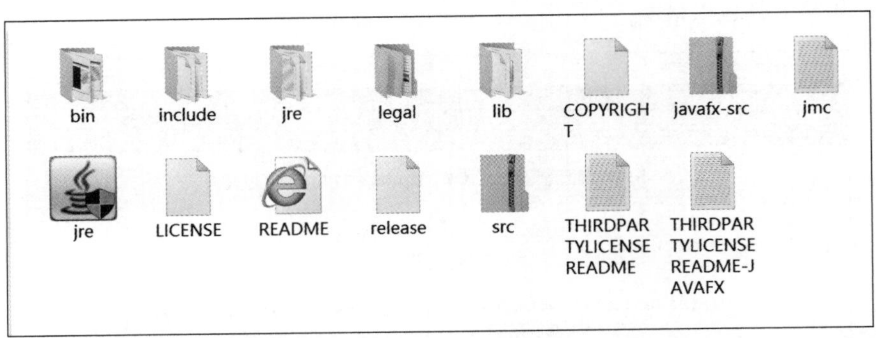

图 1-7 JDK 文件

指令。

具体配置步骤如下。

(1) 依次选择 Windows 图标→"系统菜单"→"高级系统设置",打开如图 1-8 所示的"系统属性"对话框。

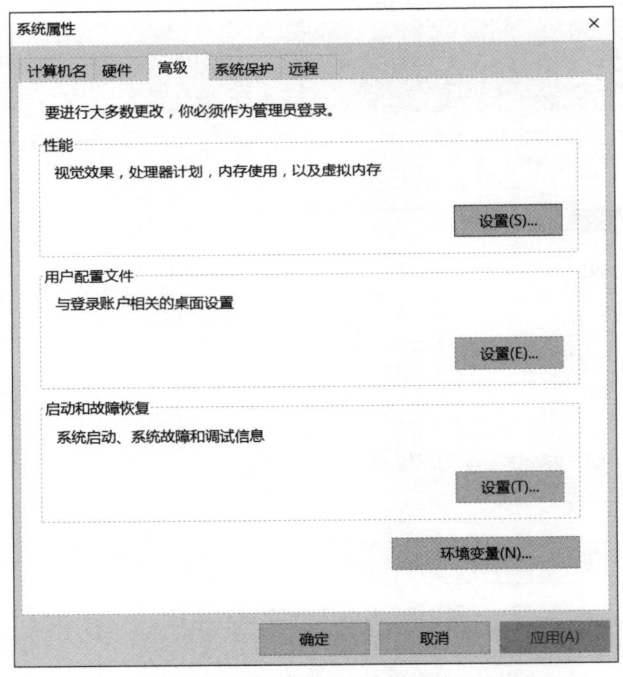

图 1-8 "系统属性"对话框

(2) 在"系统属性"对话框中,单击"环境变量"按钮打开"环境变量"对话框,可在用户变量部分(只配置当前用户)或者系统变量部分(配置所有用户)中添加环境变量。通常情况下,在用户变量中设置环境变量即可。单击"新建"按钮,系统弹出"新建用户变量"对话框(设置 JAVA_HOME 变量),如图 1-9 所示。将"变量名"设置为 JAVA_HOME,将"变量值"设置为 JDK 安装目录的路径。最后单击"确定"按钮完成设置,如图 1-10 所示。

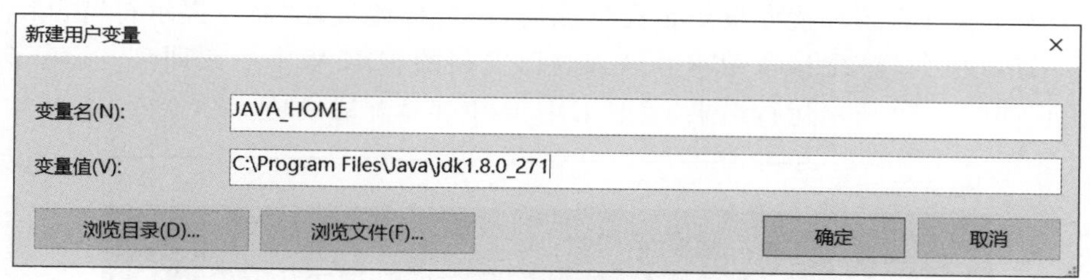

图 1-9　设置 JAVA_HOME 变量

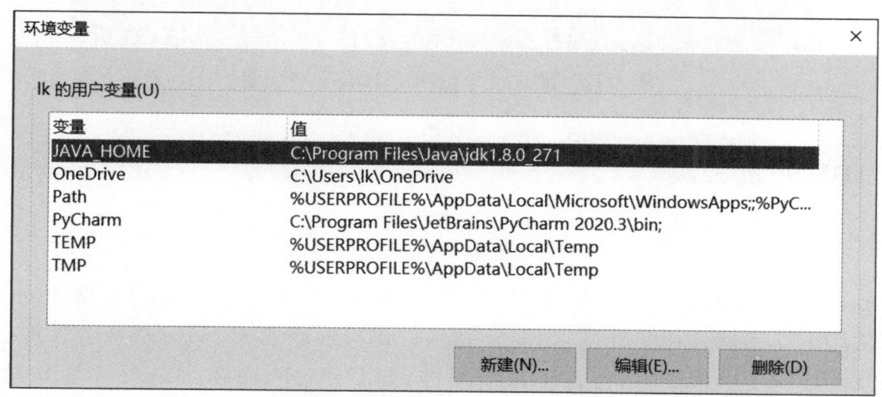

图 1-10　用户环境变量设置成功

(3) 在用户变量部分的 Path 环境变量中添加 JAVA_HOME 变量。在用户变量中定位到 Path，双击 Path 选项，系统弹出"用户变量"对话框，如图 1-11 所示。在 Path"变量值"中添加%JAVA_HOME%\bin。注意，多个变量路径之间使用分号(;)分隔。最后，单击"确定"按钮完成设置。

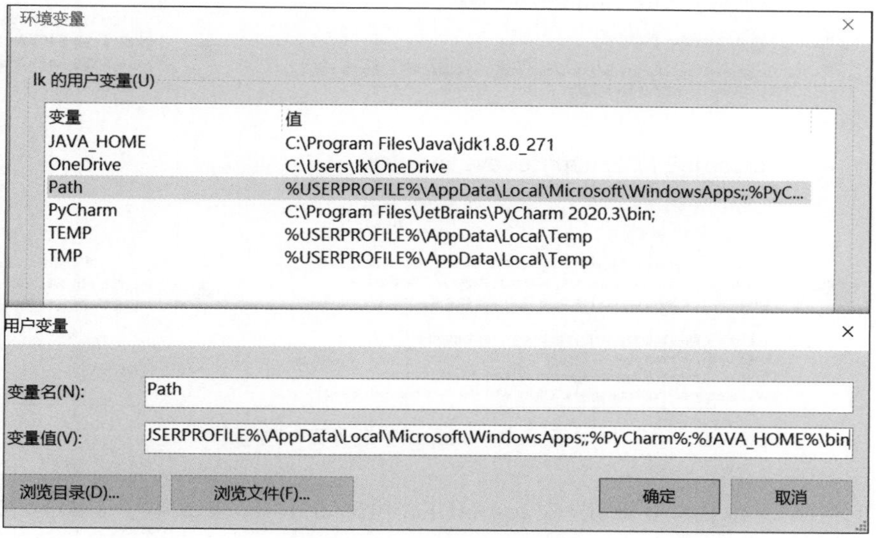

图 1-11　"用户变量"对话框

(4) 为了验证系统环境变量是否配置成功,用户可通过在"命令提示符"窗口中输入 javac -version 指令,查看 Java 版本号是否与已安装的 JDK 版本一致即可。运行命令行之后,出现如图 1-12 所示运行结果,表明 JDK 环境变量配置成功。

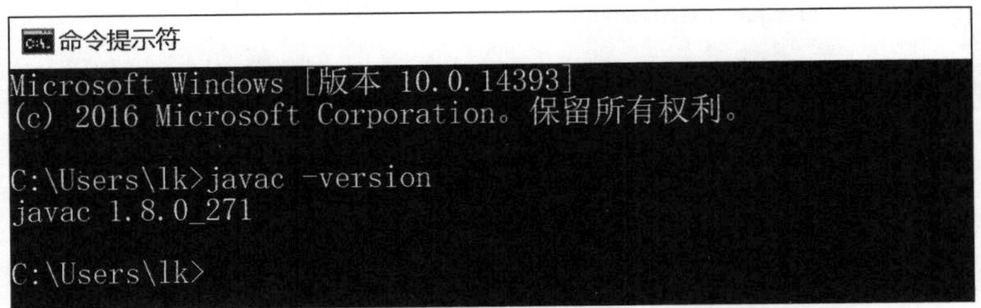

图 1-12 通过命令行测试 JDK 环境变量

1.3.2 IDE 开发工具

1. Eclipse

Eclipse 是著名的跨平台 IDE 工具,最初由 IBM 公司支持开发的免费 Java 开发工具,2001 年 11 月贡献给开源社区,由非营利软件供应商联盟 Eclipse 基金会管理。

Eclipse 是一个框架平台,包含丰富的插件,如 C++、Python、Android 等开发其他语言程序的插件。Eclipse 下载地址是 https://www.eclipse.org。Eclipse 下载界面,如图 1-13 所示。选择 Eclipse IDE for Enterprise Java and Web Developers。根据不同的操作系统平台,选择不同的下载文件即可。

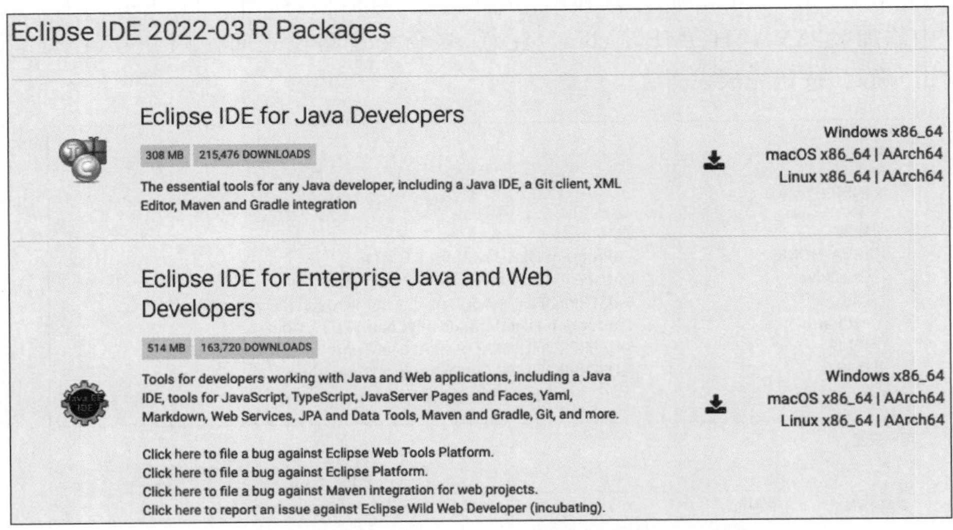

图 1-13 Eclipse 下载界面

如图 1-14 所示,本书采用 Eclipse IDE 2022-03 R Packages 中 Eclipse IDE for Enterprise Java Developers 版本作为 IDE 工具。

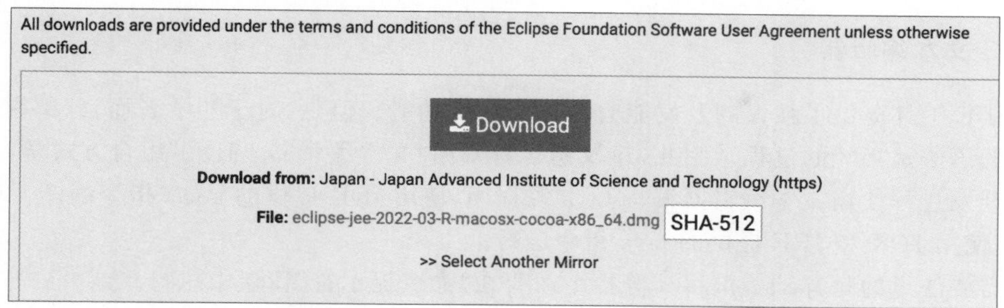

图 1-14　选择镜像地址下载

下载完成后，双击 eclipse-jee-2022-03-R-macosx-cocoa-x86_64.dmg 安装文件，启动 Eclipse 安装界面，如图 1-15 所示。将 Eclipse 图标文件拖曳至 Application 文件夹即可完成安装。

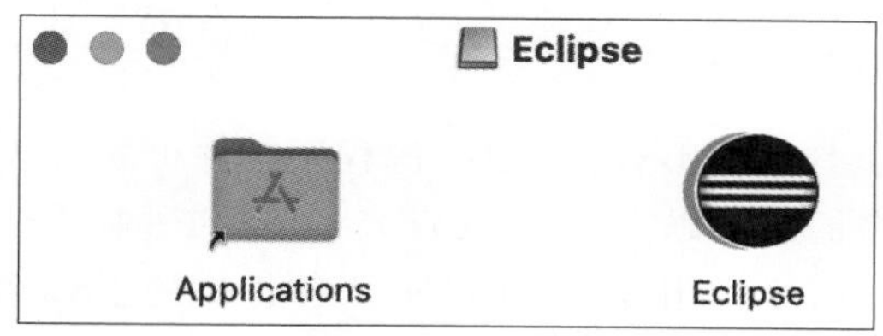

图 1-15　Eclipse 安装界面

本书采用 Eclipse 作为 IDE 工具，书中后面的代码编辑和讲解皆使用此 IDE 工具平台。

2. IntelliJ IDEA

IntelliJ IDEA 是 Jetbrains 公司开发的一款 Java IDE 工具，虽然市场份额不如 Eclipse，但是被很多 Java 专家认为是最优秀的 Java IDE 工具。IntelliJ IDEA 下载地址是 https://www.jetbrains.com。

如图 1-16 所示，IntelliJ IDEA 有两个版本：Ultimate(旗舰版)和 Community(社区版)。旗舰版是收费的，社区版是完全免费的。对于学习 Java 语言，社区版已经足够了，下载完 IntelliJ IDEA Community，即可安装。

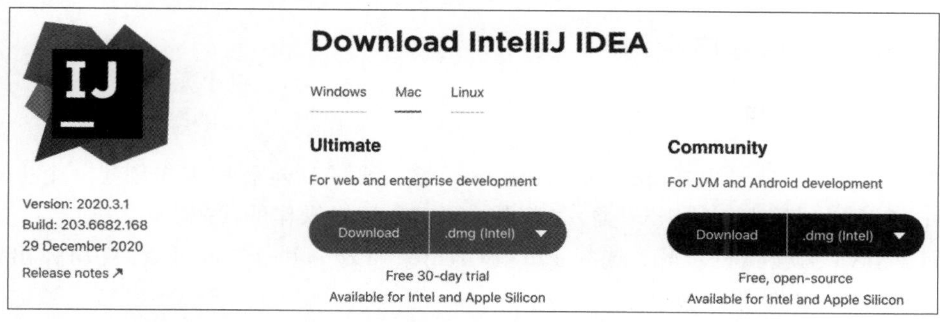

图 1-16　下载 IntelliJ IDEA Community

3. 文本编辑器

IDE 工具提供了强大的开发能力和语法提示功能。但是,对于初学者而言,掌握 Java 语言的语法是必经的过程。因此,建议初学者采用"文本编辑器+JDK"组合方式学习。

开发过程使用文本编辑器编写 Java 源程序,使用 JDK 提供的 javac 指令编译 Java 源程序,使用 JDK 和 JRE 提供的 java 指令运行。

需要注意的是,javac 和 java 等指令需要在"命令提示符"窗口中执行。

1.4 一个简单的 Java 程序

一个简单的 Java 程序

Java 是一种半编译半解释型的语言。Java Application 是完整的应用程序,需要独立的 Java 解释器来解释执行。Application 中必须有 main 函数作为程序的入口。

1.4.1 Java 程序开发过程

使用 Eclipse IDE 工具编辑 Java 源程序,源程序文件扩展名必须是 java,Java 编译器编译成以 class 为扩展名的字节码文件,该文件是 16 位二进制文件,且与平台无关。

编写 Java Application 主应用程序,可通过 JDK 提供的 Java 解释器来解释字节码文件执行。

下面简要介绍图 1-17 所示的 Java 程序开发过程。

源程序(.java) → Java编译器 → 字节码文件(.class) → Java解释器

图 1-17 Java 程序开发过程

(1) 源程序。Java 源程序是以 java 为扩展名的文本文件。

(2) 字节码的编译生成。高级语言程序由源代码到目标代码的生成过程称为编译。Java 程序中的源代码经过 Java 编译器生成的目标码为两字节的字节码文件,以 class 为扩展名的可执行文件。

(3) 字节码文件解释执行。字节码文件不能直接运行在一般的操作系统平台上,而必须运行在 Java 虚拟机上。因此,运行 Java 程序时首先应该启动 Java 虚拟机,然后由 Java 虚拟机来解释执行 Java 字节码文件,完成程序的执行操作。

1.4.2 Java 应用程序实例

1. 创建工程项目

在 Eclipse 中,通过项目(project)管理 Java 类。编写 Java 程序需先创建一个 Java 工程项目,然后在项目中创建 Java 类,在类中编写实现逻辑操作的代码。

创建 Java 工程项目步骤:选择 File→Create a Project 命令,IDE 将自动弹出 New Project 对话框,如图 1-18 所示。

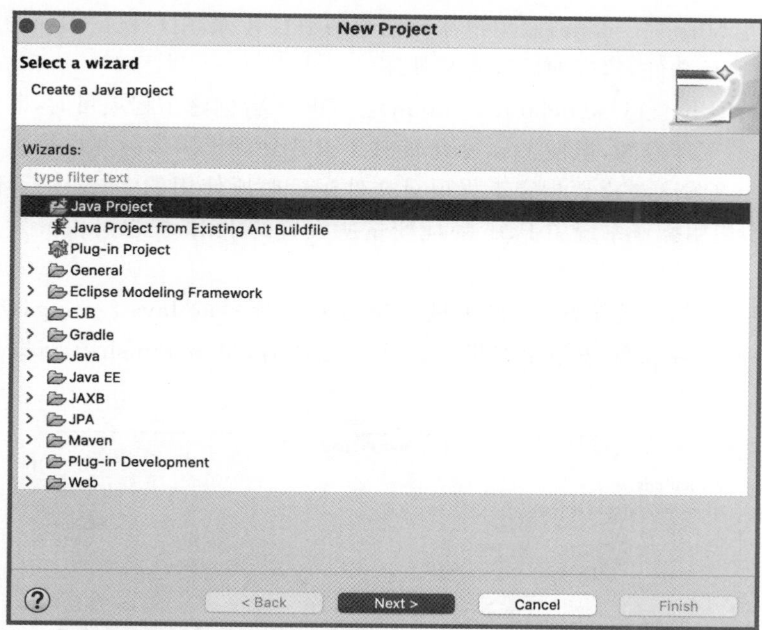

图 1-18　New Project 对话框

用户单击 Java Project 选项，系统自动弹出 New Java Project 对话框，如图 1-19 所示。下面简要说明用户常用的选项。

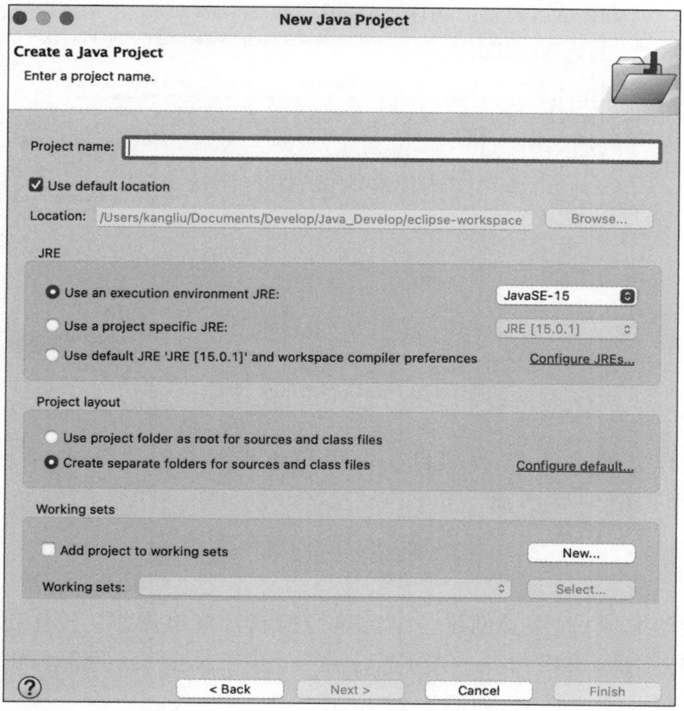

图 1-19　New Java Project 对话框

(1) 项目名(Project name)。用户需要创建的项目名称,用户根据不同的应用场景确定不同的工程项目文件名,以便后续查找使用。

(2) 使用默认位置(Use default location)。IDE 平台创建工程项目时,需要指定工程项目文件默认的工作空间,以便 Java 系统能够正确找到源代码编译并执行。

(3) JRE。开发人员需要指定工程项目文件运行时所使用的 Java 运行环境,默认情况下,IDE 自动使用操作系统中 Path 环境变量所设置的 JRE,但也可由开发人员自定义 JRE 版本。

用户设置选项操作完成之后,便可进入如图 1-20 所示的 Java Settings 界面,进行源文件和类文件的保存文件夹等相关设置。确认无误后,单击 Finish 按钮即可创建工程项目。

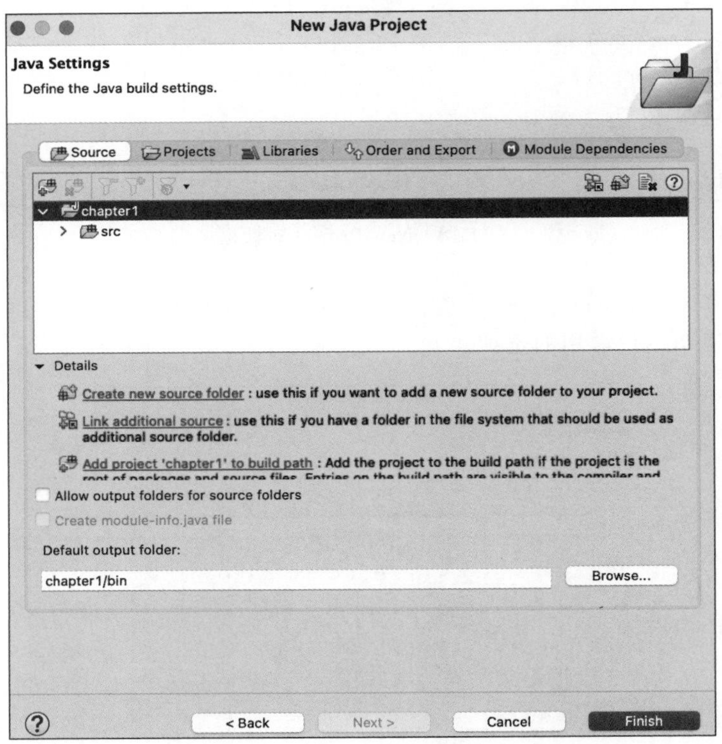

图 1-20 Java Settings 界面

依照上述操作之后,Java 工程项目文件顺利地完成了创建,IDE 平台将自动跳转到如图 1-21 所示的 Eclipse 主界面。

2. 创建类

工程项目创建完成后,需要创建一个类执行控制台输出操作。选中已创建项目中 src 文件夹,打开 File 文件,选择 New→类 Class 命令,打开 New Java Class 对话框,在对话框中输入包文件名以及类文件名,如图 1-22 所示。

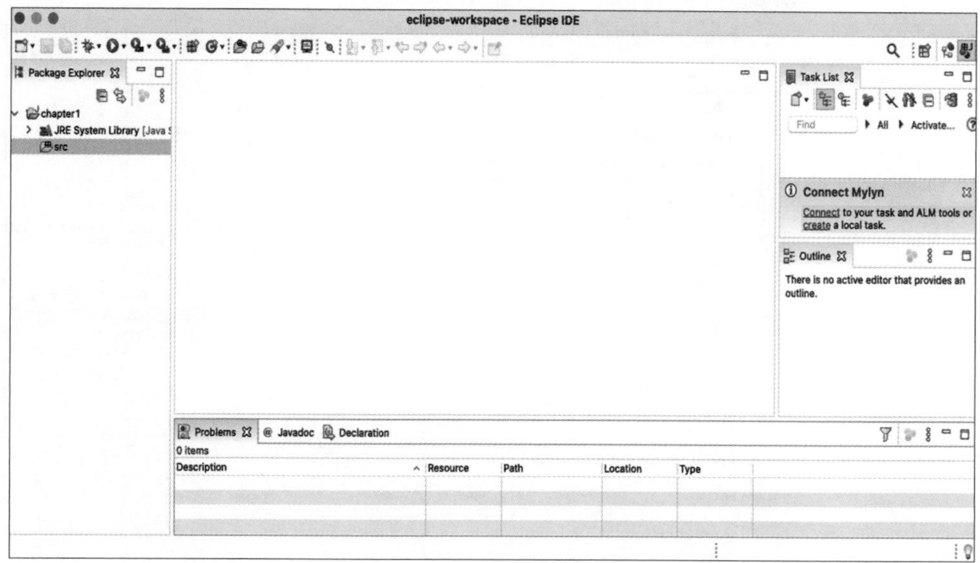

图 1-21　Eclipse 主界面

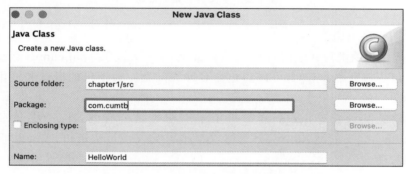

图 1-22　New Java Class 对话框

设置完成之后，系统自动跳转至 Eclipse 主界面，并自动完成类文件的初始化操作，如图 1-23 所示。

3. 运行程序

在新建的 HelloWorld.java 源文件中的 main()方法中添加业务处理语句（如程序示例 1-1 中的输出语句）。完整代码如程序示例 1-1 所示。

程序示例 1-1　chapter1/HelloWorld.java

```
package com.cumtb;                                    ①
public class HelloWorld {                             ②
    public static void main(String[] args) {          ③
        System.out.print("Hello World!");             ④
    }
}
```

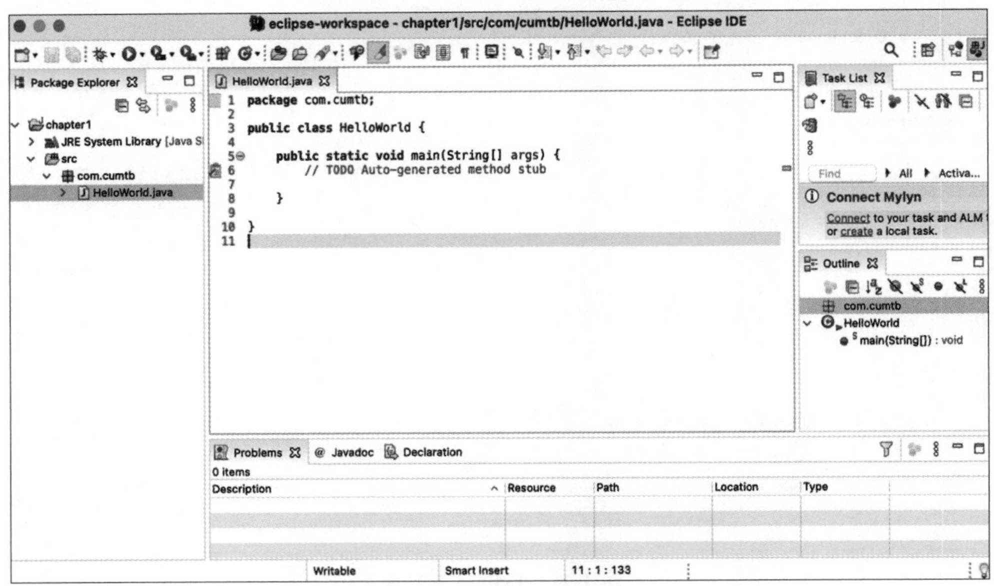

图 1-23 类文件初始化成功

简要说明程序示例 1-1。

(1) 代码①说明类所在包的名称。package 是 Java 关键字,com.cumtb 是包名。Java 语法规则:包是一个命名空间,可以防止命名冲突问题。关于包的概念和使用将在 4.6 节中讲解。

(2) 代码②定义类。public 修饰符用于声明类是公有的,class 是 Java 关键字,HelloWorld 是自定义的类名,{…}是类体,在类体中定义成员变量和方法,也可定义静态变量和静态方法。

(3) 代码③定义静态 main()方法。类中必须包含静态 main()方法,用于 Java 主应用程序的入口,同时也说明 HelloWorld 是一个 Java 应用程序,可以单独运行。

(4) 代码④说明 Java 输出语句。Java 输出流(PrintStream)对象 System.out 打印输出 Hello World 字符串到控制台。System.out 是标准输出流对象,默认输出内容到控制台。

如果上述程序在 IDE 平台上是第一次运行,则需要选择运行方法,具体步骤如下:选中"文件",单击"运行"按钮,则可以运行 HelloWorld 程序,并且在控制台中输出字符串内容,如图 1-24 所示。

4. 程序分析

Java 源程序命名需要注意以下 4 个事项。

(1) 如果源程序文件中有多个类(class)的定义,那么只能有一个类是公共类(public class)。如果在一个源程序文件中定义多个公共类,语法检测器报错,如图 1-25 所示。

(2) 如果源程序文件中只有一个类,而且还是公共类,那么源程序的文件名必须与这

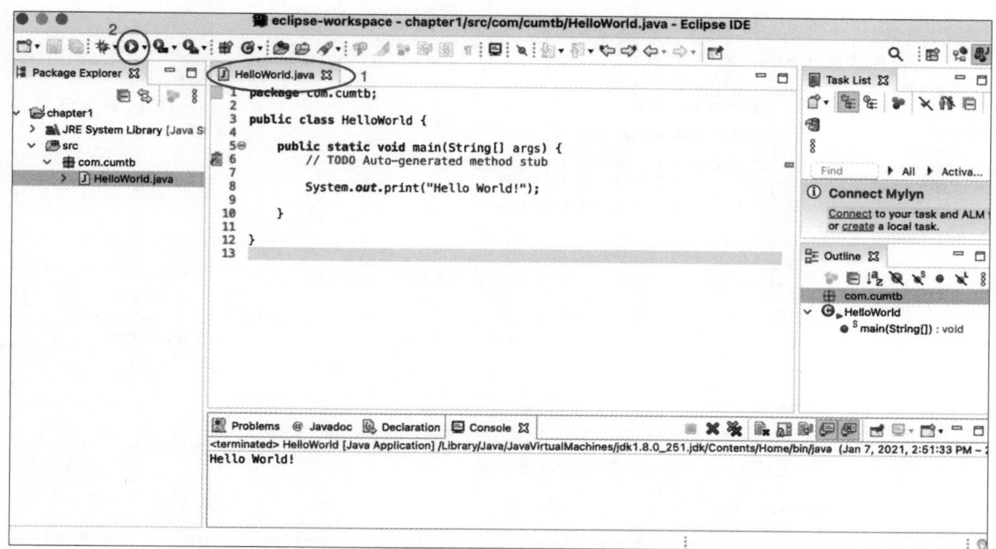

图 1-24　程序示例 1-1 运行结果

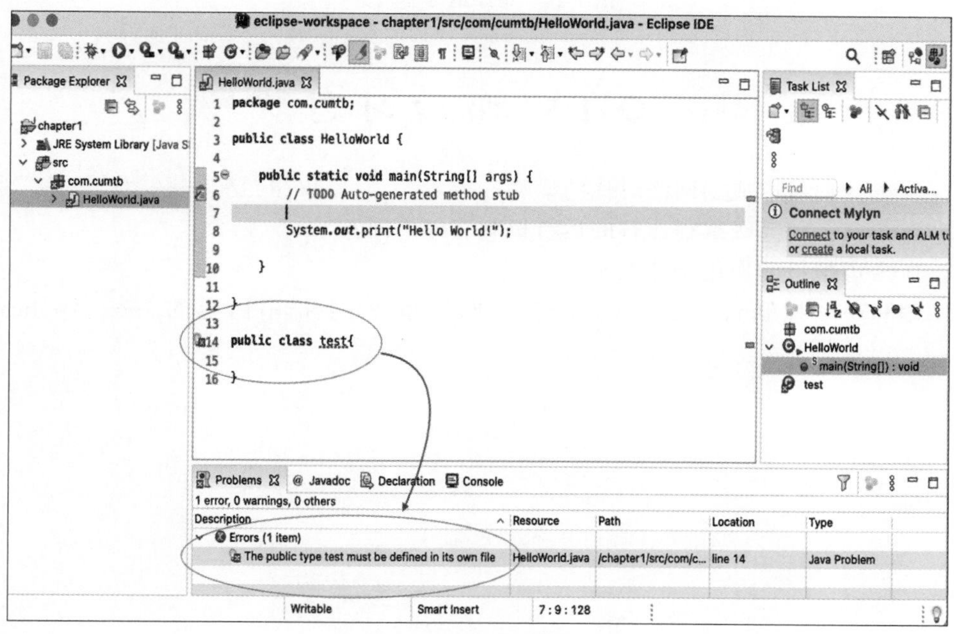

图 1-25　语法检测器报错

个公共类名完全相同，且扩展名为 java。否则，程序编译器报错，如图 1-26 所示。

(3) 如果源程序文件中没有公共类，那么，源程序的文件名只需与文件中某一个类名相同即可，且扩展名为 java。

(4) 所有 Java Application 主应用程序中 main()方法只能定义在公共类中，如果定义在其他位置，则编译器报错，程序无法运行。

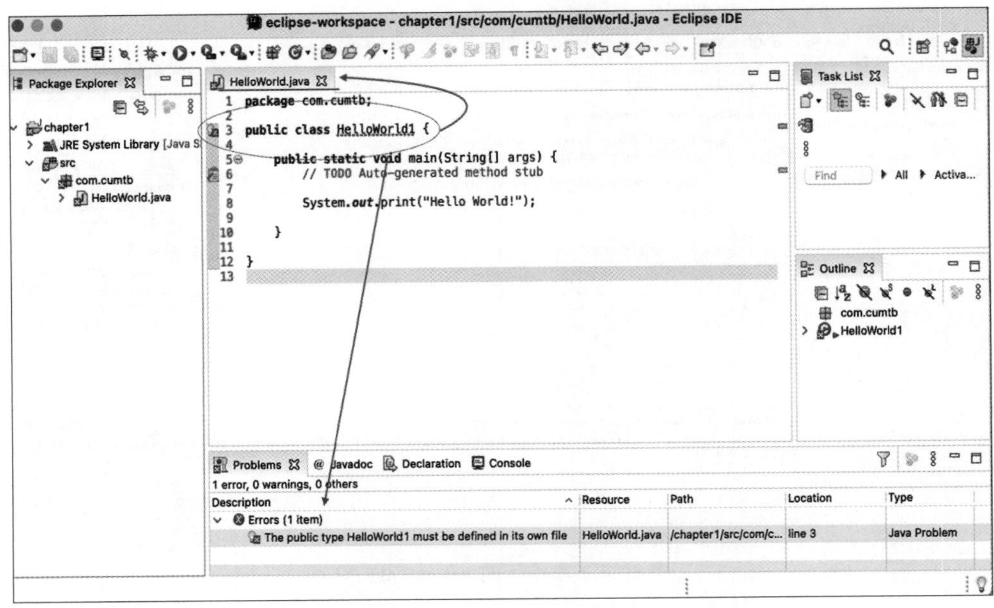

图 1-26 程序编译器报错

1.5 课后习题

1. Java 为何可以成为网络时代的语言?

2. Java 与其他高级编程语言的运行机制有何不同?

3. Java 虚拟机的作用是什么?

4. 编写一个控制台显示“Java 语言与网络编程”字符串内容的 Java Application 程序。

第2章

Java语言基础

本章主要介绍Java的基本语法规则，其中包括标识符、保留字、关键字、变量、常量、数据类型、表达式等。

2.1 Java符号集

Java符号集

符号是程序语言的基本单位。Java采用国际化的Unicode字符集定义符号。Unicode字符集中每个字符采用2字节表示，整个字符集共包含65 535个字符，其中：第1～256个字符的含义与ASCII相同，保证Java对ASCII的兼容性；之后的21 000个字符用来表示汉字等非拉丁字符。

Unicode字符集只能在Java平台内部使用，当需要进行打印、屏幕显示、键盘输入等外部操作时，由计算机操作系统决定其表示方法。Java编译器编译Java程序代码时将代码转换成各种基本符号元素。

Java符号集可大致分为标识符、保留字、关键字、运算符、分隔符和注释六大类。

2.1.1 标识符

计算机中运行的代码都需要有一个名称以标识其存在和唯一性，这个名称就是标识符。Java标识符需要满足以下定义规则。

(1) 区分大小写。HelloWorld和helloWorld是两个不同的标识符。

(2) 首字符限制。标识符必须在下画线(_)、字母和美元符号($)三者中取任意一个作为首字符，除首字符外，其他字符可以是下画线、字母、美元符号和数字。但关键字不可作为标识符。

示例2-1

合法的标识符：UserName、User_Name、$Username、_user_name、姓名。

非法的标识符：2password、password#、class。

注意：中文“姓名”命名的变量是合法的Unicode字符，但不推荐使用中文命名标识符。“#”是非法字符，class是Java的关键字。

2.1.2 保留字

Java中有一些字符序列既不能当作标识符使用,也不是关键字,也不可在程序中使用,将这些字符序列称为保留字。Java中保留字只有两个:goto和const。

(1) goto。在其他编程语言中称为无限跳转语句,无限跳转会破坏程序模块化结构,不建议使用。而在Java语言中,通过break、continue和return来实现有限跳转。

(2) const。在其他编程语言中声明常量的关键字,而在Java语言中声明常量使用public static final方式。

2.1.3 关键字

关键字是已经被赋予特定意义的字符序列,不可使用关键字作为标识符。常用的Java关键字如表2-1所示。

表2-1 关键字

abstract	assert	boolean	break	byte
case	catch	char	class	const
continue	default	do	double	else
enum	extends	final	finally	float
for	goto	if	implements	import
instanceof	int	interface	long	native
new	package	private	protected	public
return	strictfp	short	static	super
switch	synchronized	this	throw	throws
transient	try	void	volatile	while

2.1.4 运算符

运算符与运算数一起组成运算式,完成计算任务。常用的Java运算符如表2-2所示。2.5节将详细讲解使用方法。

表2-2 运算符

<table>
<tr><td>+</td><td>+=</td><td>-</td><td>-=</td><td>*</td></tr>
<tr><td>*=</td><td>/</td><td>/=</td><td>|</td><td>|=</td></tr>
<tr><td>^</td><td>^=</td><td>&</td><td>&=</td><td>%</td></tr>
<tr><td>%=</td><td>></td><td>>=</td><td><</td><td><=</td></tr>
<tr><td>!</td><td>!=</td><td>++</td><td>--</td><td>>></td></tr>
<tr><td><<</td><td>||</td><td>==</td><td>=</td><td>~</td></tr>
<tr><td>?:</td><td>.</td><td>instanceof</td><td>[]</td><td></td></tr>
</table>

2.1.5　分隔符

在 Java 中，分隔符以编译器理解的方式组织程序代码。分隔符主要有分号(;)，花括号({})和空白 3 种。

1. 分号

分号是 Java 中最常见的分隔符，表示一条 Java 语句的结束。

示例 2-2

```
int temp = 1 + 2 + 3;
```

等价于

```
int temp = 1 + 2
                + 3 + 4;
```

2. 花括号

在 Java 中，以花括号括起来的语句集合称为语句块或复合语句，语句块中可包含 n ($n \geq 0$)条语句。语句块有以下 3 个作用。

(1) 在定义类时，语句块可被用作类体。

(2) 在定义方法时，语句块可被用作方法体。

(3) 语句块可以被嵌套，且嵌套层次无限制，实现复杂业务逻辑功能。

3. 空白

在 Java 程序代码里允许有空白，且空白数量不限。空白包括空格、制表符(Tab 键输入)和换行符(Enter 键输入)，恰当地布置空白可提高程序的可读性。

示例 2-3

```
public class HelloWorld {public static void main(String[] args) {System.out.
print("Hello World!");}}
```

等价于

```
public class HelloWorld {
    public static void main(String[] args) {
        System.out.print("Hello World!");
    }
}
```

2.1.6　注释

与大多数编程语言一样，Java 代码中的注释内容不会出现在可执行程序中。因此，在源程序代码中可任意添加注释，且不会影响可执行程序代码。

在代码中添加注释的优势:程序代码更易于阅读和理解,有助于修改程序以及他人阅读程序。在 Java 中有 3 种常用的注释方式。

1. 单行注释

单行注释(//)表示从"//"开始,直到当前行末尾的代码都被注释。

示例 2-4

```
public class HelloWorld {
    public static void main(String[] args) {
        //System.out.print("Hello World!");单行注释
    }
}
```

2. 多行注释

(1) 当需要更多行代码的注释时,可以使用/ * 和 * /注释界定符将多行代码注释。

示例 2-5

```
public class HelloWorld {
    public static void main(String[] args) {
    / * 多行注释
        System.out.print("Hello World!");
        System.out.print("Hello World!");
     * /
    }
}
```

(2) 也可以选择单行注释的方式来实现多行注释的效果,需在每行代码前面使用"//"。

示例 2-6

```
public class HelloWorld {
    public static void main(String[] args) {
    //System.out.print("Hello World!");
    //System.out.print("Hello World!");
    }
}
```

3. 文档注释

文档注释以/**开始,以 * /结束。该注释方法可占多行。

示例 2-7

```
/**
 * @ author kangliu
 * /
```

```
public class HelloWorld {
    public static void main(String[] args) {
        //System.out.print("Hello World!");
    }
}
```

2.2 变　　量

变量

变量是构成表达式的重要组成部分,变量是在程序运行期间其值可以被修改的量。变量由变量名和变量值两部分组成。

(1) 变量名。用户自定义标识符,用于表示计算机存储器中存放数据的位置名,代表一系列存储单元。

(2) 变量值。变量在程序运行的某一时刻的数值,该数值随着程序执行而不断变化,且存放在变量名指定的存储单元中。

在 Java 中,变量的使用遵循"**先声明,后使用**"原则。变量声明的作用如下:

- 可确定变量的标识符,便于系统为变量分配存储地址,也即"按名访问"原则;
- 可为变量指定数据类型,便于系统为其分配存储空间。

在使用变量之前,必要时还需指定变量的初始值。变量的声明格式如下:

```
类型名 变量名 1[, 变量名 2][, …];
```

或

```
类型名 变量名 1[=初始值 1][, 变量名 2[=初始值 2], …];
```

变量的命名方式需要遵守标识符命名规则,且在相关联作用域下不可有重复的变量名。变量作用域是变量的使用范围,在作用域范围内变量使用不受限制,而超出作用域范围后,变量值将被释放。根据作用域范围,可将变量分为局部变量和成员变量。

(1) 局部变量。作为方法体内部定义的变量。在使用之前,需要为其赋初始值,否则在编译时会报出语法错误。

(2) 成员变量。在 Java 中,在方法体之外、类体之内定义的变量。在使用之前无须赋初始值,构造方法可为其赋值,4.5 节详解构造方法的使用。

程序示例 2-1　chapter2 /chapter2_1.java

```
package com.cumtb;
public class chapter2_1 {
    static int globalVar = 1;                                          ①
    public static void main(String[] args) {
        int localVar = 0;                                              ②
        System.out.println("globalVar = " +globalVar);
        System.out.println("localVar = " +localVar);
    }
}
```

简要说明程序示例 2-1。

(1) 代码①定义一个成员变量 globalVar。在 main()方法体外,chapter2_1 类体内定义,变量在整个类中都有效。

(2) 代码②定义一个局部变量 localVar。在 main()方法体内定义,作用域访问只在方法体内有效。

常量

2.3 常 量

常量是在程序整个执行过程中其值保持不变的量。在 Java 中,常量通常被称为 final 变量,在声明的同时需要赋予一个初始值。常量一旦初始化完成,不可被修改。

常量定义的语法格式如下:

```
final 数据类型 变量名 = 初始值;
```

关键字 final 具有"最终的"含义,表示这个变量只能被赋值一次。一旦被赋值之后,就不能再修改。

此外,当需要某个常量可在一个类的多个方法中使用时,通常将其称为类常量。该常量可被类的所有对象共享其值。使用关键字 static final 修饰。

程序示例 2-2 chapter2 /chapter2_2.java

```
package com.cumtb;
public class chapter2_2 {
    static final double CM_PER_INCH = 2.54;                                        ①
    void calulate_x () {
        System.out.println("calculate: " +CM_PER_INCH * 10);                      ②
    }

    public static void main(String[] args) {
        double width = 10.5;
        double height = 2.5;
        System.out.println("size in centimeters: "
        +width * CM_PER_INCH +" x " +height * CM_PER_INCH);                        ③
    }
}
```

简要说明程序示例 2-2。

(1) 代码①定义一个类常量 CM_PER_INCH,使用关键字 static final 修饰。

(2) 代码②表示在 calculate_x()方法中使用类常量。

(3) 代码③表示在 main()方法中使用类常量。

2.4 数 据 类 型

数据类型

2.4.1 基本数据类型

Java 是一种强类型语言,必须显式地为每个变量声明一个数据类型。在 Java 中,一共有 8 个基本数据类型，即 4 个整型、2 个浮点类型、1 个字符类型、1 个布尔类型。

1. 整型

在 Java 中，整型用于表示没有小数部分的数值。Java 整型包括 byte、short、int 和 long 4 种，如表 2-3 所示。

表 2-3 整型

类型	存储大小/字节	取值范围
byte	1	−128～127
short	2	$-2^{15} \sim 2^{15}-1$
int	4	$-2^{31} \sim 2^{31}-1$
long	8	$-2^{63} \sim 2^{63}-1$

通常情况下，Java 默认使用 int 类型。如果需要表示非常大的数值时，使用 long 类型，此类型需要在数值后面加 L(大写英文字母)或 l(小写英文字母)；byte 和 short 类型主要用于特定的应用场合，如底层文件处理或者存储空间受限时的大数组。

在 Java 中，整型的取值范围与运行 Java 代码的机器平台无关，保证了跨平台程序的可移植性。Java 中整型数据都是有符号的，没有无符号(unsigned)的整型数据。整型数据在 Java 中有 3 种表现形式：八进制、十进制和十六进制。

程序示例 2-3 chapter2 /chapter2_3.java

```
package com.cumtb;
public class chapter2_3 {
    public static void main(String[] args) {
        byte a = 10;
        short b = 10;
        int c = 10;
        long d = 10L;
        long e = 10l;
        System.out.println("byte:" + getType(a));
        System.out.println("short:" + getType(b));
        System.out.println("int:" + getType(c));
        System.out.println("long:" + getType(d));
        System.out.println("long:" + getType(e));
    }

    private static String getType(Object type) {
        return type.getClass().toString();
    }
}
```

2. 浮点类型

浮点类型用于表示有小数部分的数值,也可用于存储范围较大的整数。Java 浮点类型包括单精度浮点数(float)和双精度浮点数(double)两种,如表 2-4 所示。

表 2-4 浮点类型

类 型	存储大小/字节	取 值 范 围
float	4	±3.402 823 47E + 38F(有效位数为 6~7 位)
double	8	±1.797 693 134 862 315 70E + 308(有效位数为 15 位)

通常情况下,Java 默认使用 double 类型,因为 double 类型数值精度是 float 类型的两倍,可以保证精度的性能需求。

如果在程序中定义 float 类型,则需要在初始数值后面添加 f 或者 F 后缀。没有后缀的浮点数值总是默认为 double 类型。

程序示例 2-4 chapter2 /chapter2_4.java

```
package com.cumtb;
public class chapter2_4 {
    public static void main(String[] args) {
        float a = 10.0f;
        double b = 10;
        System.out.println("float:" + getType(a));
        System.out.println("double:" + getType(b));
    }

    private static String getType(Object type) {
        return type.getClass().toString();
    }
}
```

3. 字符类型

字符类型表示单个字符。Java 使用 char 声明字符类型,采用双字节 Unicode 编码,占用 2 字节存储空间,可以使用十六进制(无符号)编码形式表示,其表现形式为'\u nnnn',其中 n 为十六进制数。

Java 中字符常量是必须使用单引号括起来的单个字符。例如,'A'是编码值为 65 的字符常量,也可采用 Unicode 编码'\u0041'表示。

程序示例 2-5 chapter2 /chapter2_5.java

```
package com.cumtb;
public class chapter2_5 {
    public static void main(String[] args) {
        char c1 = 'A';
```

```
        char c2 = '\u0041';
        char c3 = '语';
        System.out.println(c1);
        System.out.println(c2);
        System.out.println(c3);
    }
}
```

字符类型也属于数值类型，可以与 int 等数值类型进行数学计算或转换。

程序示例 2-6 chapter2 /chapter2_6.java

```
package com.cumtb;
public class chapter2_6 {
    public static void main(String[] args) {
        char c1 = 'A';
        int temp = 1;
        System.out.println(c1 + temp);
    }
}
```

在 Java 中，为了表示一些特殊字符，前面要加上反斜杠(\)，称为字符转义。常见的转义字符如表 2-5 所示。

表 2-5 转义字符

转义序列	Unicode 编码	说 明
\t	\u0009	水平制表符 Tab
\n	\u000a	换行
\r	\u000d	回车
\"	\u0022	双引号
\'	\u0027	单引号
\\	\u005c	反斜线
\b	\u0008	退格

4. 布尔类型

Java 中声明布尔类型的关键字为 boolean，只可为 true 和 false 两个值，用于判定逻辑条件。

示例 2-8

```
boolean isUser =  true;
boolean isPwd =  false;
```

Java 中整型值和布尔值之间不能进行相互转换,不能与 int 等数值类型之间进行数学计算。而在 C++ 中,数值甚至指针都可用作布尔值,值 0 表示布尔值 false,非 0 值表示布尔值 true。

示例 2-9

```
if(x=0)
```

C++ 支持编译运行,其结果总是 false;而在 Java 中,代码无法通过编译,其原因是:整数表达式 x=0 不能转换为布尔值。

2.4.2 数值类型相互转换

在 Java 中,经常需要将一种数值类型转换为另一种数值类型。基本数据类型中数值类型之间可以相互转换,但是布尔类型不能与它们之间进行转换。

从图 2-1 中可见,数值类型包括 byte、short、char、int、long、float 和 double,数值类型之间的转换有两种方式:自动类型转换和强制类型转换。

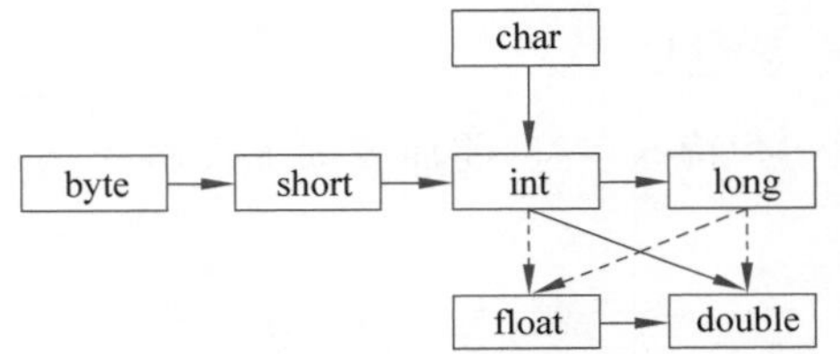

图 2-1 数值类型之间的合法转换

1. 自动类型转换

自动类型转换,即类型之间的转换是自动的,无须采取其他手段。转换原则是小范围数据类型可以自动转换成大范围数据类型。在图 2-1 中有 6 个实线箭头,表示无信息丢失的类型转换;3 个虚线箭头,表示有精度损失的类型转换。

自动类型转换不仅发生在赋值过程,在进行数学计算时也会发生自动类型转换。在运算中先将数据类型转换为同一数据类型,然后再进行计算。计算过程的自动类型转换规则如表 2-6 所示。

表 2-6 计算过程的自动类型转换规则

操作数 1 类型	操作数 2 类型	转换后类型
byte/short/char	int	int
byte/short/char/int	long	long
byte/short/char/int/long	float	float
byte/short/char/int/long/float	double	double

2. 强制类型转换

在 Java 中，允许可能损失信息的强制类型转换。例如，将 double 类型转换成 int 类型。强制类型转换的语法规则：在圆括号中给出想要转换的目标类型，后面紧跟被转换的变量名。

强制类型转换的语法格式如下：

```
(转换后类型) 被转换的变量名
```

示例 2-10

```
double x = 9.9;
int nx = (int) x;
```

在示例 2-10 中，变量 nx 的值为 9。强制类型转换通过截断变量 x 的小数部分，并将浮点值转换为整型值赋给 nx。

2.4.3 引用数据类型

在 Java 中，除了 8 种基本数据类型之外，其他数据类型全部都是引用数据类型，引用数据类型可用于表示复杂的数据类型。

在 Java 中，引用数据类型的变量值保存指向对象的内存地址，相当于 C++ 中的指针类型。虽然 Java 不支持指针运算，但指针类型被保留下来，称为引用数据类型，如表 2-7 所示。

表 2-7　引用数据类型

引用数据类型	关键字	引用数据类型	关键字
字符串	String	类	class
数组	[ ]	接口	interface

2.5 表 达 式

表达式

Java 表达式是用运算符把操作数连接起来表达某种运算或含义的式子。表达式类型由操作数和运算符的语义确定，根据表达式中所使用的运算符和运算结果的不同，可将表达式分为算术表达式、关系表达式、逻辑表达式、位表达式和赋值表达式等。

2.5.1 算术表达式

算术表达式是由算术运算符与操作数连接组成的表达式。其运算结果由算术运算符和操作数共同确定。

算术运算符根据参加运算的操作数的个数，可分为一元运算符和二元运算符，如表 2-8 所示。

表 2-8 算术运算符

运算符		运算	说明
一元运算符	−	−a	取反
	++	a++或++a	自增 1
	−−	a−−或−−a	自减 1
二元运算符	+	a+b	加
	−	a−b	减
	*	a*b	乘
	/	a/b	除
	%	a%b	取余

需要注意如下内容。

(1) 两个整数类型的数据做除法时,结果只能保留整数部分。

(2) 只有整数类型才能进行取余运算,其结果是两个数整除后的余数。

(3) 自增与自减运算符只适用于变量,且变量可位于运算符的两侧。

2.5.2 关系表达式

使用关系运算符连接操作数的式子称为关系表达式,其运算结果是布尔类型,即 true 或 false。关系运算符有 6 种,如表 2-9 所示。

表 2-9 关系运算符

运算符	运算	说明
==	a==b	a 等于 b 时返回 true,否则返回 false。应用于基本数据类型和引用数据类型
!=	a!=b	与==的结果相反
>	a>b	a 大于 b 时返回 true,否则返回 false。应用于基本数据类型
<	a<b	a 小于 b 时返回 true,否则返回 false。应用于基本数据类型
>=	a>=b	a 大于或等于 b 时返回 true,否则返回 false。应用于基本数据类型
<=	a<=b	a 小于或等于 b 时返回 true,否则返回 false。应用于基本数据类型

2.5.3 逻辑表达式

使用逻辑运算符连接操作数的式子称为逻辑表达式,其运算结果是布尔类型,即 true 或 false。逻辑运算符有 5 种,如表 2-10 所示。

表 2-10　逻辑运算符

<table>
<tr><th>运算符</th><th>运　算</th><th>说　　明</th></tr>
<tr><td>!</td><td>!a</td><td>a 为 true 时返回 false</td></tr>
<tr><td>&</td><td>a&b</td><td>a、b 全为 true 时返回 true，否则为 false</td></tr>
<tr><td>|</td><td>a|b</td><td>a、b 全为 false 时返回 false，否则为 true</td></tr>
<tr><td>&&</td><td>a&&b</td><td>a、b 全为 true 时返回 true，否则为 false</td></tr>
<tr><td>||</td><td>a||b</td><td>a、b 全为 false 时返回 false，否则为 true</td></tr>
</table>

需要注意如下内容。

(1) && 运算符也称短路与运算符，如果 a 为 false，则可不用计算 b。因为无论 b 为何值，结果都为 false。

(2) ||运算符也称短路或运算符，如果 a 为 true，则可不用计算 b。因为无论 b 为何值，结果都为 true。

2.5.4　位表达式

使用位运算符连接操作数的式子称为位表达式，其操作数和结果都是整型数据。位运算符如表 2-11 所示。

表 2-11　位运算符

<table>
<tr><th>运算符</th><th>运　算</th><th>说　　明</th></tr>
<tr><td>～</td><td>～a</td><td>将 a 的值按位取反</td></tr>
<tr><td>&</td><td>a&b</td><td>a 与 b 位进行按位与运算</td></tr>
<tr><td>|</td><td>a|b</td><td>a 与 b 位进行按位或运算</td></tr>
<tr><td>^</td><td>a^b</td><td>a 与 b 位进行按位异或运算</td></tr>
<tr><td>>></td><td>a>>b</td><td>a 右移 b 位，高位用符号位补位</td></tr>
<tr><td><<</td><td>a<<b</td><td>a 左移 b 位，低位用 0 补位</td></tr>
<tr><td>>>></td><td>a>>>b</td><td>a 右移 b 位，高位用 0 补位</td></tr>
</table>

无符号右移>>>运算符使用时注意事项如下。

(1) 通常情况下，运算符仅适用于 int 和 long 类型。

(2) 如需用于 short 或 byte 数据，则需要将其转换为 int 类型后，再进行位移计算。

2.5.5　赋值表达式

使用赋值运算符连接操作数的式子称为赋值表达式。Java 赋值运算符是“＝”，其作用是将赋值运算符右边的数据或表达式的值赋给左边的变量。此外，赋值运算符左边必须是变量。

在赋值表达式中，如果赋值运算符两侧的数据类型不一致时，需要遵循下列原则。

(1) 赋值运算符左边变量的数据类型高于右边时,系统会自动进行类型转换,也可使用强制类型转换。

(2) 赋值运算符左边变量的数据类型低于右边时,必须使用强制类型转换,否则编译出错。在赋值运算符“=”之前加上其他运算符时,可构成复合赋值运算符,如表 2-12 所示。

表 2-12 复合赋值运算符

运算符	运　算	说　　明
+=	a+=b	加赋值
-=	a-=b	减赋值
*=	a*=b	乘赋值
/=	a/=b	除赋值
%=	a%=b	取余赋值
<<=	a<<=b	左移赋值
>>=	a>>=b	右移赋值
>>>=	a>>>=b	无符号右移赋值
&=	a&=b	按位与赋值
|=	a|=b	按位或赋值
^=	a^=b	按位异或赋值

2.5.6 其他表达式

Java 中还有一些其他运算符,结合操作数构成表达式,如表 2-13 所示。

表 2-13 其他表达式

运　算　符	说　　明
? :	条件运算符
()	圆括号运算符,优先级最高
[ ]	数组下标
.	引用运算符,对象调用实例变量或实例方法的操作符
instanceof	判断某个对象是否属于某个类
new	对象内存分配运算符
->	Java 8 新增,用来声明 Lambda 表达式
::	Java 8 新增,用于 Lambda 表达式中方法的引用

2.5.7　运算符优先级

在一个表达式计算过程中，优先级和结合性决定了表达式中不同运算执行的先后顺序，其需要遵循以下两个准则。

（1）不同优先级的运算符，计算顺序由优先级决定（由高到低）。

（2）相同优先级的运算符，计算顺序由结合性决定。

表 2-14 列出 Java 运算符的优先级与结合性。对于运算符的优先级而言，优先级从高到低依次为算术运算符、位运算符、关系运算符、逻辑运算符、条件运算符、赋值运算符。

表 2-14　Java 运算符的优先级和结合性

<table>
<tr><th>运　算　符</th><th>说　　明</th><th>优先级</th><th>结合性</th></tr>
<tr><td>.、[]、()</td><td>引用运算符、数组下标、圆括号运算</td><td>1</td><td>自左向右</td></tr>
<tr><td>++、--、-!、~</td><td>一元运算符</td><td>2</td><td>左/右</td></tr>
<tr><td>new(type)</td><td>对象分配运算符，强制类型转换符</td><td>3</td><td>自右向左</td></tr>
<tr><td>*、/、%</td><td>算术乘、除、取余运算</td><td>4</td><td rowspan="10">自左向右</td></tr>
<tr><td>+、-</td><td>算术加、减</td><td>5</td></tr>
<tr><td><<、>>、>>></td><td>位运算</td><td>6</td></tr>
<tr><td><、<=、>、>=</td><td>小于、小于或等于、大于、大于或等于</td><td>7</td></tr>
<tr><td>==、!=</td><td>等于、不等于</td><td>8</td></tr>
<tr><td>&</td><td>按位与</td><td>9</td></tr>
<tr><td>^</td><td>按位异或</td><td>10</td></tr>
<tr><td>|</td><td>按位或</td><td>11</td></tr>
<tr><td>&&</td><td>逻辑与</td><td>12</td></tr>
<tr><td>||</td><td>逻辑或</td><td>13</td></tr>
<tr><td>? :</td><td>条件运算符</td><td>14</td><td rowspan="2">自右向左</td></tr>
<tr><td>=</td><td>赋值运算符</td><td>15</td></tr>
</table>

2.6　输入输出

输入输出

任何编程语言的程序都会有输入输出操作。常见的输入源来自键盘，输出至显示器。在 Java 中，数据的输入输出(I/O)操作以流来处理，流是一组有序的数据序列，分为两种形式：从数据源中读取数据的输入流；将数据写入目标文件的输出流。

2.6.1　终端输入输出

在图形用户界面程序出现之前，使用计算机终端控制台实现输入输出操作。

1. 终端输入

在 Java 中,想要通过控制台进行输入,首先需要构造一个与标准输入流 System.in 关联的 Scanner 对象。语法格式如下:

```
Scanner in = new Scanner(System.in);
```

Scanner 类中常用的成员方法如表 2-15 所示。在程序中,可使用 Scanner 类的成员方法完成读取输入。例如,使用 nextLine()方法将读取一行输入。

表 2-15 Scanner 类中常用的成员方法

成员方法	说明
String nextLine()	读取输入的下一行内容
String next()	读取输入的下一个单词,以空格作为分隔符
int nextInt()	读取并转换下一个表示整数的字符序列
double nextDouble()	读取并转换下一个表示浮点数的字符序列
boolean hasNext()	判断输入中是否还有其他单词
booleanhasNextInt()	判断是否还有下一个表示整数的字符序列
boolean hasNextDouble()	判断是否还有下一个表示浮点数的字符序列

程序示例 2-7 chapter2 /chapter2_7.java

```
package com.cumtb;
import java.util.Scanner;                                                ①
public class chapter2_7 {
    public static void main(String[] args) {
        Scanner in = new Scanner(System.in);                             ②
        System.out.println("请输入姓名: ");
        String name = in.nextLine();                                     ③
        System.out.println("请输入年龄: ");
        int age = in.nextInt();                                          ④
        System.out.println("您好, " + name + "\n 您的年龄是 " + age);
    }
}
```

简要说明程序示例 2-7。

(1) 代码①通过 import 语句引入 java.util.Scanner 类。在 Java 中,如果使用的类不是定义在 java.lang 包时,需要使用 import 指令导入相应的包。有关 import 指令将在第 4 章详细介绍。

(2) 代码②构造一个输入流对象 in。构造方法和 new 运算符将在第 4 章详细介绍。

(3) 代码③使用输出流对象 in 的 nextLine()方法读取一行输入。

(4) 代码④使用输出流对象 in 的 nextInt()方法读取一个整型数据。

2. 终端输出

使用输出语句 System.out.printf(x)将数值输出到终端，将以 x 的类型所允许的最大非 0 数位个数打印输出 x。

在 Java 中，沿用了 C 语言函数库中的 printf 方法，可以为 printf 提供多个参数，实现格式化的内容输出。在 printf 方法中每个以“%”字符开始的格式说明符都将使用对应的参数进行替换。格式说明符尾部的转换符指示要格式化的数值的类型，如表 2-16 所示。

表 2-16　用于 printf 的转换符

转换符	类　型	转换符	类　型
d	十进制数	s	字符串
x	十六进制数	c	字符
o	八进制数	b	布尔
f	定点浮点数	h	哈希码
e	指数浮点数	%	百分号
g	通用浮点数	n	与平台有关的行分隔符
a	十六进制浮点数		

2.6.2　字节流输入输出

字节流用于读写字节类型的数据(包括 ASCII 表中的字符)。字节流类可分为表示输入流的 InputStream 类及其子类，表示输出流的 OutputStream 类及其子类。

1. 字节输入流

字节输入流的基类是 InputStream 类，且派生出很多字节输入流子类，如表 2-17 所示。

表 2-17　主要的字节输入流子类

类	说　明
FileInputStream	文件输入流
ByteArrayInputStream	面向字节数组的输入流
PipedInputStream	管道输入流，用于两个线程之间的数据传递
FilterInputStream	过滤输入流，是一个装饰器扩展其他输入流
BufferedInputStream	缓冲区输入流，是 FilterInputStream 的子类
DataInputStream	面向基本数据类型的输入流

字节输入流 InputStream 类是一个抽象类，定义了很多方法，影响字节输入流的行

为。其具体成员方法如表 2-18 所示。

表 2-18　InputStream 类的成员方法

成员方法	说　明
abstract int read()	自输入流中读取数据的下一字节
int read(byte b[])	将输入的数据存放在指定的字节数组 b 中
int read(byte b[], int offset, int len)	自输入流 offset 位置开始读取 len 字节数据到 b 数组
void reset()	将读取位置移至输入流标记处
long skip(long n)	从输入流中跳过 n 字节
int available()	返回输入流中的可用字节数
void mark(int readlimit)	在输入流当前位置加上标记
boolean markSupported()	测试输入流是否支持标记
void close()	关闭输入流,并释放所占资源

2. 字节输出流

字节输出流的基类是 OutputStream 类,且派生出很多字节输出流子类,如表 2-19 所示。

表 2-19　主要的字节输出流子类

类	说　明
FileOutputStream	文件输出流
ByteArrayOutputStream	面向字节数组的输出流
PipedOutputStream	管道输出流,用于两个线程之间的数据传递
FilterOutputStream	过滤输出流,是一个装饰器扩展其他输出流
BufferedOutputStream	缓冲区输出流,是 FilterOutputStream 的子类
DataOutputStream	面向基本数据类型的输出流

字节输出流 OutputStream 类是一个抽象类,定义了很多方法,影响字节输出流的行为。其具体成员方法如表 2-20 所示。

表 2-20　OutputStream 类的成员方法

成员方法	说　明
abstract void write(int b)	写 1 字节
void write(byte b[])	写 1 字节数组

续表

成员方法	说明
void write(byte b[], int offset, int len)	将字节数组 b 中从 offset 位置开始长度为 len 字节数据写到输出流中
voidflush()	写缓冲区内的所有数据
void close()	关闭输出流,并释放所占资源

2.6.3　字符流输入输出

Java 提供了用于读写 Unicode 字符的字符流 Reader 类和 Writer 类。

1. 字符输入流

字符输入流的基类是 Reader 类,且派生出很多字符输入流子类,如表 2-21 所示。

表 2-21　主要的字符输入流子类

类	说明	类	说明
PipedReader	管道输入流	BufferedReader	缓冲区输入流
StringReader	面向字符串的输入流	InputStreamReader	面向字节流的输入流
FilterReader	过滤输入流	CharArrayReader	面向字符数组的输入流

字符输入流 Reader 类是一个抽象类,定义了很多方法,影响字符输入流的行为。其常用成员方法如表 2-22 所示。

表 2-22　Read 类的常用成员方法

成员方法	说明
int read()	自输入流中读取数据的一个字符
int read(char cbuf[])	将输入的数据存放在指定的数组中
abstract read(char cbuf [],int offset,int len)	自输入流中的 offset 位置开始读取 len 个字符到数组
void reset()	将读取位置移至输入流标记处
boolean ready()	测试输入流是否准备好等待读取
void mark(int readlimit)	在输入流当前位置加上标记
boolean markSupported()	测试输入流是否支持标记
void close()	关闭输入流,并释放所占资源

2. 字符输出流

字符输出流的基类是 Writer 类,且派生出很多字符输出流子类,如表 2-23 所示。

表 2-23 主要的字符输出流子类

类	说　明	类	说　明
PipedWriter	管道输出流	BufferedWriter	缓冲区输出流
StringWriterr	面向字符串的输出流	OutputStreamWriter	面向字节流的输出流
FilterWriter	过滤输出流	CharArrayWriter	面向字符数组的输出流

字符输出流 Writer 类是一个抽象类,定义了很多方法,影响字符输出流的行为。其常用成员方法如表 2-24 所示。

表 2-24 Writer 类的常用成员方法

成员方法	说　明
abstract void write(int b)	写一个字符
void write(char cbuf[])	写一个字符数组
void write(char cbuf[], int offset, int len)	将字符数组 cbuf 中从 offset 位置开始的长度为 len 个字符写到输出流中
voidwrite(String str)	写一个字符串
void write(String str, int offset, int len)	将字符串从 offset 位置开始的长度为 len 个字符数组写到输出流中
voidflush()	写缓冲区内的所有数据
void close()	关闭输出流,并释放所占资源

2.6.4 文件输入输出

Java 使用 File 类对文件和目录进行操作,另外读写文件内容可通过 FileInputStream 类、FileOutputStream 类、FileReader 类和 FileWriter 类实现。

1. File 类

Java 的 File 类表示一个与平台无关的文件或目录。调用 File 类的方法可以完成对文件或目录的管理操作。其常用成员方法如表 2-25 所示。

表 2-25 File 类的常用成员方法

成员方法	说　明
String getName()	获得文件名,不包括路径
String getPath()	获得文件的路径
String getAbsolutePath()	获得文件的绝对路径
String getParent()	获得文件的上一级目录
boolean exists()	测试当前 File 对象表示的文件是否存在

续表

成员方法	说明
boolean canWrite()	测试当前文件是否可写
boolean canRead()	测试当前文件是否可读
boolean isFile()	测试当前文件是否是文件
boolean isDirectory()	测试当前文件是否是目录
long lastModified()	获得文件最近一次修改的时间
long length()	获得文件的长度,以字节为单位
boolean delete()	删除当前文件,成功返回 true
boolean renameTo(File dest)	重命名当前文件,成功返回 true
boolean mkdir()	创建当前 File 对象指定的目录
String[] list()	返回当前目录下的文件和目录
String[] list(FilenameFilter filter)	返回当前目录下满足指定过滤器的文件和目录
File[] listFiles()	返回当前目录下的文件和目录
File[] listFiles(FilenameFileter filter)	返回当前目录下满足过滤器的文件和目录
File[] listFiles(FileFilter filter)	返回当前目录下满足指定过滤器的文件和目录

2. 字节文件输入输出

FileInputStream 类和 FileOutputStream 类的读写功能是直接从父类 InputStream 类和 OutputStream 类继承而来,并未做任何功能的补充,仅能完成以字节为单位的原始二进制数据的读写。

在 Java 中,创建 FileInputStream 类和 FileOutputStream 类的对象,建立与磁盘文件的映射连接后,再创建其他 File 类的对象,如 DataInputStream 类和 DataOutputStream 类,完成读写数据源的操作。

示例 2-11

```
File f = new File("TextFile");
//输入操作
DataInputStream din = new DataInputStream(new FileInputStream(f));
//输出操作
DataOutputStream dout = new DataOutputStream(new FileOutputStream(f))
```

3. 字符文件输入输出

FileReader 类和 FileWriter 类用于读取文件和向文件写入字符数据,其使用方式可以参照字节文件输入与输出。

2.7 课后习题

1. 什么是标识符？定义标识符的规则是什么？

2. 什么是关键字？其用途是什么？使用关键字需要注意哪些事项？

3. 程序注释有几种方式？分别起何种作用？

4. 什么是数据类型？其作用是什么？Java中包含哪些数据类型？

5. 什么是变量？变量名和变量值的作用分别是什么？使用变量需要注意什么？

6. 说明 x=++a+b 与 x=a+++b 的区别。

7. 若 a=10，b=4，分别计算下列表达式的值。

(1) x=a &b　　(2) x=a|b　　(3) x=a>>b　　(4) x=~a

8. 说明在数据类型转换时，什么是自动类型转换？何时需要强制类型转换？

第3章

程序流程控制

同其他程序设计语言一样,Java使用选择结构和循环结构确定控制流程。Java流程控制语句有3种:条件语句、循环语句和转移语句。

3.1 块作用域

块作用域,也称复合语句,是由花括号({})括起来的若干Java语句组成的。块确定了变量的作用域,一个块可以嵌套在另一个块中。

注意:不能在嵌套的两个块中声明同名的变量。

示例3-1

```
public staic void main(String[] args){
    int n;
    {
        int b;
    }
}
```

3.2 条件语句

条件语句

条件语句提供程序判断能力,其可使部分程序根据某些表达式的值被有选择性地执行。Java提供两种条件语句:if语句和switch语句。

3.2.1 if语句

在Java中,if语句是构造分支选择结构的基本语句。根据if语句的语法形式可分为3种类型:单分支选择结构、双分支选择结构、嵌套if语句多分支结构。

1. 单分支选择结构

单分支选择结构的语法格式如下:

```
if (判断条件)
语句;
```

与大多数程序设计语言一样,Java 希望在某个条件为真时执行多条语句。此时需要使用块语句实现。

```
if (判断条件){
    语句 1;
    语句 2;
    …
}
```

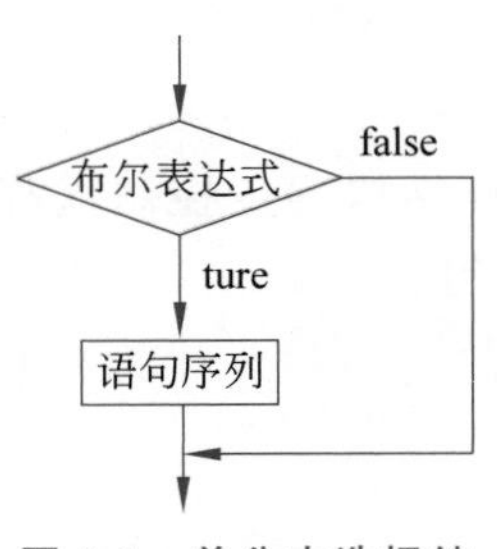

图 3-1 单分支选择结构执行流程

其执行流程如图 3-1 所示。

如果布尔表达式为 true 就执行语句序列,否则执行 if 结构后面的语句。其中:

(1) 布尔表达式。必要参数,表示最后返回的结果必须是一个布尔值。既可使用一个布尔变量或常量,也可使用关系运算符或布尔运算符结合操作数组成的表达式。

(2) 语句序列。可选参数,可是一条或多条语句。当布尔表达式的值为 true 时执行语句序列;若语句序列仅有一条语句,可省略语句中的{}。

程序示例 3-1 chapter3 /chapter3_1.java

```
package com.cumtb;
import java.util.Scanner;
public class chapter3_1 {
    public static void main(String[] args) {
        Scanner inScanner = new Scanner(System.in);
        int score = inScanner.nextInt();
        if (score > = 60) {
            System.out.println("及格");
        }
        if (score <  60) {
            System.out.println("不及格");
        }
    }
}
```

2. 双分支选择结构

双分支选择结构的语法格式如下:

```
if (判断条件){
    语句 1;
}
else{
    语句 2;
}
```

其执行流程如图 3-2 所示。

如果布尔表达式的值为 true 时，程序执行语句 1，否则程序执行语句 2。因此，在双分支选择结构中，每个时刻只能执行一个分支。

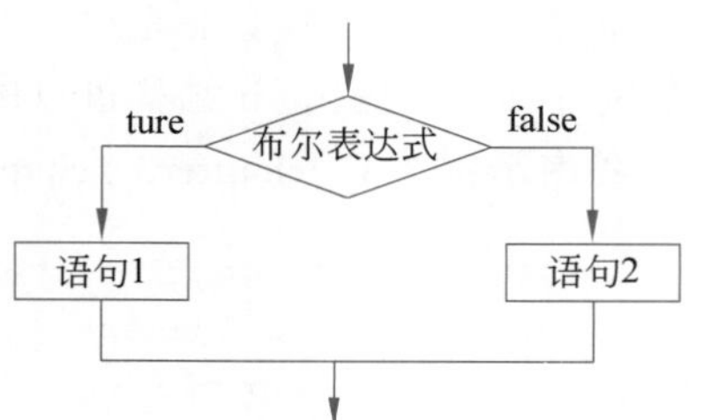

图 3-2　多分支选择结构执行流程

程序示例 3-2　**chapter3 /chapter3_2.java**

```
package com.cumtb;
import java.util.Scanner;
public class chapter3_2 {
    public static void main(String[] args) {
        Scanner inScanner = new Scanner(System.in);
        int score = inScanner.nextInt();
        if (score > = 60) {
            System.out.println("及格");
        }else {
            System.out.println("不及格");
        }
    }
}
```

3. 嵌套 if 语句多分支结构

在实际问题中，一个简单的条件无法满足复杂问题的设计，需要有若干条件来决定执行若干不同的操作。Java 提供嵌套 if 语句来实现，其语法格式如下：

```
if (判断条件) {
    语句 1;
}
else if (判断条件) {
    语句 2;
}
else
    语句 3;
```

其执行流程如图 3-3 所示。

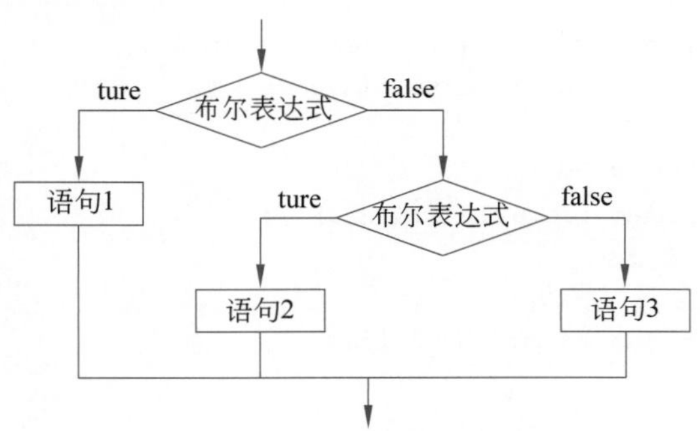

图 3-3　嵌套 if 语句多分支结构执行流程

如图 3-3 所示,嵌套 if 语句可实现多个执行分支。需要注意的是,虽然图 3-3 中只有 3 个执行分支,但嵌套 if 结构可以嵌套至 n(n≥1)层。

程序示例 3-3　chapter3 /chapter3_3.java

```
package com.cumtb;
import java.util.Scanner;
public class chapter3_3 {
    public static void main(String[] args) {
        Scanner inScanner = new Scanner(System.in);
        int score = inScanner.nextInt();
        if (score > = 90) {
            System.out.println("优秀");
        } else if (score > = 80) {
            System.out.println("良好");
        } else if (score > = 70) {
            System.out.println("中等");
        } else if (score > = 60) {
            System.out.println("及格");
        } else {
            System.out.println("不及格");
        }
    }
}
```

使用嵌套 if 语句的注意事项如下。

(1) Java 编译器将 else 与离它最近的 if 组合在一起,除非使用花括号才能指定不同的匹配方式。

(2) 在嵌套 if 语句中,当每个语句块包含多条语句时,必须使用花括号括起来,使其构成一条复合语句,否则导致语法错误或输出错误。

程序示例 3-4　chapter3 /chapter3_4.java

```
package com.cumtb;
import java.util.Scanner;
public class chapter3_4 {
    public static void main(String[] args) {
        Scanner inScanner = new Scanner(System.in);
        int score = inScanner.nextInt();
        if (score > 60)
            if (score > 70) {
                System.out.println("良好");
            }
        else {
            System.out.println("不及格");
        }
    }
}
```

当程序示例 3-4 执行时，当 score＞60 且 score≤70 时，输出“不及格”信息，而当 score＜60时没有信息输出。显然，程序执行的结果与预期结果不相符。

3.2.2　switch 语句

虽然使用嵌套 if 语句能够实现从多分支中选择一个分支执行操作，但当嵌套层数较多时，程序可读性大大降低。

Java 提供 switch 语句提供多分支程序结构语句，其可根据表达式的值来执行多个操作中的一个。switch 语句的语法格式如下：

```
switch(表达式){
    case 1: 语句 1; break;
    case 2: 语句 2; break;
    …
    case n: 语句 n; break;
    [default: 语句 n+1; ]
}
```

其执行流程如图 3-4 所示。

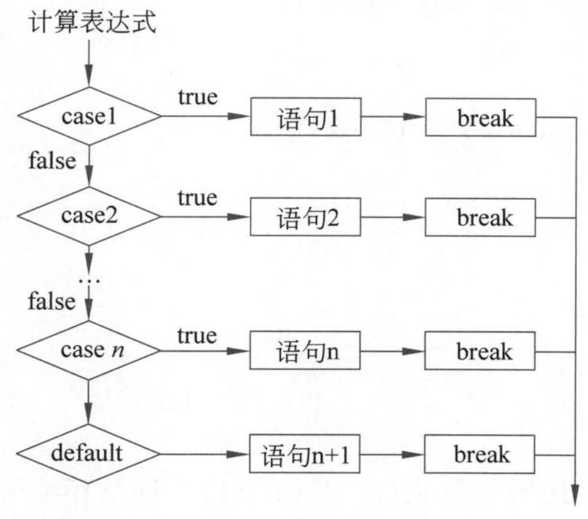

图 3-4　switch 语句执行流程

使用 switch 语句的注意事项如下。

(1) 表达式类型可以是 char、byte、short 和 int，不允许使用 float 类型和 long 类型。

(2) case 后面的值必须是与表达式类型相同的常量，且它们之间的值各不相同。case 后面语句无须使用花括号。

(3) default 语句可删除。

(4) 当表达式的值与某个 case 的常量值匹配成功后，就执行此 case 后的语句。

(5) 若删除 case 语句后的 break 语句，则执行完第一个匹配 case 语句后，会继续执行其余的 case 语句(无须匹配)，直到 break 为止。

程序示例 3-5 chapter3 /chapter3_5.java

```
package com.cumtb;
import java.util.Scanner;
public class chapter3_5 {
    public static void main(String[] args) {
        Scanner inScanner = new Scanner(System.in);
        int score = inScanner.nextInt();
        int grade = score / 10;
        switch (grade) {
        case 10:
        case 9:
            System.out.println("优秀");
            break;
        case 8:
        case 7:
            System.out.println("良好");
            break;
        case 6:
            System.out.println("及格");
            break;
        default:
            System.out.println("不及格");
            break;
        }
    }
}
```

循环语句

3.3 循环语句

循环语句能够使程序代码重复执行。Java 支持 3 种循环结构类型：while、do…while 和 for。上述循环结构各具特点，循环结构之间也可相互嵌套，用户可根据不同的程序设计需求来决定使用何种循环结构或循环嵌套结构。

3.3.1 while 语句

while 语句是一种先判断的循环结构，其语法格式如下：

```
while(循环条件){
    循环体语句块
}
```

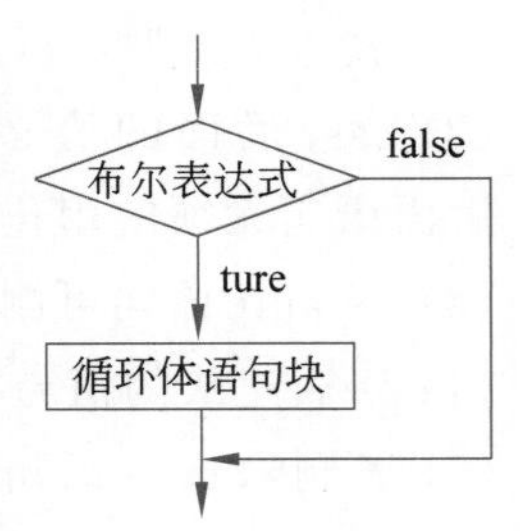

图 3-5 while 语句执行流程

其执行流程如图 3-5 所示。

使用 while 语句的注意事项如下。

(1) while 循环没有初始化语句，循环次数不可知，只要循环条件满足，循环就会一直进行。

(2) while 循环条件语句中只能写一个表达式，且是布尔表达式。

(3) 如果循环体中需要循环变量，必须在 while 语句之前对循环变量进行初始化。

程序示例 3-6　chapter3 /chapter3_6.java

```
package com.cumtb;
import java.util.Scanner;
public class chapter3_6 {
    public static void main(String[] args) {
        Scanner inScanner = new Scanner(System.in);
        System.out.println("请输入数值: ");
        int i = 1;
        while (i < =3) {
            int score = inScanner.nextInt();
            System.out.println("第"+i+"次输出值:"+score);
            i++;
        }
    }
}
```

3.3.2　do…while 语句

do…while 语句的使用与 while 语句相似，但是，do…while 语句是事后判断的循环结构，其语法格式如下：

```
do{
    循环体语句块
}while(循环条件);
```

其执行流程如图 3-6 所示。

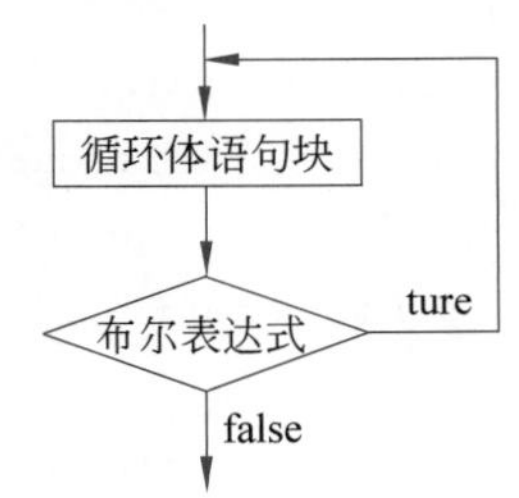

图 3-6　do…while 语句执行流程

使用 do…while 语句时需要注意：do…while 语句没有初始化语句，循环次数不可知，无论循环条件是否满足，都会执行一次循环体，然后再判断循环条件。

程序示例 3-7　chapter3 /chapter3_7.java

```
package com.cumtb;
import java.util.Scanner;
public class chapter3_7 {
    public static void main(String[] args) {
        Scanner inScanner = new Scanner(System.in);
        System.out.println("请输入数值: ");
        int i = 1;
        do {
            int score = inScanner.nextInt();
            System.out.println("第"+i+"次输出值:"+score);
```

```
            i++;
        } while (i <= 3);
    }
}
```

3.3.3 for 语句

for 语句是应用最广泛、功能最强的循环语句，其语法格式如下：

```
for (表达式 1; 表达式 2; 表达式 3) {
    循环体语句块
}
```

其中，表达式 1 指初值表达式；表达式 2 指布尔表达式；表达式 3 指循环过程表达式。其执行流程如图 3-7 所示。

使用 for 语句的注意事项如下。

(1) for 语句中的 3 个表达式都可省略，但两个分号不能省略。

(2) 在 for 语句中省略任何一个表达式时，应将其写入程序中的其他位置，否则会出现死循环的问题。

(3) 在 for 语句中，表达式 1 和表达式 3 可使用逗号运算符，是 Java 中唯一使用逗号运算符的位置。

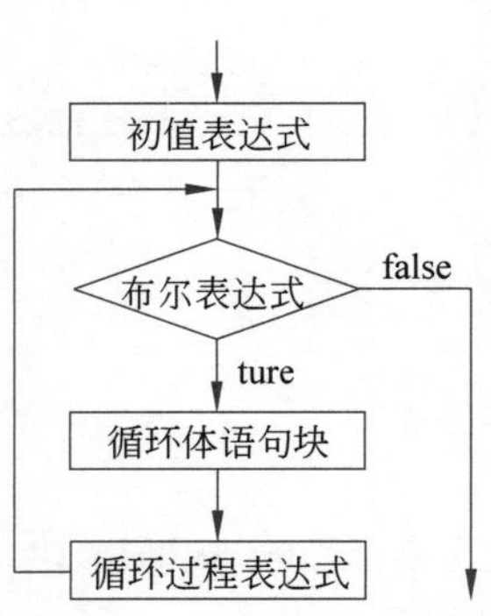

图 3-7 for 语句执行流程

程序示例 3-8 chapter3 /chapter3_8.java

```
package com.cumtb;
import java.util.Scanner;
public class chapter3_8 {
    public static void main(String[] args) {
        Scanner inScanner = new Scanner(System.in);
        System.out.println("请输入数值: ");
        for (int i = 1; i <= 3; i++) {
            int score = inScanner.nextInt();
            System.out.println("第"+i+"次输出值:"+score);
        }
    }
}
```

3.4 转移语句

转移语句

Java 提供 4 种转移语句：break、continue、return 和 throw。转移语句完成改变程序执行流程的功能。本节重点介绍 break 和 continue 语句的使用，return 和 throw 语句的使用将在 11.7 节中详细介绍。

3.4.1 break 语句

break 语句有两种形式：不带标签和带标签。break 语句虽然可以单独使用，但在通常情况下，其主要用于 switch 语句和循环语句中，控制程序的执行流程的转移。

1. 不带标签

不带标签的 break 语句使程序跳出所在层的循环体，其语法格式如下：

break;

其中，break 是关键字。

程序示例 3-9 chapter3 /chapter3_9.java

```
package com.cumtb;
public class chapter3_9 {
    public static void main(String[] args) {
        for (int i = 0; i < 5; i++) {
            for (int j = 5; j > 0; j--) {
                if (j == i) {
                    break;
                }
                System.out.printf("(i,j)=(%d,%d)", i, j);
                System.out.println();
            }
        }
    }
}
```

2. 带标签

带标签的 break 语句使程序跳至标签指示的循环体，其语法格式如下：

break label;

其中，break 是关键字，label 是用户定义的标号。

程序示例 3-10 chapter3 /chapter3_10.java

```
package com.cumtb;
public class chapter3_10 {
    public static void main(String[] args) {
        label: for (int i = 0; i < 3; i++) {
            for (int j = 3; j > 0; j--) {
                if (j == i) {
                    break label;
                }
                System.out.printf("(i,j)=(%d,%d)", i, j);
```

```
                System.out.println();
            }
        }
    }
}
```

通过分析程序示例 3-9 和程序示例 3-10 的运行结果发现：不带标签的 break 语句执行 6 次，带标签的 break 语句执行 5 次。因此在程序设计中，添加标签对于多层嵌套循环而言，可以提高程序的执行效率。

3.4.2 continue 语句

continue 语句用于结束本次循环，跳过循环体中尚未执行的语句，进行终止条件的判断来决定是否继续循环。在循环体中使用 continue 语句有两种形式：不带标签和带标签。

1. 不带标签

不带标签的 continue 语句终止本次循环，循环体中 continue 之后的语句不再执行，接着进行下一次循环，其语法格式如下：

```
continue;
```

其中，continue 是关键字。

程序示例 3-11 chapter3 /chapter3_11.java

```
package com.cumtb;
public class chapter3_11 {
    public static void main(String[] args) {
        for (int i = 0; i < 3; i++) {
            for (int j = 3; j > 0; j--) {
                if (j == i) {
                    continue;
                }
                System.out.printf("(i,j)=(%d,%d)", i, j);
                System.out.println();
            }
        }
    }
}
```

2. 带标签

带标签的 continue 语句终止本次循环，当前循环体中 continue 之后的语句不再执行，而跳转至指定标签位置，进行执行标签指定的循环，其语法格式如下：

```
continue label;
```

其中，continue 是关键字，label 是用户定义的标号。

程序示例 3-12　chapter3 /chapter3_12.java

```
package com.cumtb;
public class chapter3_12 {
    public static void main(String[] args) {
        label: for (int i = 0; i < 3; i++) {
            for (int j = 3; j > 0; j--) {
                if (j == i) {
                    continue label;
                }
                System.out.printf("(i,j)=(%d,%d)", i, j);
                System.out.println();
            }
        }
    }
}
```

3.5　课后习题

1. Java 程序中有哪些基本流程？分别对应哪些语句？
2. Java 中如何直接跳出当前的多重循环？
3. switch 语句中，case 语句后常量表达式值是什么类型的，可以是实数吗？
4. if 后面的复合语句块只有一条语句，是否能省略花括号？
5. 请找出下面程序的错误，并说明运行该程序会出现什么现象。

```
public class GetX{
    public static viod main(){
        while(x == 5){
        System.out.println("x 的值为 5");
    }
}
```

6. 下面表达式不能(　　)作为 while 语句的表达式。

   A. m－＞0　　B. m＋＋＞0　　C. m＝0　　D. m＞10＆＆true
7. 在 Java 中常用的循环语句有几种？分别进行说明。
8. 简要说明 break 语句和 continue 语句在程序中的作用。
9. 编写程序，用 for…each 遍历数组 [9,5,6,3,1]，并输出结果。

第4章 类与对象

人类在认识客观世界的过程中,逐渐形成研究对象复杂性的原则,例如,抽象、分类、封装和继承等,并使用这些原则来简化问题的复杂性,从而对客观世界产生了正确的、简明扼要的认识。面向对象编程全面地运用了这些原则,具有强大的生命力。

在一个面向对象编程的系统中,有如下特点。

- 对象是描述客观世界的基本单位,是 Java 程序的基本封装单位,是类的实例。
- 类是对象的抽象定义,是属性和操作的定义体。
- 属性是对象静态特征的抽象,在 Java 程序中使用数据成员描述。
- 操作是对象动态特征的抽象,在 Java 程序中使用成员方法实现。

面向对象程序设计概述

4.1 面向对象程序设计概述

4.1.1 面向过程程序设计

传统的结构化程序设计通过实现一系列的过程(即算法)来求解问题。通常情况下,确定过程之后才会考虑存储数据的方式。以 C 语言为典型代表的结构化程序设计语言,可把程序概括如下:

程序=算法+数据结构

以“算法优先,数据为辅”的结构化程序设计中,算法研究如何高效地组织解决问题的具体过程,只有确定了操作数据的过程,才能决定组织数据的存储结构,从而方便操作数据。可见,以结构化程序设计为代表的高级语言是一种面向过程的程序设计语言,也称面向过程程序设计。

面向过程程序设计精确地使用计算机所能理解的逻辑描述和表达待解决问题的具体实现过程,但其将数据和操作看作两个独立单元,导致程序中数据和操作无法与问题域的具体问题形成相对应的程序成分,难以清楚地描述具有多种相互关系的复杂问题域。此外,编写算法需要时刻考虑待处理问题的数据结构,一旦数据结构发生变化,其处理数据的算法也需要做出改变,否则算法不可用。因此,使用面向过程程序设计方法所编写软件的重用性较差,难以适用大数据时代。

4.1.2　面向对象程序设计

为了解决软件重用性问题，提出以“数据优先，算法为辅”的面向对象程序设计方法(Object-Oriented Programming，OOP)，其核心思想：直接地描述问题域中具体问题(即对象)以及它们之间的关系，将问题域的具体问题直接映射到软件系统的解空间，最大限度地使用软件系统解决问题。可把程序概括如下：

程序＝对象＋消息

面向对象的程序是由对象组成的，每个对象包含对用户公开的特定功能部分和隐藏的实现部分，程序中对象来自 Java 标准库或者用户自定义，只要对象能够满足程序设计的要求，就无须关心其功能的实现。

4.1.3　面向对象的特性

面向对象编程具有 3 个基本特性：封装性、继承性和多态性。

1. 封装性

封装能够使外部访问者不能随意存取对象的内部数据，隐藏对象的内部细节，只保留有限的对外接口。外部访问者不用关心对象的内部细节，使操作对象变得简单。例如，计算机制造商将主板、CPU、硬盘和内存等硬件设备封装起来组成一台计算机，对外提供诸如鼠标、键盘和显示器等外接设备的访问接口，一般用户不需要了解硬件的内部细节，只需要通过操作外接设备就可以使用计算机。有关封装性将在第 5 章详细讲解。

2. 继承性

继承是一种对象的类之间的层次关系，使子类可以继承父类的属性和操作。在 Java 中，被继承的类称为父类，继承的类称为子类。例如，汽车和小轿车之间的关系，小轿车是一种特殊汽车，拥有汽车的全部特征和行为，在面向对象中汽车是父类，小轿车是子类。有关继承性将在第 5 章详细讲解。

3. 多态性

父类中的成员变量和成员方法被子类继承之后，可以具有不同的状态或表现行为。有关多态性将在第 5 章详细讲解。

4.2　抽象原则

抽象原则

抽象，从被研究对象中舍弃非本质或与研究主旨无关的次要特征，而抽取与研究工作有关的实质性内容加以考察，形成对所研究问题正确的、简明扼要的认识。例如，学生就是一个抽象概念，通过抽取每个学生个体之间的共性特征，形成了学生的定义。

在计算机软件开发领域，所能够解决的问题的复杂性直接取决于抽象的层次和质量。

编程语言的抽象是指求解问题时,是否根据运行解决方案的计算机结构来描述问题。目前主要强调过程抽象和数据抽象。

4.2.1 过程抽象

过程抽象指任何一个完成确定功能的执行序列。面向过程程序设计采用过程抽象。当求解一个问题时,过程抽象程序设计会将一个复杂问题分解为多个子问题,以此类推,形成层次结构。每个子问题映射为一个子过程,高层次的过程可将低一层次中的过程当作抽象操作来使用,而无须考虑低层次过程的实现方法。最后,从最底层的过程逐个求解,形成原问题的解。例如,C 语言中的函数的嵌套调用操作。

过程抽象具有以下两个优点。

(1) 通过过程抽象操作,编程人员无须了解过程的实现操作就可使用。

(2) 只要抽象操作的功能是确定的,即使过程的实现被修改,也不会影响程序使用过程。

过程抽象的缺点是只关注操作本身,没有考虑把操作和数据作为一个整体看待,存在一定的弊端。之后,学者们提出了抽象数据类型的概念,进一步发展成数据抽象的概念。

4.2.2 数据抽象

数据抽象把数据和对数据的操作结合成一个不可分的系统单位,根据功能、性质和作用等因素,抽象成不同的抽象数据类型。每个抽象数据类型既包含数据,也包含对数据的操作,且限定数据的值只能被该操作获取或修改。因此,相对于过程抽象,数据抽象是更为严格且合理的抽象方法。数据抽象仅提供数据的接口而屏蔽实现,编程人员只能通过接口访问数据。

数据抽象具有 3 个优点。

(1) 用户无须了解详细地实现细节就可使用。

(2) 对用户屏蔽数据类型的实现,只要保持接口不变,数据实现的改变不影响用户使用。

(3) 接口规定用户与数据之间所有可能的交互行为,避免用户对数据的非法操作。

因此,面向对象程序设计采用数据抽象来构建程序中的类和对象,强调数据和操作是一个不可分的单位。

4.2.3 对象

程序设计所要解决的问题域——客观世界,是由具体的事物构成。每个事物都具有数据描述的静态特征和动作描述的动态特征。例如,在真实校园活动的个体,学号 0001 的张同学在跳绳、学号 0002 的李同学在跑步,这些个体称为对象。

把客观世界的具体事物映射到面向对象程序设计中,则需将问题域中的具体事物抽象成对象,用一组数据描述该对象的静态特征,用一组方法描述该对象的动态特征。

对象具有以下 3 个特征。

(1) 对象标识。对象名、用户和系统识别的唯一标志。例如,学生的学号可作为每个学生的标识。对象有外部标识和内部标识两种形式:外部标识由对象的定义者或使用者使用;内部标识由系统内部唯一地识别每个对象。在程序设计中,可将对象看作为计算机存储中可标识的区域，能够保存数据或数据的集合。

（2）属性。一组数据描述对象的静态特征。例如，学生的学号、姓名。在 Java 中，这组数据称为数据成员。

（3）方法。一组操作描述对象的动态特征。每个方法描述一种行为或操作。例如，学生具有学习的行为，也具有锻炼的行为。在 Java 中，这组操作称为成员方法。

4.2.4　类

客观世界问题域的事物既有特性又有共性。人们了解客观世界的基本方法之一是依据事物的共性形成对事物简明扼要的认识，并据此认识把事物归结为抽象定义，这个抽象定义描述称为类。

类可对属于该类的全部对象进行统一的描述。例如，学生具有学号、姓名、学习功能，该描述适用于所有的学生（学号 0001 的张同学和学号 0002 的李同学），不必对每个学生个体都进行一次描述。

在 Java 中，类是一种引用数据类型，是组成 Java 程序的基本要素，定义了一类对象的所有的数据和操作。

定义一个类需要指明 3 个要素。

（1）类标识。用于区分不同的类，定义时必须指定。

（2）属性说明。描述属于该类全部对象的静态特征。

（3）方法说明。描述属于该类全部对象的动态特征。

4.2.5　类与对象的关系

类描述属于该类的全部对象的抽象定义，对象则是符合定义的客观存在。因此，任何一个对象都属于某个类。因此，类与对象之间的关系是抽象与具体的关系。在 Java 中，类是创建对象的模板（template），对象是类的实例（instance）。

由图 4-1 可知，对象是类的实例，创建对象之前必须定义类。

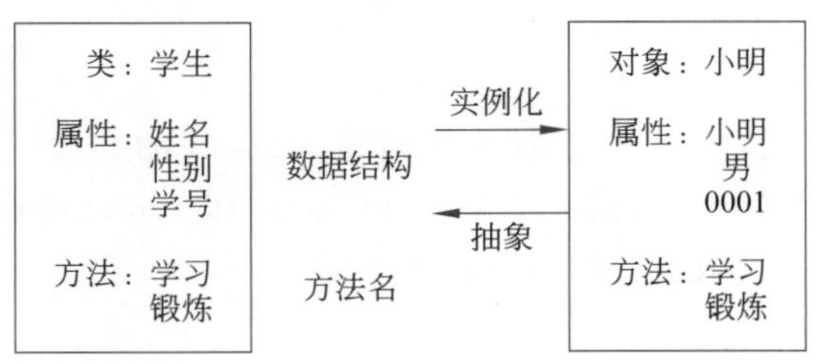

图 4-1　类与对象的关系

4.3　类的定义

类的定义及修饰符

在 Java 中，程序设计的核心是定义类，一个 Java 源程序文件可由一个或多个类组成。从用户角度来看，Java 源程序中的类分为两种：Java 类库和自定义类。有关 Java 类库的内容请参阅 4.6 节,本节主要讲解自定义类的使用。

Java 类库虽然提供了非常多的功能,但是用户程序仍需要针对特定问题的特定逻辑来定义类。用户按照 Java 语法规则,将研究问题描述为 Java 程序中的类,以解决特定问题。

在 Java 中,用户自定义类的语法格式如下:

```
[类修饰符]class 类名[extends 父类][implements 接口列表]{
    数据成员;
    成员方法;
}
```

类的结构由类声明和类体组成,具体包含以下 6 方面。

(1) [类修饰符]。规定类的特殊性,可选部分。本书主要讲解类的访问控制。

(2) 类名。命名需要遵循 Java 标识符的规则。

(3) [extends 父类]。指明该类继承一个父类。Java 仅支持单继承,一个类只能有一个父类名。此内容将在 5.4 节详细讲解。

(4) [implements 接口列表]。一个类可实现多个接口,接口之间用逗号(,)分隔。通过接口机制可实现多重继承原理,此内容将在 5.6 节详细讲解。

(5) 数据成员。描述对象的静态特征。

(6) 成员方法。描述对象的动态特征,且每个成员方法确定一个功能或操作。

示例 4-1

```
package com.cumtb;
class Student{                                  ①
    String studentName;                         ②
    int studentNumber;                          ③
    void hardLearn() {                          ④
        //TODO
    }
}
```

简要说明示例 4-1。

(1) 代码①,使用关键字 class 声明一个名为 Student 的类。

(2) 代码②、③,定义两个数据成员 studentName 和 studentNumber;

(3) 代码④,定义一个成员方法 hardlearn()。

4.3.1 类修饰符

类修饰符用于规定类的一些特殊性,主要用于对类的访问限制。常用的类修饰符包括无修饰符、public、final 和 abstract。其中,无修饰符和 public 修饰符侧重定义类的访问权限特性,而 final 和 abstract 修饰符侧重定义类的性质,如表 4-1 所示。

定义一个类时,可以同时使用两个修饰符来修饰一个类,类修饰符之间使用空格符分隔,且在关键字 class 之前,类修饰符的先后顺序不影响类的性质。但是,final 修饰符和 abstract 修饰符不能同时使用。

表 4-1　类修饰符

类修饰符	说　明
无修饰符	包访问特性
public	公共类,包中类以及其他包中的类使用
final	最终类,不可被继承
abstract	抽象类,不可派生子类

1. 无修饰符

如果定义类时,没有给定类修饰符,那么该类只能被同一个包中的类使用,也称为包访问特性。

Java 规定:同一个程序文件中所有类都在同一个包中。因此,无修饰符的类可以被同一个程序文件中的类使用,但不能被其他程序文件中的类使用。

程序示例 4-1　chapter4 /chapter4_1.java

```
package com.cumtb;
class StudentInfo{
    String studentName;
    int studentNumber;
    void hardLearn() {
        System.out.println("work hard");
    }
}

public class chapter4_1 {
    public static void main(String[] args) {
        StudentInfo studentInfo = new StudentInfo();
        studentInfo.hardLearn();
    }
}
```

在程序示例 4-1 中,无修饰符的类 StudentInfo 和公共类 chapter4_1 同属于一个源程序文件,即同一个包中的类。因此,在 chapter4_1 类中可使用 StudentInfo 类创建 studentInfo 对象,使用对象的成员方法 hardLearn()。

2. public 修饰符

定义类时使用的类修饰符是 public,则该类是公共类。公共类既可提供给包中的所有类使用,也可提供给其他包中的类使用,但在使用公共类之前,需要在程序中使用 import 语句引入该公共类。

Java 规定:在同一个程序文件中,只能定义一个公共类,其他的类既可是无修饰符的类,也可是 final 修饰符定义的最终类,否则编译报错。

程序示例 4-2 chapter4 /chapter4_2.java

```
package com.cumtb;
class StudentInfo2{
    String studentName;
    int studentNumber;
    chapter4_2 chap = new chapter4_2();

    void hardLearn() {
        System.out.println(chap.math);
    }
}

public class chapter4_2 {
    double math = 90;
    public static void main(String[] args) {
        StudentInfo2 studentInfo2 = new StudentInfo2();
        studentInfo2.hardLearn();
    }
}
```

在程序示例 4-2 中定义了无修饰符的类 StudentInfo 和公共类 chapter4_2。由于 chapter4_2 是公共类,因此,在类 StudentInfo 中可以创建 chapter4_2 的对象 chap,并且在 hardLearn()方法体内输出对象 chap 的数据成员的值。

3. final 修饰符

使用 final 修饰符修饰的类是最终类。最终类不可被任何其他类所继承。

Java 定义的最终类具有 3 个优点。

(1) 完成某种标准功能。将一个类定义为最终类,可将属性和方法固定,与类名形成稳定的映射关系。

(2) 提高程序的可读性。类的派生增加了代码阅读的复杂性,设置最终类,减少类的派生层次,提高程序可读性。

(3) 提高安全性。病毒入侵软件途径之一是通过对关键信息类进行派生子类,从而使用子类定义的功能替代原有父类的功能。由于最终类不能派生子类,阻断了病毒闯入的途径,提高了软件的安全性。

程序示例 4-3 chapter4 /chapter4_3.java

```
package com.cumtb;
final class StudentInfo3{
    String studentName = "刘同学";
    int studentNumber = 1010;
    void hardLearn() {
        System.out.println(studentName+' '+studentNumber);
```

```
    }
}

public class chapter4_3 {
    public static void main(String[] args) {
        StudentInfo3 studentInfo3 = new StudentInfo3();
        studentInfo3.studentName = "王同学";
        studentInfo3.studentNumber++;
        studentInfo3.hardLearn();
    }
}
```

4. abstract 修饰符

使用 abstract 修饰符修饰的类是抽象类。抽象类刻画出研究对象的共有行为特征，并通过继承机制将特征派生给子类。

抽象类的作用：将许多有关的类组织在一起，提供一个公共的基类，为派生具体类奠定基础。抽象类体现出数据抽象的思想，是实现程序多态性的一种机制。有关抽象类的内容将在 5.6 节详细讲解。

4.3.2　数据成员

数据成员

数据成员描述事物的静态特征。通常情况下，声明一个数据成员需要指明数据成员的标识符以及所属的数据类型。在面向对象程序设计中，还可使用修饰符修饰数据成员，改变其访问特性。

在 Java 中，数据成员声明的语法格式如下：

```
[修饰符] 数据类型 数据成员列表;
```

其中，修饰符是可选的，包含访问权限修饰符 public、private、protected 和非访问权限修饰符 static、final 等；数据类型包含 Java 允许的定义数据类型的关键字；数据成员列表是指一个或多个数据成员名，它们之间使用逗号(,)分隔。有关访问权限修饰符的内容将在 5.2 节详细讲解，本节只针对非访问权限修饰符进行讲解。

1. static 修饰符

使用 static 修饰符修饰的数据成员不属于任何一个类的具体对象，而是属于类的静态数据成员。类的静态数据成员具有以下 3 个特性。

(1) 静态数据成员存放在类定义的公共存储空间内，而不是保存在某个对象的内存中。一个类的任何对象访问该成员时，存取的数值始终相同。

(2) 静态数据成员可使用类名和点运算符组合访问，其形式为“类名.静态数据成员”。

(3) 静态数据成员属于类的作用域范围，可结合访问权限修饰符使用，例如，public static 等。

程序示例 4-4　chapter4 /chapter4_4.java

```
package com.cumtb;
class StudentInfo4{
    static int studentNumber = 1010;
    void hardLearn() {
        System.out.println(studentNumber);
    }
}

public class chapter4_4 {
    public static void main(String[] args) {
        StudentInfo4 stu4_1 = new StudentInfo4();
        StudentInfo4 stu4_2 = new StudentInfo4();
        stu4_2.studentNumber++;
        System.out.println(stu4_1.studentNumber);
        System.out.println(stu4_2.studentNumber);
        System.out.println(StudentInfo4.studentNumber);
    }
}
```

在程序示例 4-4 中,对象 stu4_2 修改静态数据成员 studentNumber 值后,同时使用 stu4_1、stu4_2 和 StudentInfo4 类访问静态数据成员 studentNumber 时,输出始终都是一样的。

静态数据成员的初始化操作是由用户在定义时进行的。Java 同时也提供静态初始化器来完成静态数据成员初始化操作。静态初始化器的作用:加载类的同时,也初始化类的静态数据成员。静态初始化器的语法格式如下:

```
static{
    静态数据成员;
}
```

在 Java 中,使用静态初始化器需要遵循以下规则。

(1) 静态初始化器对类的静态数据成员初始化,不能初始化其他成员。

(2) 静态初始化器不是方法,没有方法名、返回值和参数列表。

(3) 静态初始化器必须由系统自动调用执行加载到类定义的内存空间。

程序示例 4-5　chapter4 /chapter4_5.java

```
package com.cumtb;
class StudentInfo5 {
    static int studentNumber;
    static {
        studentNumber = 1010;
    }
}
```

```
public class chapter4_5 {
    public static void main(String[] args) {
        StudentInfo5 studentInfo5 = new StudentInfo5();
        System.out.println(studentInfo5.studentNumber);
    }
}
```

注意：特殊情况下，用户可以使用构造方法初始化静态数据成员，但每次创建一个新的对象时，直接导致静态数据成员的值被修改，不满足 Java 规定的静态数据成员定义使用的原则。因此，不建议使用构造方法初始化静态数据成员，而使用静态初始化器完成初始化。

2. final 修饰符

使用 final 修饰符修饰的数据成员被限定为最终数据成员。最终数据成员在程序运行期间不可更改，也称标识符常量。

在 Java 中，使用 final 修饰符修饰常量时，需要遵循以下规则。

(1) 声明常量的数据类型，且给出常量的具体值。

(2) 如果一个类有多个对象，且某个数据成员是常量时，声明使用 static final 两个修饰符来描述该数据成员，可节省内存空间。

程序示例 4-6　chapter4 /chapter4_6.java

```
package com.cumtb;
class StudentInfo6 {
    final String studentName = "刘同学";
    int studentNumber = 1010;
}

public class chapter4_6 {
    public static void main(String[] args) {
        StudentInfo6 studentInfo6 = new StudentInfo6();
        studentInfo6.studentName ="王同学";      //程序报错，无法修改常量
        System.out.println(studentInfo6.studentName);
    }
}
```

在程序示例 4-6 中，对象 studentInfo6 无法修改类中的最终数据成员。因为最终数据成员一经赋值，在整个程序运行期间不可更改。

4.3.3　成员方法

成员方法

成员方法描述对象的功能或操作，是具有相对独立功能的程序块，类似于 C 语言中函数的概念。一个类可定义一个或多个成员方法，类的对象通过使用成员方法完成特定的功能。通常情况下，成员方法的使用有 4 种形式。

(1) 方法语句。成员方法作为一个独立的语句被引用。

(2) 方法表达式。成员方法作为表达式的一部分,与操作符一起参与运算。

(3) 方法作为参数。一个成员方法作为参数传递给另一个成员方法,本质上是成员方法的返回值传递。

(4) 对象引用。在面向对象程序设计中,对象引用具有两种含义:①通过"变量名.成员方法"形式引用与对象关联的成员方法;②是对象本身作为成员方法的参数传递,从而在方法中通过对象应用成员方法。

在Java中,成员方法声明的语法格式如下:

```
[修饰符] 返回值类型 成员方法名(形参列表) [throws 异常列表]{
    执行逻辑语句块;
}
```

成员方法的声明确定方法名、形参名和类型、返回值类型、访问控制和异常处理。

(1) [修饰符]。可选的,包含访问权限修饰符public、private、protected和非访问权限修饰符static、final、abstract等。

(2) 返回值类型。返回值的数据类型包含Java允许的定义数据类型的关键字,如果成员方法没有返回值,那么需要写上void关键字,以表明该方法无返回值。

(3) 形参列表。指没有、一个或多个参数,依据形参的个数,可将成员方法分为带参成员方法和无参成员方法。对于无参成员方法而言,成员方法名后面的圆括号不能省略;对于带参成员方法而言,形参表明调用该方法所需的参数个数、参数类型和参数名。

(4) [throws异常列表]。抛出异常是可选的,当该方法出现错误时,指明异常处理的方式。

成员方法的方法体描述方法实现的功能,由变量声明语句、赋值语句、流程控制语句、方法调用语句和返回语句等Java允许的各种语句组成。

成员方法体内声明的变量是局部变量,其生存期和作用域仅限于方法体内部,且不可使用修饰符;在方法体内使用局部变量之前,必须赋初始值,否则编译报错。

在面向对象程序设计中,可使用修饰符修饰成员方法,改变其访问特性。有关访问权限修饰符的内容将在5.2节详细讲解,本节只针对非访问权限修饰符进行讲解。

1. static修饰符

使用static修饰符修饰的方法是静态成员方法,是属于类的方法,不可被类的对象使用。而没有使用static修饰符修饰的方法是非静态成员方法,是属于类的对象的方法。在Java中,使用static修饰静态成员方法时需要遵循有以下规则。

(1) 静态成员方法属于类的方法,随着类的定义装载来分配内存空间,放置在类的内存空间中;而非静态成员方法只能在类的对象创建且分配内存空间之后,放置在对象的内存空间中。

(2) 调用静态成员方法时,既可使用类名作为点运算符的前缀,也可使用类的对象作为点运算符的前缀。例如,"类名.静态成员方法"或者"对象名.静态成员方法"。

(3) 静态成员方法只能使用静态数据成员，不能使用非静态数据成员；而非静态成员方法可以使用静态数据成员及非静态数据成员。

(4) 静态成员方法只能调用静态成员方法，不能调用非静态成员方法；而非静态成员方法可以调用静态成员方法及非静态成员方法。

(5) 静态成员方法不可被覆盖，即该类的子类不能有与该静态成员方法相同的名称及参数方法。

程序示例 4-7　chapter4 /chapter4_7.java

```
package com.cumtb;
class StudentInfo7 {
    static String studentName = "刘同学";
    int studentNumber = 1010;
    static void showStudent1() {
        System.out.println(studentName);
        System.out.println(studentNumber);          //错,无法访问非静态数据成员
    }
    void showStudent2() {
        System.out.println(studentName);
        System.out.println(studentNumber);
    }
}

public class chapter4_7 {
    public static void main(String[] args) {
        StudentInfo7 studentInfo7 = new StudentInfo7();
        StudentInfo7.showStudent1();                //类名直接访问静态成员方法
        studentInfo7.showStudent1();
        studentInfo7.showStudent2();
    }
}
```

简要说明程序示例 4-7。

(1) showStudent1 成员方法是静态成员方法，无法访问非静态数据成员 studentNumber，但可访问静态数据成员 studentName。

(2) showStudent2 成员方法是非静态成员方法，可以同时访问静态数据成员 studentName 和非静态数据成员 studentNumber。

(3) 对于静态成员方法而言，既可以使用类名访问，也可使用类的对象访问。

(4) 对于非静态成员方法而言，只能使用类的对象访问。

在 Java 中，静态成员方法主要用于 Java 类库中提供标准功能的成员方法以及 main() 方法。对于 main() 方法而言，该方法是类的主方法，定义了程序的入口点，提供对程序流向的控制，Java 编译器通过主方法来执行程序。因此，在每个 Java Application 的主应用程序中，都必须有且仅有一个 main() 方法。main() 方法定义的语法格式如下：

```
public static void main(String[] args) {
}
```

(1) main()方法是静态成员方法。在 main()方法中调用的其他方法必须是静态成员方法,或者对象空间的非静态成员方法。

(2) main()方法没有返回值。main()方法只能使用关键字 void 修饰返回值类型。

(3) main()方法的形参为字符串数组。形参数组中每个数组元素分别指示程序运行参数。

对于 Java 类库提供的标准功能用法,例如 java.lang.Math 类提供标准的数学函数方法,都使用 static 修饰为静态成员方法,使用的语法格式如下:

```
类名.数学函数方法名(实参列表)
```

java.lang.Math 类提供的数学函数方法的简要说明如表 4-2 所示,详细的数学函数方法可参阅 JDK 文档。

表 4-2 java.lang.Math 类提供的数学函数方法的简要说明

函数方法	说明
public static double sin(double a)	正弦函数
public static double cos(double a)	余弦函数
public static double tan(double a)	正切函数

2. final 修饰符

在面向对象程序设计中,子类可覆盖修改从父类继承的成员方法,可能会导致系统安全问题。因此,Java 提供 final 修饰符修饰成员方法来保证系统的安全。

使用 final 修饰符修饰的成员方法称为最终方法,如果类的某个成员方法被 final 修饰符限定,那么该类的子类就不能定义与最终方法同名的方法,仅可继承使用。使用最终方法为成员方法添加一道屏障,防止任何继承修改此成员方法,以保证程序的安全性。

程序示例 4-8 chapter4 /chapter4_8.java

```
package com.cumtb;
class StudentInfo8 {
    static String studentName = "刘同学";
    final void showStudent1() {
        System.out.println(studentName);
    }
}

public class chapter4_8 extends StudentInfo8{
    /* 报错,无法覆盖父类中 final 方法
    void showStudent1() {
```

```
            System.out.println("hello");
        }*/

        public static void main(String[] args) {
            chapter4_8 chap = new chapter4_8();
            chap.showStudent1();
        }
}
```

在程序示例 4-8 中，chapter4_8 继承 StudentInfo8 类，因此，不能在 chapter4_8 类中定义与最终方法同名的成员方法 showStudent1()。

需要注意的是，引用成员方法时，被引用的方法必须存在。Java 规定了存放于不同位置的成员方法的引用方式。

(1) 被引用的成员方法在同一个程序文件中，且在当前类中定义，直接引用。

(2) 被引用的成员方法在同一个程序文件中，但不在当前类中定义，则须由类修饰符和方法修饰符共同决定是否能够引用。

(3) 被引用的成员方法不在同一个程序文件中，但属于 Java 类库的方法，则必须在程序文件中使用 import 语句引用相关类库的包到当前程序文件中。

(4) 被引用的成员方法不在同一个程序文件中，但属于其他程序文件中用户自定义的方法，则必须在程序文件中使用 import 语句用户包到当前程序文件中。

4.4　对象的使用

对象的使用

类实例化可创建对象，实例方法是对象方法，实例变量是对象属性。对象可操作类的属性和方法来解决相应的实际问题。一个对象的生命周期包含 3 个阶段：创建、使用和销毁。前述章节内容已多次提及对象的概念，本节将详细介绍对象的使用。

4.4.1　创建对象

通常情况下，创建对象包含声明对象、建立对象和初始化对象。

1. 声明对象

一个类实例化对象之前，需要确定对象名，并且指明该对象名所属的类名。声明对象的语法格式如下：

数据类型 对象名表;

其中，数据类型表示对象所属的数据类型，包括类、接口等，该数据类型在定义时确定；对象名表是指一个或多个对象名，如果存在多个对象名，彼此之间使用逗号(,)分隔。

示例 4-2

```
Class_name object_name;
```

声明对象时,系统只为对象分配一个引用,存放在栈空间中,其值为 null,也称空对象,并没有为对象分配内存空间。

在 Java 中,如果试图调用一个空对象的数据成员或成员方法时,系统会抛出空指针异常 NullPointerException。因此,需要在程序中判断对象是否非 null,避免出现空指针引用的问题,并且用户需要为所有声明的对象实例化并初始化。

2. 建立对象

一旦声明对象的引用,就可为该引用关联一个创建的对象,且分配内存空间。在 Java 中,使用 new 运算符实现。建立对象的语法格式如下:

```
对象名 = new 构造方法();
```

其中,对象名是由声明对象阶段确定的对象名,或者对象的引用名;new 运算符结合构造方法为对象分配内存空间,并存放在堆空间中,引用对象的值是该对象存放的内存地址。

示例 4-3

```
object_name = new Class_name();
```

也可在声明对象的同时建立对象,其语法格式如下:

```
Class_name object_name = new Class_name();
```

3. 初始化对象

初始化对象是指一个类生成对象时,为该对象确定初始状态,即为对象的数据成员赋初始值的过程。

Java 提供 3 种方式实现初始化操作:默认值初始化、赋值语句初始化和构造方法初始化。

1)使用默认值初始化

Java 提供默认初始值机制实现对象的初始化操作,如表 4-3 所示。

表 4-3 默认初始值

数据类型	默认初始值	数据类型	默认初始值
byte	0	float	0.0f
short	0	double	0.0d
int	0	boolean	false
long	0	引用类型	null
char	'\u0000'		

2)使用赋值语句赋初始值

结合赋值运算符,使用一个已有的对象内容完成初始化操作。

示例 4-4

```
Class_name object_name1 = new Class_name();
Class_name object_name2 = object_name1;
```

3）构造方法完成赋初始值

有关构造方法的内容，详见 4.5 节。

4.4.2　使用对象

在面向对象程序设计中，对象的数据成员和成员方法紧密地结合成一个整体，且对象的数据成员只能通过与该对象关联的引用变量使用或者对象的成员方法读取和修改，体现信息隐藏的特性。

一旦对象创建完成，那么对象拥有自己的数据成员和成员方法，可通过对象名引用该对象的成员，其语法格式如下：

```
对象名.数据成员名
对象名.成员方法名(实参列表)
```

程序示例 4-9　chapter4 /chapter4_9.java

```
package com.cumtb;
class StudentInfo9 {
    String studentName;
    int studentNo;

    void showStudent() {
        System.out.println("student name is: "+ studentName);
        System.out.println("student Number is: "+ studentNo);
    }
}

public class chapter4_9 {
    public static void main(String[] args) {
        StudentInfo9 studentInfo9_1 = new StudentInfo9();
        StudentInfo9 studentInfo9_2 = new StudentInfo9();

        studentInfo9_1.studentName = "刘同学";
        studentInfo9_1.studentNo = 1010;

        studentInfo9_2.studentName = "王同学";
        studentInfo9_2.studentNo = 1011;

        studentInfo9_1.showStudent();
        studentInfo9_2.showStudent();
    }
}
```

在程序示例 4-9 中,通过 new 运算符分别创建 StudentInfo9 类的两个对象名为 studentInfo9_1 和 studentInfo9_2,使用对象引用各自内存空间的数据成员,使用赋值语句完成数据成员的初始化;使用对象引用成员方法 showStudent()输出数据成员的值。

4.4.3 销毁对象

一旦对象不再被使用时,应当及时销毁,节省内存空间,防止程序出现内存泄漏问题。Java 提供自动内存垃圾回收机制,由垃圾回收器收集不再使用的对象内存空间后自动释放,用户无须关心内存释放的细节。

Java 自动内存垃圾回收机制工作原理:当一个对象的引用不存在时,系统认为该对象不再需要,垃圾回收器自动扫描对象的动态内存区,把没有引用的对象作为垃圾收集并释放空间。

通常情况下,Java 系统能够自动识别两种形式的内存垃圾。

(1) 对象引用超出其作用域范围,该对象被视为内存垃圾。例如,在一段复合语句块内定义的对象,跳出复合语句块时,超出其作用范围。

(2) 用户显示地将对象赋值为 null。

注意:Java 自动内存垃圾回收机制只能回收由 new 运算符创建的对象,通过其他方式获得内存空间的对象,自动内存垃圾回收机制无法识别回收,有关这方面的知识可参阅 JDK 文档,本书不进行详细介绍。

构造方法

4.5 构造方法

建立对象之后,需要为每个对象的数据成员赋初始值,如程序示例 4-9 中 studentInfo9_1.studentName 的赋值语句。为了快速方便地进行赋初始值操作,Java 提供构造方法来完成。

构造方法是类的特殊方法,用于初始化类的实例变量。构造方法的特殊性主要体现在以下 5 方面。

(1) 构造方法的方法名与类名相同,是属于类的方法。

(2) 构造方法只能与 new 运算符结合使用,不能由用户显式地调用,由 Java 系统自动调用构造方法完成初始化操作。

(3) 用户自定义构造方法时,不能指定构造方法的返回值数据类型,由 Java 系统生成隐含的返回值。

(4) 用户自定义类时,如果没有定义构造方法,由 Java 系统自动定义一个默认的空构造方法。空构造方法没有形参和执行语句,不能完成任何操作。

(5) 构造方法可被重载和继承。有关重载和继承的内容详见第 5 章。

构造方法的语法格式如下:

```
[public] 方法名(形参列表){
    数据成员=形参;
}
```

在构造方法中，形参名和数据成员名的标识符可以相同，Java 提供两种方式来区分。

(1) 默认情况下，构造方法体中赋值运算符左侧为类数据成员，右侧为形参。

(2) 使用 this 关键字，显式地指明数据成员。this 的使用可参阅 5.4.4 节。

程序示例 4-10　chapter4 /chapter4_10.java

```
package com.cumtb;
class StudentInfo10 {
    String studentName;
    int studentNo;

    public StudentInfo10(String name, int number){
        studentName = name;
        studentNo = number;
    }

    void showStudent() {
        System.out.println("student name is: "+ studentName);
        System.out.println("student Number is: "+ studentNo);
    }
}

public class chapter4_10 {
    public static void main(String[] args) {
        StudentInfo10 studentInfo10_1=new StudentInfo10("刘同学", 1010);
        StudentInfo10 studentInfo10_2=new StudentInfo10("王同学", 1011);
        studentInfo10_1.showStudent();
        studentInfo10_2.showStudent();
    }
}
```

在程序示例 4-10 中，使用构造方法完成数据成员的初始化操作。定义构造方法时有两个形参：String name 和 int number。因此，在使用构造方法时，需要传递两个实参给构造方法，并且实参类型要与形参保持一致。程序运行结果与程序示例 4-9 的运行结果相同。

4.6　包

包

Java 语言由语法规则和类库两部分组成。语法规则确定 Java 程序的书写规范，类库提供 Java 程序与运行 Java 虚拟机之间的接口。Java 类库是系统提供的已实现的标准类的集合，是 Java 程序的 API，可帮助开发者快速地开发 Java 软件产品。

在 Java 中，为了防止类、接口等命名冲突问题的发生，定义的类依据功能不同划分不同的集合，每个集合称为一个包，所有包的集合组成类库。因此，包的概念本质上是命名空间(namespace)在包中定义一组相关的类,并提供访问保护和命名空间管理。

4.6.1 包定义

Java 中使用关键字 package 定义包。使用 package 语句定义包时,需要遵循以下规则。

(1) package 语句必须放在 Java 源文件的第一行。

(2) 在每个源文件中只能有一个 package 语句。

(3) package 语句适用于所有类型(类、接口)的文件。

package 语句的语法格式如下:

```
package pkg1[.pkg2[.pkg3…]]
```

其中,pkg1~pkg3 是组成包名的一部分,它们之间用点(.)连接;pkg1 等包名必须遵循 Java 包命名规范,即小写字母。

通常情况下,自定义包名是开发者所属公司域名的倒置,如图 4-2 所示,chapter4_1.java 源文件放进包名为 com.cumtb 的包中。

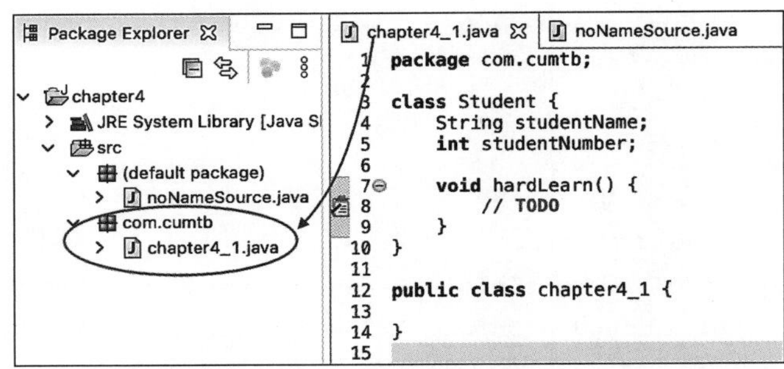

图 4-2 自定义包

如果在源文件中没有定义包,该源文件将被放进一个无名的包中,也称默认包,如图 4-3 所示,noNameSource.java 源文件将被放进默认包(default package)中。

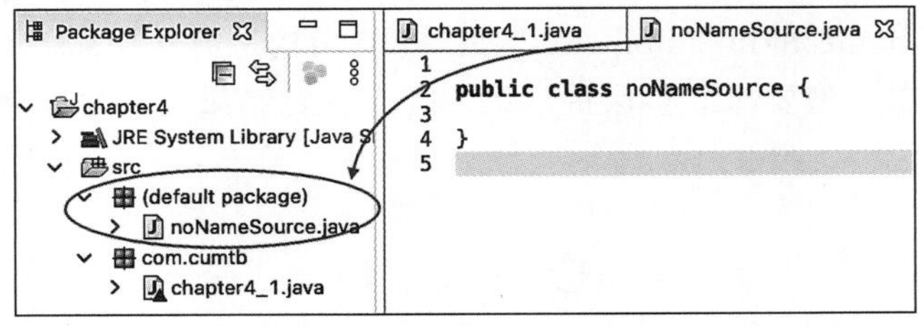

图 4-3 默认包

4.6.2 包引入

在 Java 中,为了能够使用一个包中定义的类型(类、接口),需要在 Java 源程序中明确地引入该包。

Java 使用 import 语句实现包引入操作，需要遵循以下规则。

(1) import 语句应位于 package 语句之后，所有类的定义之前。

(2) 在每个源文件中，可包含 n(n≥0)个 import 语句。

import 语句的语法格式如下：

```
import pkg1[.pkg2[.pkg3…]].(类型名|*)
```

其中，“包名.类型名”形式只引入具体类型；“包名.*”采用通配符，引入这个包中所有的类型。通常情况下，编程规范性提倡明确引入类型名，也即使用“包名.类型名”形式，以提高程序可读性。

使用 import 语句引入包，如图 4-4 所示。在 noNameSource.java 源文件中引入 com.cumtb 包中的 chapter4_1 类型。

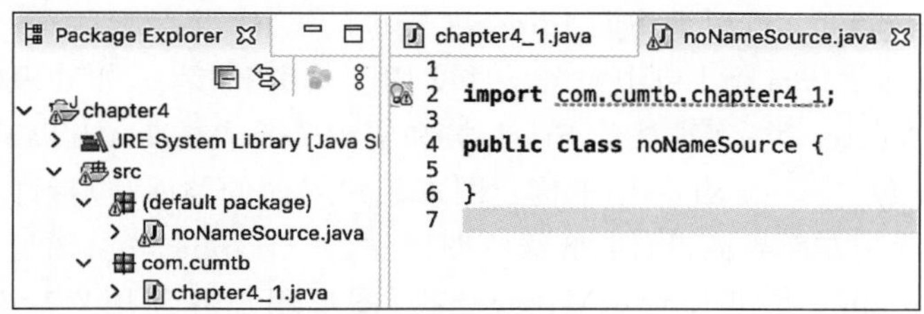

图 4-4　使用 import 语句引入包

需要注意的是，如果当前源文件与要使用的类型处于同一个包中，则不需要引入包，在程序中可直接使用，体现出包访问特性。同一包中无须使用 import 引入包，如图 4-5 所示。具体内容见 4.3 节。

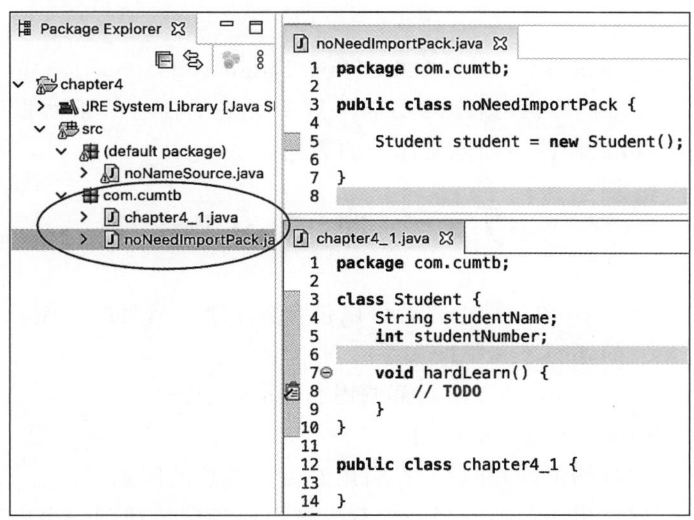

图 4-5　同一包中无须使用 import 引入包

4.6.3 常用包

Java提供一些常用包,其中包含Java开发中常用的基础类。下面列出一些在Java程序设计中常用的包。

(1) java.lang包。java.lang包是Java语言的核心类库,包含Java程序运行必不可少的类,如Object、Class、String、Math等。使用java.lang包中的类时,不需要显式地使用import语句引入,由Java解释器自动引入。

(2) java.io包。java.io包提供多种输入输出流类。如InputStream、OutputStream、Reader、和Writer。凡是需要完成与操作系统有关的输入输出操作的Java程序都用到此包。

(3) java.net包。java.net包中包含实现网络功能的类库。如实现套接字通信的Socket类、ServerSocket类;用于访问Internet资源的URL类等。

(4) java.util包。java.util包中包含一些实用工具类和接口,如处理时间的Date类;处理变长数组的Vector类;实现栈的Stack类和实现哈希表的HashTable类等。

(5) java.awt包。java.awt包用于构建图形用户界面的类库,包括许多界面元素和资源。此包主要支持3方面界面设计:低级绘图操作,如Graphics类;图形用户界面组件和布局管理,如Container类和LayoutManager类;图形用户界面用户交互控制和事件响应,如Event类。

(6) java.awt.event包。java.awt.event包是对JDK 1.0版本中Event类的扩充,使程序可用不同的方式来处理不同类型的事件。每个图形用户界面元素都有与之对应的事件监听器和处理方法。

(7) java.awt.image包。java.awt.image包用于处理和操作来自Internet上图片的类库。

(8) java.sql包。java.sql包实现JDBC(Java Database Connection)的类库,使用此包可使Java程序具有访问不同数据库的功能。只要安装了合适的驱动程序,同一个Java程序无须修改就可存取、修改不同数据库中的数据。

4.7 课后习题

1. 什么是类?在Java源文件中是否可以包含多个类?有哪些限制?

2. 什么是对象?简述对象与类的关系。

3. 是否可以在一个static()方法内部调用非static方法?

4. 简述Java中final关键字的使用。

5. 简述形参和实参的不同,并说明在引用时需要注意的问题。

6. 什么是值传递和引用传递?当一个对象被当作参数传递到一个方法后,该方法可改变这个对象的属性,并可返回变化后的结果,那么这里是值传递还是引用传递。

7. 构造方法有何特点?在类中定义的构造方法没有无参数的构造方法,是否可以调用无参数的构造方法?

8. 下列类声明中错误的是(　　)。

A. public class dog　　　　B. public abstract class dog

C. public final class dog　　　　D. abstract final class dog

9. 下列叙述错误的是(　　)。

A. 成员变量名可以和局部变量名相同

B. 方法参数名不可以和方法中声明的局部变量名相同

C. 成员变量有默认值

D. 局部变量有默认值

10. 编写程序,实现对图书销量的统计。

第5章 封装、继承与多态

在面向对象程序设计中，封装性通过对数据成员和成员方法进行访问控制，实现对象的属性和行为结合为一个整体，尽可能隐藏对象的内部细节信息。对象之间交互通过一个对象向另一个对象发送消息来请求或提供服务。继承性体现在两个类之间的层次关系，是面向对象程序设计的一种重要手段。通过继承机制明确类间关系，实现软件复用。多态性是面向对象程序设计中的同名方法、不同操作共存的机制，引入多态机制可提高类的抽象度和封闭性，统一类的对外接口。

封装机制

5.1 封装机制

封装反映事物的独立性。在面向对象程序设计中，封装机制能够保证除对象本身以外其他任何部分都不能随意存取对象的数据成员，从而有效地避免出现外部错误信息“污染”内部数据的问题。此外，对象提供对外服务的接口，减少了对象内部的修改对外部使用的影响。

实现封装机制需要遵循以下规则。

(1) 在类的定义中，设置数据成员和成员方法的访问控制权限，限定本类对象以及其他类对象的使用范围。

(2) 对象提供对外服务的接口，描述其他对象使用的方式。

(3) 任何其他对象都无法修改当前对象的数据成员和成员方法。

在面向对象程序设计中，类的概念本身具有封装的意义，因为对象的特性是由其所属类定义来描述的。因此，将对象的属性和行为封装，其载体是类，类对外隐藏实现细节。

采用封装机制，保证类内部数据结构的完整性。Java 程序的封装机制通过对数据成员和成员方法进行访问控制来实现。一个类始终能够访问自身的数据成员和成员方法，但是，其他类是否可以访问该类的成员，由该类的访问控制权限修饰符和成员的访问控制权限修饰符共同决定。

访问控制

5.2 访问控制

访问控制权限修饰符是一组限定类、数据成员和成员方法是否可被其他类访问的修饰符。Java 提供 public 修饰符、默认修饰符、protected 修饰符和 private 修饰符 4 种成员访问控制权限修饰符，实现对象的数据成员和成员方法的封装，如表 5-1 所示。

表 5-1 Java 类的成员访问控制权限修饰符

修 饰 符	说 明	修 饰 符	说 明
public	公有级别	private	私有级别
默认	默认级别	protected	保护级别

结合 4.3.1 节类修饰符，可分别定义类和成员的组合访问控制权限，如表 5-2 所示。

表 5-2 组合访问控制权限及其作用

数据成员和成员方法	类	
	public	默认
public	所有类	包中类
默认	包中类	包中类
protected	包中类以及所有子类	包中类
private	类自身	类自身

5.2.1 public 公有级别

Java 类通过包的形式进行组织管理。Java 规定：定义在同一个程序文件中的所有类都属于同一个包。对于不同包中的类而言，它们相互之间是不可见的，也不可相互引用。因此，为了方便不同包的类间使用，Java 提供公有级别的访问控制权限修饰符 public。

当一个类声明为 public 时，只需在其他包的程序文件中使用 import 语句引入该 public 类，就可访问和引用这个公共类，并可创建该类的对象。Java 类库中很多类都是公共类，可在程序中引入使用。

此外，公共类扩展了类的使用范围，将其视为整体提供给其他类使用。但是，如果需要访问公共类的数据成员和成员方法还需由成员的修饰符决定。只有当数据成员和成员方法被声明为 public 时，其他类才能方便使用。

在程序设计时，如果希望提供公共类给其他类使用，则应该将类自身和类的数据成员和成员方法都声明为 public。但是，当成员都声明为 public 时，影响程序封装，会出现安全性下降的问题。因此，通常情况下，类的成员很少使用 public 修饰符。

程序示例 5-1 **chapter5 /chapter5_1.java**

```
StudentInfo.java
```

```
package com.cumtb.student;                                          ①
public class StudentInfo {
    public int studentNumber = 1010;                                ②
    int temp;                                                       ③
    public StudentInfo() {
        temp = 0;
    }
    public void showStudent() {
        System.out.println("temp= " + temp);
    }
}

chapter5_1.java
package com.cumtb;
import com.cumtb.student.StudentInfo;                               ④
public class chapter5_1 {
    public static void main(String[] args) {
        StudentInfo stu = new StudentInfo();
        System.out.println(stu.studentNumber);                      ⑤
        System.out.println(stu.temp);        //报错                 ⑥
        studentInfo.showStudent();
    }
}
```

简要说明程序示例 5-1。

(1) 代码①在 com.cumtb.student 包中定义一个公共类 StudentInfo,表明此类可提供给其他类使用。

(2) 代码②、③在 SutdentInfo 类中定义一个公共的数据成员 studentNumber,可提供给其他类使用,对外公开;一个无修饰符的数据成员 temp。

(3) 代码④如需在 com.cumtb 包中 chapter5_1 类中使用 StudentInfo 类,则必须先通过 import 语句引入该公共类,并创建该类的对象。

(4) 代码⑤、⑥使用公共类对象 stu 可以访问公共类中公共的数据成员 studentNumber。但是,无法访问无修饰符的数据成员 temp,其不能提供包间访问,但可通过公共的 showStudent()方法访问。

5.2.2 默认级别

如果一个类没有给定修饰符,其具有默认的访问控制特点,也称包访问或友好访问。Java 规定:只有在同一个包中的对象才能访问和引用包中的类。同理,如果类内的数据成员和成员方法没有给定修饰符,它们也具有包访问特性,可被同一个包中其他类访问。

程序示例 5-2 chapter5 /chapter5_2.java

```
StudentInfo2.java
```

```
package com.cumtb;                                                    ①
class StudentInfo2 {
    public int studentNumber = 1010;
    int temp;
    public StudentInfo2() {
        temp = 0;
    }

    public void showStudent() {
        System.out.println("temp= " + temp);
    }
}
```

```
chapter5_2.java
package com.cumtb;                                                    ②
public class chapter5_2 {
    public static void main(String[] args) {
        StudentInfo2 studentInfo = new StudentInfo2();
        System.out.println(studentInfo.studentNumber);                ③
        System.out.println("temp= " + studentInfo.temp);              ④
        studentInfo.showStudent();                                    ⑤
    }
}
```

简要说明程序示例 5-2。

(1) 代码①、②同时在 com.cumtb 包中定义两个类：无修饰符类 StudentInfo2 和公共类 chapter5_2。

(2) 代码③、④、⑤可在 chapter5_2 类中直接创建 StudentInfo2 类的对象，并访问其数据成员和成员方法。

5.2.3 protected 保护级别

在 Java 中，protected 修饰符只能修饰类的数据成员和成员方法。使用 protected 修饰的成员有 3 种形式：类自身使用、与其同属一个包中的其他类使用及其他包中当前类的子类使用。

程序示例 5-3　chapter5 /chapter5_3.java

```
StudentInfo3.java
package com.cumtb.student;
public class StudentInfo3 {
    protected int studentNumber = 1010;
    int temp;
    public StudentInfo3() {
        temp = 0;
```

```
    }

    protected void showStudent() {
        System.out.println("temp= " + temp);
    }
}

chapter5_3.java
package com.cumtb;
import com.cumtb.student.StudentInfo3;
public class chapter5_3 extends StudentInfo3{                                   ①
    public static void main(String[] args) {
        chapter5_3 chap = new chapter5_3();
        chap.showStudent();                                                     ②
        System.out.println(chap.studentNumber);                                 ③
    }
}
```

简要说明程序示例 5-3。

(1) 代码①中类 chapter5_3 继承 com.cumtb.student 包中 StudentInfo3 类,有关继承内容见 5.4 节。

(2) 代码②、③创建子类 chapter5_3 的对象,并访问父类中的 protected 修饰的数据成员 studentNumber 和成员方法 showStudent()。

5.2.4 private 私有级别

在 Java 中,private 修饰符只能修饰类的数据成员和成员方法。使用 private 修饰符的数据成员和成员方法只能在类自身内部访问和修改,不能被其他任何类直接访问和引用,提供最高级别的保护。如果其他类需要访问或修改当前类的私有成员时,需要在当前类中定义属性访问方法,实现访问类私有成员的功能。

属性访问方法只返回数据成员的值,通常有两种形式。

(1) 设置数据成员值的属性访问成员方法。

```
public void setXXX(形参){
    方法体
}
```

(2) 获取数据成员值的属性访问成员方法。

```
public 返回值类型 getXXX(){
    方法体
}
```

其中,按照编码规范的约定,XXX 表示方法的辅助名称,前面的 set 和 get 为约定名称,不建议更改。通常情况下,属性访问方法使用 public 修饰符修饰,可提供给其他类使用。

属性访问方法提供对外的数据访问接口，即使改变类内部的实现，不会影响其他类的使用。

程序示例 5-4　chapter5 /chapter5_4.java

```
package com.cumtb;
class StudentInfo4 {
    private int studentNumber = 1010;
    int temp;
    public StudentInfo4() {
        temp = 0;
    }

    public void setStudentNumber(int number) {
        studentNumber = number;
        temp = ++studentNumber;
    }
    public int getStudentNumber() {
        return studentNumber;
    }
    void showStudent() {
        System.out.println("temp= " + temp);
    }
}

public class chapter5_4 {
    public static void main(String[] args) {
        StudentInfo4 studentInfo4= new StudentInfo4();
        studentInfo4.showStudent();
        studentInfo4.setStudentNumber(1012);
        studentInfo4.showStudent();
        System.out.println(studentInfo4.getStudentNumber());
    }
}
```

5.3　消　　息

消息

在真实校园里，张同学和李同学两个是彼此独立封装的对象，李同学可以请求张同学讲授课本知识，李同学还可以给张同学排队买饭。也就是说，李同学不仅可以请求张同学的服务，还可以服务张同学。那么，请求便是人与人之间交流的手段。在面向对象程序设计中，将请求抽象为消息。

对象是独立封装的实例，对象之间相互作用通过一个对象向另一个对象发送消息的方式完成。当系统中的某个对象请求另一个对象提供服务时，对象响应请求信息，完成指定的服务。通常情况下,发送消息的对象称为发送者,接收消息的对象称为接收者,对象之间只能通过消息进行传递信息。

消息,向对象发送服务请求,是对数据成员和成员方法的引用。一个有效的消息包含4方面内容。

(1) 对象名。提供服务的对象标识。使用对象名来指定某个具体存在的对象来提供服务,用于区分提供服务的对象。

(2) 方法名。提供服务的具体方法。对象中的成员方法非常多,需要具体指明是哪个方法来提供服务。

(3) 实参。消息传递的输入信息。实参将传递给方法的形参,告诉其提供服务的方法要做什么,怎么做。

(4) 返回值。回答信息。方法的返回值,告诉消息的发送者服务完成的效果。

从上可以看出,消息本质上是对象成员方法的使用。因此,消息具有3个重要的性质。

(1) 同一个对象可以接收多个消息,产生不同的响应。根据对象的成员方法的不同,可以提供不同的服务。

(2) 相同的消息可以发送给不同的对象,产生不同的响应。在继承机制中,子类可以继承并覆盖父类同名、同参数的成员方法,那么子类对象和父类对象接收同一个成员方法调用时,会产生截然不同的响应。

(3) 消息的发送可以不考虑具体的接收者,对象可响应消息,也可不响应消息,即对消息的响应不是必需的。某些对象的成员方法体内没有执行逻辑的方法体,即使接收到消息,也不会产生有效的响应。

在面向对象程序设计中,消息分为两大类:公有消息和私有消息。

(1) 公有消息。当一批消息属于同一个对象时,由外界对象直接发送给这个对象的消息称为公有消息。外界对象只能发送公有消息。

(2) 私有消息。对象发给自身的消息称为私有消息。私有消息不对外开放,外界不必了解内部细节。

程序示例 5-5 chapter5 /chapter5_5.java

```
package com.cumtb;
class StudentInfo5 {
    public int studentNumber;
    public String studentName;
    int temp;
    public StudentInfo5(int number, String name) {
        studentNumber = number;
        studentName = name;
    }
    public void showName() {
        System.out.println(studentName);
    }
```

```
    public void showNumber() {
        System.out.println(studentNumber);
    }
    public void sendTemp(int t) {
        //对象发给自身的消息，给自己数据成员赋值，私有消息
        temp = t;
    }
    public void showTemp() {
        System.out.println(temp);
    }
}

public class chapter5_5 {
    public static void main(String[] args) {
        StudentInfo5 stu5_1 = new StudentInfo5(1010,"刘同学");
        StudentInfo5 stu5_2 = new StudentInfo5(1011,"王同学");
    //公有消息,向对象 stu5_1 发送显示学号、姓名消息。同一个对象接收不同形式消息
        stu5_1.showNumber();
        stu5_1.showName();
    //公有消息,向对象 stu5_1、stu5_2 发送显示姓名消息。不同对象接收同一形式消息
        stu5_1.showNumber();
        stu5_2.showNumber();
    //私有消息,向对象 stu5_1 发送一个临时数值
        stu5_1.sendTemp(1000);
        stu5_1.showTemp();
    }
}
```

5.4　继承机制

继承机制

继承是面向对象程序设计的一个重要手段,可使整个程序架构具有一定弹性。在面向对象程序设计中,使用继承机制可有效地组织程序结构,设计系统中的类,明确类之间的关系,充分利用已有的类来完成更复杂的软件开发,提高程序开发效率,减少程序维护工作量。

5.4.1　继承的概念

同类事物具有共性,但在同类事物中,每个事物又有其特殊性。使用 4.2 节的抽象原则抽取事物的共性,删除特殊性,可得到适用于一批对象的类,即一般类。但是,那些具有特殊性的类称为特殊类。也就是说,特殊类具有一般类的全部属性和方法,但特殊类中又有自己的特殊属性和方法。例如,本科生类具有学生类的全部属性和方法,但其自身又具有某些特殊的属性和方法,那么,学生类称为一般类,本科生类称为学生类的特殊类。

在面向对象程序设计中,使用继承原则：将一般类对象和特殊类对象都具有的属性

和方法统一在一般类中定义,在特殊类中就不再重复定义一般类中已经定义的内容。那么,特殊类自动地拥有一般类或更高层次类中定义的属性和方法。特殊类的对象拥有一般类的全部或部分属性与方法,称为特殊类继承一般类。

继承表明一种对象的类之间的层次关系,某类的对象可继承另一个类对象的数据成员和成员方法。例如,若本科生类继承学生类,那么本科生类就拥有学生类的全部或部分数据成员和成员方法。在面向对象程序设计中,被继承的学生类称为父类、基类或超类;继承的本科生类称为子类或派生类。父类和子类的层次关系如图 5-1 所示。

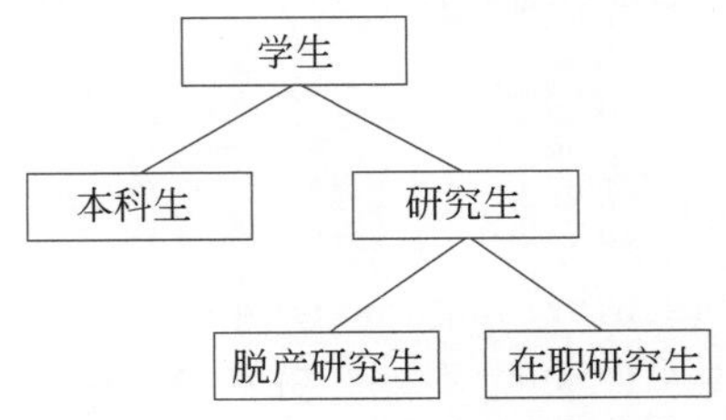

图 5-1 父类与子类的层次关系

使用继承机制,避免了一般类和特殊类之间共性特征的重复定义描述。通过继承可以清晰地描绘出共性特征的适用范围。在一般类中定义的数据成员和成员方法适用当前类以及其下属每个特殊类的对象。

5.4.2 继承的特点

继承的特点如下。

(1) 继承关系具有传递性。例如,脱产研究生类继承研究生类,研究生类继承学生类,则脱产研究生类既有从研究生类继承的属性和方法,也有从学生类继承的属性和方法,甚至还可以自定义属性和方法。继承而来的属性和方法虽是隐式的,但仍属于脱产研究生类的属性和方法。继承是建立和扩充新类的有效手段。

(2) 继承关系是层次关系,简化了对事物的描述。

(3) 继承提供软件复用功能。例如,研究生类继承学生类,那么在建立研究生类时,只需定义与研究生相关的少量属性和方法即可。软件复用增强了代码一致性,减少了模块间的接口,提高了程序的易维护性。

(4) 多重继承机制,一个特殊类可继承多个一般类。从安全性和可靠性角度出发,Java 仅提供单继承,通过使用接口机制实现多重继承,如图 5-2 所示。

5.4.3 继承的使用

在 Java 中,使用关键字 extends 实现继承机制。在定义类时,使用 extends 指明该类的直接父类,那么新定义的类称为指定父类的子类,两个类之间建立了继承关系。在新定义的子类中,可继承使用直接父类中全部非私有的数据成员和成员方法。

如果在定义新类中没有使用 extends 指明父类,系统会默认为新类是系统类 Object 的子类。在 Java 中,所有的类都直接或间接继承了 java.lang.object 类。Object 类是一个

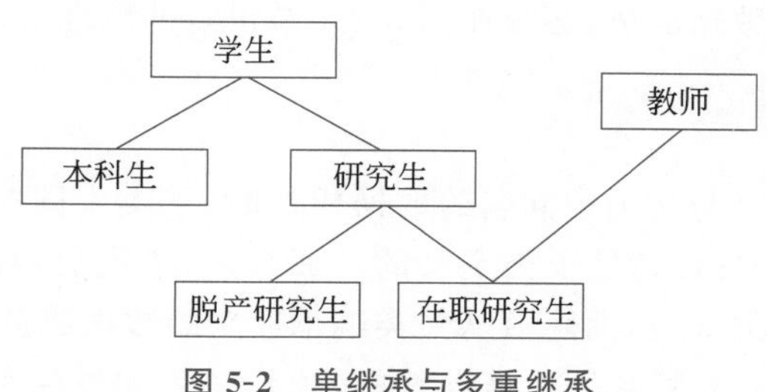

图 5-2　单继承与多重继承

比较特殊的类，它是所有类的父类，是 Java 类层中的最高层类。Object 类常用方法如表 5-3 所示。

表 5-3　Object 类常用方法

方　法	说　明
Class getClass()	返回对象执行时的 Class 实例
String getName()	返回对象执行时所对应的类名
String toString()	将对象返回为字符串形式，返回一个 String 实例
boolean equals()	比较两个对象的实际内容是否相等

如果在定义新类中显式地通过 extends 指明父类，在使用继承机制时，需要从以下 4 个方面考虑继承的使用。

1. 数据成员的继承

子类可以直接继承使用父类中全部非私有的、不同名的数据成员。

程序示例 5-6　chapter5 /chapter5_6.java

```
package com.cumtb;
class StudentInfo6 {
    private int studentNumber = 1010;      //私有数据成员
    public String studentName = "刘同学";
}

public class chapter5_6 extends StudentInfo6{
    public static void main(String[] args) {
        chapter5_6 chap = new chapter5_6();
        System.out.println(chap.studentName);
//报错,无法访问父类私有数据成员
        System.out.println(chap.studentNumber);
    }
}
```

在程序示例 5-6 中，私有的数据成员只能提供给类自身使用，其子类无法访问。如果需要在访问父类的私有数据成员,必须使用 5.2.4 节讲解的属性成员访问方法来实现。

2. 数据成员的隐藏

当在子类中定义一个与父类中同名的数据成员时,子类中同时拥有两个同名的数据成员:其一是继承自父类;其二是子类定义的。那么,当子类引用同名数据成员时,系统默认引用子类定义的数据成员,而隐藏从父类继承而来的数据成员。

注意: 当子类隐藏父类同名的数据成员时,该数据成员仍然在子类对象中占据内存空间,只是不可见而已。

程序示例 5-7 chapter5 /chapter5_7.java

```
package com.cumtb;
class StudentInfo7 {
    public int studentNumber = 1010;
    public String studentName = "刘同学";
}

public class chapter5_7 extends StudentInfo7{
    public int studentNumber = 1011;

    public static void main(String[] args) {
        StudentInfo7 stu = new StudentInfo7();
        chapter5_7 chap = new chapter5_7();
        System.out.println("父类:" + stu.studentNumber);
        System.out.println("子类:" + chap.studentNumber);
    }
}
```

在程序示例 5-7 中,在子类 chapter5_7 中定义一个与父类 StudentInfo7 相同的数据成员 studentNumber,当使用子类创建对象访问同名数据成员时,始终返回子类定义的内容,而把父类中的数据成员隐藏起来。

3. 成员方法的继承

子类可以继承使用父类中全部非私有的、不同名的成员方法。

程序示例 5-8 chapter5 /chapter5_8.java

```
package com.cumtb;
class StudentInfo8 {
    int studentNumber;
    String studentName;
    public void showName() {
        System.out.println(studentName);
    }
    private void showNumber() {
```

```
            System.out.println(studentNumber);
        }
    }

    public class chapter5_8 extends StudentInfo8 {
        public static void main(String[] args) {
            chapter5_8 chap = new chapter5_8();
            chap.showName();
            chap.showNumber;          //报错,无法访问私有成员方法
        }
    }
```

在程序示例 5-8 中,子类 chapter5_8 创建的对象无法继承父类中的私有成员方法,但是可以继承父类中非私有的成员方法。

4. 成员方法的覆盖

当在子类中定义一个与父类中相同名称、相同参数列表和相同返回值类型的成员方法时,实现对父类的成员方法的覆盖。子类的成员方法将清除父类成员方法占用的内存空间,在子类对象中不存在父类成员方法。成员方法的覆盖具有以下 5 个特点。

(1) 覆盖的成员方法的返回值类型、名称和参数列表必须完全与被覆盖的方法相同。

(2) 覆盖的成员方法的访问控制修饰权限一定要大于被覆盖的方法。

(3) 覆盖的成员方法抛出的异常必须和被覆盖的方法一致,或者是其子类。

(4) 被覆盖的方法不能是 private 修饰符修饰的方法,否则在其子类中只能新定义一个方法,而不是覆盖其方法。

(5) 静态方法不能被覆盖为非静态方法,否则编译出错。

程序示例 5-9　chapter5 /chapter5_9.java

```
package com.cumtb;
class StudentInfo9 {
    int studentNumber = 1010;
    public void showNumber() {
        System.out.println("StudentInfo类: " + studentNumber);
    }
}

public class chapter5_9 extends StudentInfo9 {
    int studentNumber = 1011;
    /* 报错, 不能比父类的同名方法的访问控制严格
    private void showNumber() {
        System.out.println("chapter5_9类: " + studentNumber);
    } */
    public void showNumber() {
        System.out.println("chapter5_9类: " + studentNumber);
```

```
    }
    public static void main(String[] args) {
        StudentInfo9 stu = new StudentInfo9();
        stu.showNumber();
        chapter5_9 chap = new chapter5_9();
        chap.showNumber();
    }
}
```

在程序示例 5-9 中,子类 chapter5_9 中定义一个与父类 StudentInfo9 相同的成员方法 showNumber(),当使用子类创建对象调用同名成员方法时,始终调用子类定义的方法。如需调用父类的同名方法,必须使用父类创建对象使用。

由上述讨论的 4 种继承机制可知,Java 中数据成员不具有多态性,而成员方法具有多态性。多态性内容见 5.5 节。一般情况下,成员方法可在运行时绑定,即动态绑定;而数据成员只能在编译时绑定,即静态绑定。

5.4.4 this 与 super

1. this

在 Java 中,关键字 this 指明当前对象的一个引用,其功能类似于 C++ 中的 this 指针。this 的使用主要有 3 种形式。

(1) 访问当前对象的数据成员。

this.数据成员名

(2) 访问当前对象的成员方法。

this.成员方法(实参)

(3) 如需要定义同名的构造方法时,可用于引用同类的其他构造方法。

this(实参)

程序示例 5-10 chapter5/chapter5_10.java

```
package com.cumtb;
class StudentInfo10 {
    int studentNumber;
    String studentName;
    public void showNumber(int number, String name) {
        //使用 this 引用类的数据成员
        this.studentNumber = number;
        this.studentName = name;
        String s = this.studentNumber + this.studentName;
        System.out.println("-1-: " + s);
    }
```

```
    public void showMsg(int n, String s) {
        //使用 this 引用成员方法
        this.showNumber(n, s);
        System.out.println("-2-:"+this.getClass().getName());
    }
}

public class chapter5_10 extends StudentInfo10 {
    public static void main(String[] args) {
        chapter5_10 chap = new chapter5_10();
        chap.showMsg(1011, "王同学");
        StudentInfo10 stu = new StudentInfo10();
        stu.showMsg(1010, "刘同学");
    }
}
```

在程序示例 5-10 中，StudentInfo10 类定义的 showNumber()方法中使用 this 引用类数据成员，在 showMsg()方法中使用 this 引用成员方法 showNumber()。

2. super

在 Java 中，关键字 super 表示当前对象的直接父类对象，是一个指示编译器调用直接父类的特殊关键字。直接父类相对于当前对象的超父类而言，例如，在职研究生类继承研究生类，研究生类继承学生类，那么，研究生类是在职研究生类的直接父类，学生类是超父类。

如果在子类中定义的数据成员与父类的数据成员相同，或者子类中定义的成员方法与父类的成员方法相同，那么可使用 super 来指明直接父类的数据成员或成员方法。super 的使用主要有 3 种形式。

(1) 访问直接父类隐藏的数据成员。

super.数据成员名

(2) 访问直接父类中被覆盖的成员方法。

super.成员方法(实参)

(3) 引用直接父类的构造方法。

super(实参)

程序示例 5-11　chapter5 /chapter5_11.java

```
package com.cumtb;
class StudentInfo11 {
    int studentNumber = 1010;
    String studentName = "刘同学";
    public void showMsg() {
```

```
            System.out.println("-1-:"+this.getClass().getName());
        }
    }

    public class chapter5_11 extends StudentInfo11 {
        int studentNumber = 1011;
        String studentName = "王同学";
        public void showMsg() {
            super.showMsg();
            System.out.println("-2-:" + super.studentNumber + super.studentName);
            System.out.println("-3-: " + studentNumber + studentName);
        }

        public static void main(String[] args) {
            chapter5_11 chap = new chapter5_11();
            chap.showMsg();
            StudentInfo11 stu = new StudentInfo11();
            stu.showMsg();
        }
    }
```

在程序示例 5-11 中，子类 chapter5_11 中定义 showMsg()方法体内使用 super 调用直接父类的同名方法，以及使用 super 引用直接父类的数据成员，输出信息。

5.4.5 构造方法重载与继承

1. 构造方法重载

在 Java 中，构造方法的方法名是由类名决定的，因此构造方法只有一个名称。如果使用不同的形式实例化对象，就需要使用多个构造方法来完成。

在一个类中可以有多个构造方法，且具有相同的名称、不同的参数列表，称为构造方法重载。虽然方法重载源于构造方法，但也可应用于其他成员方法。

当一个构造方法需要调用另一个构造方法时，可使用关键字 this，并且 this 调用语句必须是整个构造方法的第一条可执行语句。使用关键字 this 调用同类的其他构造方法可最大限度地提高对已有代码的利用，提高程序的抽象度和封装性。

程序示例 5-12　chapter5 /chapter5_12.java

```
package com.cumtb;
class StudentInfo12 {
    public int studentNumber = 1000;
    public String studentName = "姓名";

    public StudentInfo12(int studentNumber) {
        this.studentNumber = studentNumber;
    }
```

```
    public StudentInfo12(int studentNumber, String studentName) {
        this(studentNumber);
        this.studentName = studentName;
    }
}
```

2. 构造方法继承

子类可以继承父类的构造方法,继承使用时需要遵循以下规则。

(1) 如果子类没有构造方法,将继承父类的无参构造方法作为子类的构造方法。

(2) 如果子类定义了构造方法,在创建子类对象时,先执行继承自父类的无参构造方法,再执行自定义的构造方法。

(3) 如果父类已定义有参数的构造方法,子类可在自定义的构造方法中使用关键字 super 调用,但必须是子类构造方法的第一条可执行语句。

程序示例 5-13　chapter5 /chapter5_13.java

```
package com.cumtb;
class Calculate {
    public int x = 0, y = 0, z = 0;
    public Calculate(int x) {
        this.x = x;
    }

    public Calculate(int x, int y) {
        this(x);
        this.y = y;
    }

    public Calculate(int x, int y, int z) {
        this(x, y);
        this.z = z;
    }
}

public class chapter5_13 extends Calculate {
    public int cx = 0, cy = 0, cz = 0;
    public chapter5_13(int x) {
        super(x);
        cx = x + 1;
    }
    public chapter5_13(int x, int y) {
        super(x, y);
        cx = x + 2;
        cy = y + 2;
```

```
    }

    public chapter5_13(int x, int y, int z) {
        super(x, y, z);
        cx = x + 3;
        cy = y + 3;
        cz = z + 3;
    }
}
```

多态机制

5.5 多态机制

在面向对象程序设计中,多态机制描述同名方法的不同行为。采用多态机制,提高程序的抽象程度,降低类和程序模块之间的耦合性,统一提供一个或多个相关类对外的接口,使用者无须了解细节即可共同工作。

5.5.1 多态的概念

多态(polymorphism)是指在一个程序中具有同名而内容不同的成员方法共存的情况。Java 提供两种多态实现方式:重载(overload)和覆盖(override)。

1. 重载

编译时多态,也称静态多态机制。程序编译时,多态特性在编译期间已经确定,程序运行时调用的是确定的方法。

2. 覆盖

运行时多态,也称动态多态机制。程序编译期间不确定具体调用哪个方法,一直到运行期间才能确定。

通常情况下,多态主要指动态多态机制。把不同的子类对象都看作父类,可屏蔽不同子类对象之间的差异,编写通用的代码以适应需求的不断变化。

在 Java 中,运行时多态发生需要满足 3 个前提条件。

(1) 继承,运行时多态发生在子类与父类之间。

(2) 覆盖,在子类中覆盖父类中相同方法声明的成员方法。

(3) 声明的对象类型是父类类型,但是对象指向子类实例。

为了满足上述前提条件,Java 动态多态的语法格式如下:

```
父类类型 对象引用名= new 子类类型();
```

程序示例 5-14 chapter5 /chapter5_14.java

```
package com.cumtb;
class Figure {
    public void onDraw() {
```

```
        System.out.println(this.getClass().getName() + " Drawing Figure");
    }
}

class Square extends Figure {
    public void onDraw() {
        System.out.println(this.getClass().getName() + " Drawing Square");
    }
}

class Eclipse extends Figure {
    public void onDraw() {
        System.out.println(this.getClass().getName() + " Drawing Eclipse");
    }
}

class chapter5_14 {
    public static void main(String[] args) {
        //f1 是父类类型，指向父类实例
        Figure f1 = new Figure();
        f1.onDraw();

        //f2 是父类类型，指向子类实例，发生多态
        //向上转型
        Figure f2 = new Square();
        f2.onDraw();

        //f3 是父类类型，指向子类实例，发生多态
        //向上转型
        Figure f3 = new Eclipse();
        f3.onDraw();

        //s4 是子类类型，指向子类实例
        Square s4 = new Square();
        s4.onDraw();

        //e5 是子类类型，指向子类实例
        Eclipse e5 = new Eclipse();
        e5.onDraw();

        //向下转型
        if (f2 instanceof Figure) {
            Square s4_1 = (Square) f2;
            s4_1.onDraw();
```

```
        }
    }
}
```

在程序示例 5-14 中,从运行结果可知,多态发生时,Java 虚拟机运行时根据 Figure 类型实际指向的对象实例来调用其成员方法,而不是由 Figure 类型来决定调用。

5.5.2 多态的类型转换

Java 中并不是所有的对象类型都能互相转换,只有属于同一个继承层次树中的对象类型才可转换。对象类型转换有两种转换方式:将父类引用类型转换为子类类型的向下转型;将子类引用类型转换为父类类型的向上转型。

由程序示例 5-14 可知,创建了 5 个对象 f1、f2、f3、s4 和 e5,其类型都是 Figure 继承层次树中的引用类型,f1 是 Figure 类实例,f2 和 s4 是 Square 类实例,f3 和 e5 是 Eclipse 类实例。对象类型转换关系如表 5-4 所示。

表 5-4 对象类型转换关系

对象	Figure 类型	Square 类型	Eclipse 类型	说明
f1	支持	不支持	不支持	类型:Figure 实例:Figure
f2	支持	支持 (向下转型)	不支持	类型:Figure 实例:Square
f3	支持	不支持	支持 (向下转型)	类型:Figure 实例:Eclipse
s4	支持 (向上转型)	支持	不支持	类型:Square 实例:Square
e5	支持 (向上转型)	不支持	支持	类型:Eclipse 实例:Eclipse

对象类型转换也通过圆括号运算符实现,向上类型转换是系统自动执行;而向下类型转换需要强制类型转换,且在向下类型转换之前,需要在运行时判断一个对象是否属于某个引用类型,可使用 instanceof 运算符实现,其语法格式如下:

```
对象实例 instanceof 引用类型
```

其中,如果对象实例是引用类型的实例,则返回值为 true,否则为 false。

5.5.3 多态的运行特性

程序中定义的引用变量所指向的具体类型和通过该引用变量发出的方法调用在编译时并不确定,而是在程序运行期间才确定,即一个引用变量到底会指向哪类的实例对象,该引用变量发出的方法调用到底是哪类中的方法,必须在程序运行期间才能决定。

Java 决定对象类型转换期间数据成员和成员方法调用时,需要遵循以下规则。

(1) 访问成员变量时,编译和运行时都参照父类。

(2) 访问静态的成员方法时,编译和运行时都参照父类。

(3) 访问非静态的成员方法时,编译时参照父类,运行时参照子类。

程序示例 5-15 chapter5 /chapter5_15.java

```
package com.cumtb;
class Animal {
    static int age = 20;
    String name = "Animal";
    public static void sleep() {
        System.out.println("Animal is Sleeping");
    }
    public void eat() {
        System.out.println("Animal is Eating");
    }
    public void run() {
        System.out.println("Animal is Running");
    }
}

class Dog extends Animal {
    static int age = 6;
    String name = "Dog";
    public static void sleep() {
        System.out.println("Dog is Sleeping");
    }
    public void eat() {
        System.out.println("Dog is Eating");
    }
    public void watchDog() {
        System.out.println("Dog is Watching");
    }
}

public class chapter5_15 {
    public static void main(String[] args) {
        //满足多态要求，且向上转型
        Animal am = new Dog();
        //调用非静态方法，子类覆盖父类的非静态方法
        am.eat();
        //调用静态方法，子类覆盖父类的静态方法
        am.sleep();
        //调用非静态方法，父类自有的方法，子类没覆盖
        am.run();
```

```
            //调用非静态数据成员
            System.out.println(am.name);
            //调用静态数据成员
            System.out.println(am.age);
            //向下转型
            Dog dog = (Dog)am;
            dog.watchDog();
        }
    }
```

在程序示例5-15中,父类的对象实例am满足多态要求,且支持向上转型。程序运行时,对象实例在调用数据成员和静态方法时参照父类Animal类定义的数据成员和静态方法,但在调用非静态成员方法时,参照子类Dog类定义的eat()方法。此外,使用向下转型,强制将父类对象am转换为子类对象dog,而无须使用new运算符新建一个Dog对象,节省内存空间。

抽象类与接口

5.6 抽象类与接口

抽象类体现数据抽象的思想,是实现程序多态性的一种技术,并且能够满足可复用性和可扩展性的软件系统要求。接口则是Java中实现多重继承的唯一手段。

5.6.1 抽象类

在解决实际问题时,一般将父类定义为抽象类,使用父类进行继承与多态处理。抽象类刻画共有行为的特征,通过继承机制传递给派生的子类;各子类继承了父类的抽象方法之后,分别使用不同的方法体重新定义方法,形成若干名称相同、返回值相同和参数列表相同的多态处理方式,即所有子类对外都呈现一个相同名字的方法。

在5.5.1节介绍多态时,使用几何图形示例,其中Figure类中有一个onDraw()方法,Figure有两个子类:Square类和Eclipse类,且都覆盖父类的onDraw()方法。Figure作为父类并不清楚在实际使用时需要派生子类的个数,因为不同的用户需求可能会有不同的几何图形的派生子类,而onDraw()方法只有在确定子类之后才能具体实现。因此,父类Figure中的onDraw()方法不能有具体的实现,只能是一个抽象的方法。而在Java中具有抽象方法的类是抽象类。

在Java中,抽象类和抽象方法的修饰符都是abstract,其语法声明格式如下:

```
abstract class 类名 {
    abstract 成员方法;
}
```

定义和使用抽象类与抽象方法需要遵循以下限制条件。

(1) 抽象类中可以有n(n≥0)个抽象方法,也可有非抽象方法;但凡有抽象方法的类,一定是抽象类。

(2) 抽象类可派生子类,在子类中必须实现抽象类中定义的抽象方法。

(3) 抽象类本身不能创建对象,而由其派生的具体子类来创建。

(4) 抽象方法只需指定其方法名及其类型,不用实现方法体。

(5) 抽象类的派生子类中不能有与抽象父类同名的抽象方法。

(6) abstract 修饰符不能与 final 并列修饰同一个类,不能与 private、static、final 并列修饰同一个方法。

设计抽象类主要目的在于子类实现,体现多态机制。使用图 5-3 所示的抽象类几何图形类图改写程序示例 5-14。

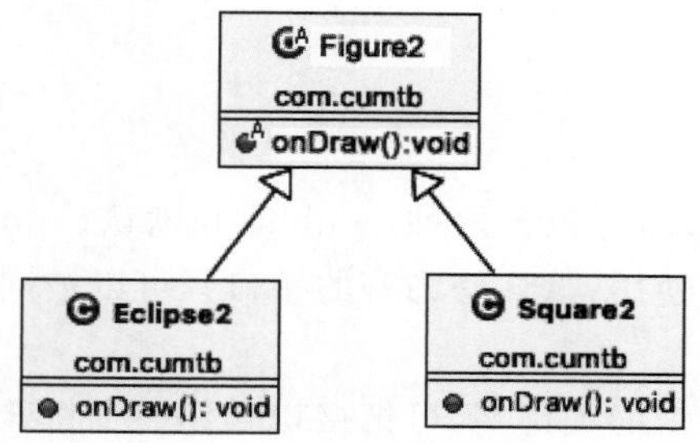

图 5-3　抽象类几何图形类图

程序示例 5-16　chapter5 /chapter5_16.java

```
package com.cumtb;
abstract class Figure2 {
    abstract public void onDraw();
}

class Square2 extends Figure2 {
    public void onDraw() {
        System.out.println(this.getClass().getName() + " Drawing Square");
    }
}

class Eclipse2 extends Figure2 {
    public void onDraw() {
        System.out.println(this.getClass().getName() + " Drawing Eclipse");
    }
}
```

在程序示例 5-16 中,抽象类 Figure2 不能被实例化,即不可创建对象,必须使用实现它的具体类 Square2 类和 Eclipse2 类来创建对象 f1 和 f2。

5.6.2　接口

从图 5-3 中可以看出,具体子类继承抽象父类时,必须覆盖实现抽象类中所有的抽象方法。然而,当某个子类不需要 onDraw()方法时,也必须实现抽象方法,导致程序中出现冗余代码。如果将 onDraw()方法放置到一个新的 Draw 类,那么需要 onDraw()方法的子类继承 Draw 类,不需要 onDraw()方法的子类继承 Figure2 类。但又出现一个新的问题:当一个子类需要同时使用 Figure2 类和 Draw 类中的方法时,不满足 Java 中类不能同时继承多个父类的规定要求。为了应对多重继承的问题,Java 提出了接口的概念。

Java 使用接口实现多重继承机制,使程序的类间层次结构更加合理,更加符合实际问题的本质。在 Java 中声明接口使用关键字 interface,其语法格式如下:

```
[修饰符] interface 接口名[extends 父接口列表]{
    常量声明;
    抽象方法声明;
}
```

(1) [修饰符]。接口修饰符包含两种:public 和默认。public 修饰符的接口是公共接口,可以被所有类和接口使用;默认修饰符的接口只可以被同一个包中的其他类和接口使用。

(2) interface。声明接口的关键字,可把接口看作一个特殊的抽象类。

(3) 父接口列表。接口也具有继承性。子接口将继承父接口中的属性和方法。与类继承不同的是,一个子接口可以有一个以上的父接口,它们之间用逗号(,)分隔。

(4) 常量声明。表示在接口中声明的数据成员都是静态常量,可使用的组合方式有 public final static 和 final static。一般情况下,如果常量没有显式地给定修饰符,则默认为 final static。

(5) 抽象方法声明。接口中所有的方法都使用 abstract 修饰符。在接口中仅声明抽象方法的方法名、返回值类型和参数列表,而不能定义方法体。接口的成员方法修饰符默认为 public abstract。

接口定义仅仅实现某一特定功能的对外规范,而不能完整地实现功能,那么功能的实现需要在继承接口的具体子类中完成。因此,在 Java 中,对接口的继承也称接口的实现。使用图 5-4 所示的接口几何图形类图改写程序示例 5-14。

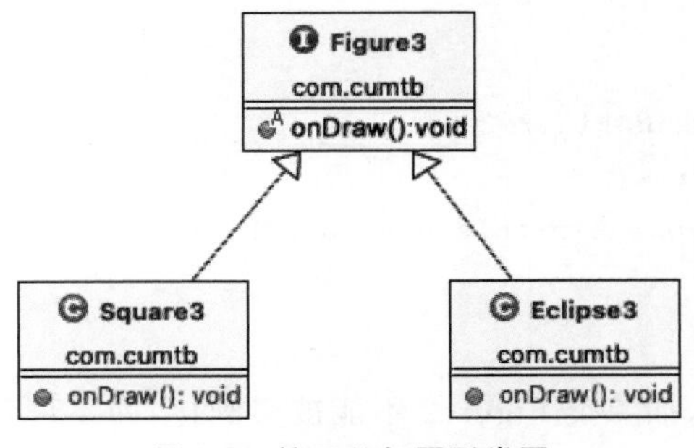

图 5-4 接口几何图形类图

程序示例 5-17 chapter5 /chapter5_17.java

```
package com.cumtb;
```

```
interface Figure3 {
    abstract public void onDraw();
}

class Square3 implements Figure3 {
    public void onDraw() {
        System.out.println(this.getClass().getName() + " Drawing Square");
    }
}

class Eclipse3 implements Figure3 {
    public void onDraw() {
        System.out.println(this.getClass().getName() + " Drawing Eclipse");
    }
}

class chapter5_17 {
    public static void main(String[] args) {
        //f1 是父类类型，指向子类实例，发生多态
        Figure3 f1 = new Square3();
        f1.onDraw();
        //f2 是父类类型,指向子类实例,发生多态
        //向上转型
        Figure3 f2 = new Eclipse3();
        f2.onDraw();
    }
}
```

从程序示例 5-17 中得出，在 Java 中类实现接口时需要遵循以下原则。

(1) 在类中实现接口使用关键字 implements。如果一个类需要实现多个接口时，接口之间使用逗号(,)分隔。

(2) 如果实现接口的类不是抽象类，则在类中必须实现指定接口的所有抽象方法。

(3) 如果实现接口的类是抽象类，则在类中不必实现接口中的所有方法，那么该实现类将是抽象类，不能创建对象，并且由具体子类继承实现类，实现所有抽象方法。

(4) 接口的抽象方法的访问权限修饰符已指定为 public，实现类中必须显式地使用 public 修饰符，否则系统警告缩小了接口定义方法的访问范围。

5.6.3 接口与多重继承

在 Java 中，一个类只能继承一个父类，但可实现多个接口。通过实现接口的方式满足多重继承的设计需求。在多个接口中，即使有相同的成员方法，但是因为它们都是抽象的，所以子类实现不会有冲突。

图 5-5 为多重继承几何图形类图，其中有两个接口 ShowMsg 和 ShowTime。从类图

中可发现两个接口都具有相同的成员方法 onPrint()。

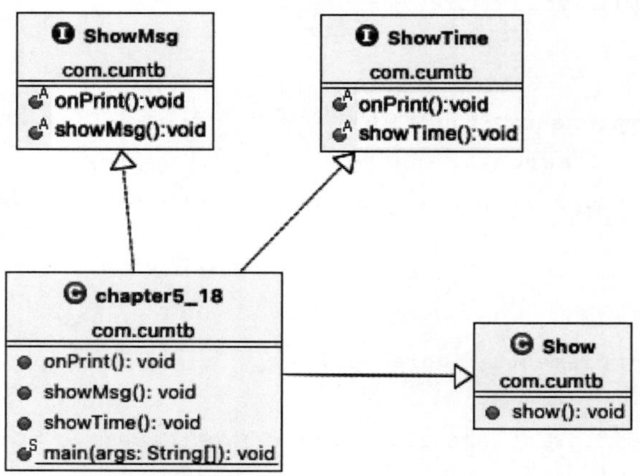

图 5-5 多重继承几何图形类图

程序示例 5-18 chapter5 /chapter5_18.java

```
package com.cumtb;
interface ShowMsg {
    abstract public void onPrint();
    abstract public void showMsg();
}

interface ShowTime {
    abstract public void onPrint();
    abstract public void showTime();
}

class Show{
    public void show() {
        System.out.println(this.getClass().getName());
    }
}

public class chapter5_18 extends Show implements ShowMsg, ShowTime{
    @Override
    public void onPrint() {
        System.out.println("Print");
    }
    @Override
    public void showMsg() {
        System.out.println("Message");
    }
    @Override
    public void showTime() {
```

```
        System.out.println("2021-1-27");
    }
    public static void main(String[] args) {
        chapter5_18 chap = new chapter5_18();
        chap.onPrint();
        chap.showMsg();
        chap.showTime();
        chap.show();
    }
}
```

从程序示例 5-18 中的运行结果得出：chapter5_18 类中实现两个接口的抽象方法，且继承 Show 类中的 show()方法，实现了在一个类中继承实现使用多个类或接口中定义的成员方法，实现多重继承。

5.6.4　接口继承

在 Java 中，接口是一个特殊的抽象类，允许接口之间继承。由于接口中的方法都是抽象方法，继承之后也无须实现。因此，接口继承比类继承简单。

图 5-6 为接口继承几何图形类图，其中有接口 ShowMsg2 和 ShowTime2。从类图中可发现两个接口都具有相同的成员方法 onPrint()。

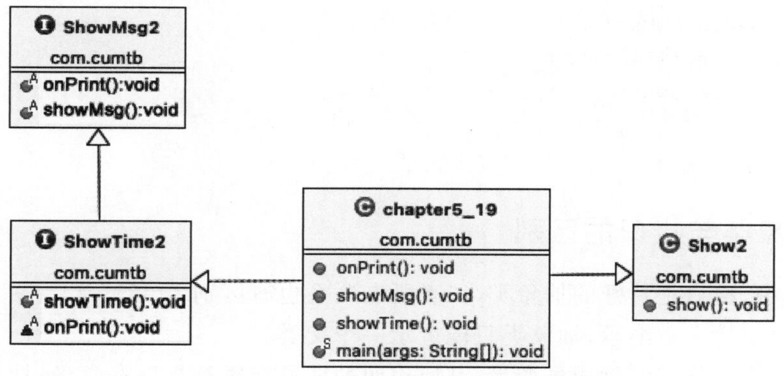

图 5-6　接口继承几何图形类图

程序示例 5-19　chapter5 /chapter5_19.java

```
package com.cumtb;
interface ShowMsg2 {
    abstract public void onPrint();
    abstract public void showMsg();
}
interface ShowTime2 extends ShowMsg2{
    abstract public void showTime();
    @Override
    abstract void onPrint();
```

```
}
class Show2{
    public void show() {
        System.out.println(this.getClass().getName());
    }
}
public class chapter5_19 extends Show2 implements ShowTime2{
    @Override
    public void onPrint() {
        System.out.println("Print");
    }
    @Override
    public void showMsg() {
        System.out.println("Message");
    }
    @Override
    public void showTime() {
        System.out.println("2021-1-27");
    }
    public static void main(String[] args) {
        chapter5_19 chap = new chapter5_19();
        chap.onPrint();
        chap.showMsg();
        chap.showTime();
        chap.show();
    }
}
```

5.6.5 抽象类与接口的区别

在Java中,接口是特殊的抽象类,二者既有联系也有区别。

(1) 接口支持多重继承,抽象类只能继承一个父类。

(2) 接口中不能有实例成员变量,其所声明的成员变量都是静态常量;抽象类中可声明各种形式的成员变量。

(3) 接口中没有构造方法;抽象类中可以有实例成员变量,也需要构造方法。

(4) 接口在Java 8版本之前只有抽象方法,在Java 8版本之后也可声明具体方法,通过声明默认方法实现;抽象类中可声明抽象方法和具体方法。

5.7 课后习题

1. 面向对象程序有哪些特点?分别进行说明。

2. 简述几种访问控制特点及其作用。

3. 什么是重载?什么是覆盖?二者有何区别?

4. 接口和抽象类有何区别？

5. 接口的作用是什么？定义接口需要注意什么？

6. 什么是构造方法？构造方法能否被重载？

7. Java 支持多继承么？

8. 在实例化子类对象时，父类有参构造方法如何被调用？

9. 父类中的 final 方法是否能被子类重写？

10. 下列叙述正确的是(　　)。

A. 允许用 static 修饰 abstract 方法

B. 子类继承父类的构造方法

C. 子类重写或新增的方法不能直接操作被子类隐藏的成员变量

D. final 类可以有子类

11. 编写程序，创建一个父类，在父类中创建两个方法，在子类中覆盖第二个方法，为子类创建一个对象，将它向上转型到基类并调用这个方法。

12. 编写程序，计算几何图形的面积，要求定义一个超类来实现输出名称的方法，并使用抽象方法来计算面积。

第6章 Java 高阶类

在 Java 5 版本后提供枚举类型，其本质上继承 java.lang.Enum 类，属于引用类型，因此也称枚举类，用于管理一组相关常量的集合，提高程序的可读性。Java 中还可在一个类的内部定义一个类，称为内部类，一般在图形用户界面程序开发中用于事件处理。在 Java 8 版本后推出的 Lambda 表达式开启了 Java 语言支持函数式编程的时代，Lambda 表达式也称为闭包，函数式编程是对 Java 语言的补充。

枚举类

6.1 枚举类

在 C 语言中，枚举用于管理一组相关常量的集合，使用枚举可以提高程序的可读性，代码结构更清晰且易于维护。在 Java 5 版本之前，Java 语言没有提供枚举类型，通过使用静态常量替代枚举常量，实现枚举功能。

通常情况下，在接口或一般类中声明一组 int 类型的静态常量，便于使用 switch 语句进行判断。

程示例 6-1　chapter6 /chapter6_1.java

```
interface StudentInfo {
    int MALE= 0;
    int FEMALE = 1;
}
public class chapter6_1 {
    public static void main(String[] args) {
        int sex = StudentInfo.MALE;
        switch (sex) {
        case StudentInfo.MALE:
            System.out.println("MALE");
            break;
        case StudentInfo.FEMALE:
            System.out.println("FEMALE");
        }
    }
}
```

在程序示例 6-1 中，直接使用常量存在一些安全隐患。

(1) 类型不安全，代码声明变量 sex 为整型，程序执行过程中可能赋给变量任意一个整数值，可能超出了接口中定义的常量值的范围，导致程序执行出错。

(2) 程序难以调试，如果通过输出 sex 值，只能输出 0～1 的数值，程序员需要比较数值代表的含义才能明白输出结果内容。

6.1.1 枚举类定义

Java 使用关键字 enum 声明枚举类，其语法格式如下：

```
[public] enum 枚举名 {
    枚举常量列表;
}
```

(1) [public]。枚举类的访问控制权限修饰符，可提供给其他包使用；省略不写是默认包访问权限控制，只能在当前包中使用。

(2) 枚举名。必须是有效的 Java 标识符，需要遵循 Java 命名规范。

(3) 枚举常量列表。由一组相关常量组成，它们之间使用逗号(,)分隔，常量名一般使用大写字母表示。枚举常量列表必须是枚举类中的第一行执行代码。

使用枚举类的定义，可将程序示例 6-1 进行改写。

程序示例 6-2 chapter6 /chapter6_2.java

```
enum StudentInfo2 {
    MALE, FEMALE;
}
public class chapter6_2 {
    public static void main(String[] args) {
        StudentInfo2 sex = StudentInfo2.MALE;
        switch (sex) {
        case MALE:
            System.out.println("MALE");
            break;
        case FEMALE:
            System.out.println("FEMALE");
        }
    }
}
```

在程序示例 6-2 中，使用 enum 枚举类定义常量列表：MALE 和 FEMALE。在 switch 语句中通过判断枚举的引用来选择执行分支。

6.1.2 枚举类数据成员和成员方法

与一般类一样，枚举类可以定义数据成员和成员方法：数据成员可包含实例变量和静态变量；成员方法可包含实例方法和静态方法，但不可以为抽象方法。

程序示例 6-3 chapter6 /chapter6_3.java

```
package com.cumtb;
enum StudentInfo3 {
    MALE, FEMALE;
    private String name = "Holiday";
    private static int staticValue = 100;

    public String getName() {
        return name;
    }
    public static int getStaticValue() {
        return staticValue;
    }
}
```

在程序示例 6-3 中,在枚举类 StudentInfo3 中分别定义了实例变量 name 和实例方法 getName(),以及静态变量 staticValue 和静态方法 getStaticValue(),使用方式与一般类一致。

6.1.3 枚举类构造方法

枚举类通过构造方法实现初始化实例变量的操作,其使用方式与一般类相同。但是,枚举类构造方法的访问控制只能使用 private 修饰符修饰的私有构造方法,即使省略修饰符的书写,其仍然是私有的构造方法。因此,枚举类不允许在类外部创建对象。

程序示例 6-4 chapter6 /chapter6_4.java

```
package com.cumtb;
enum StudentInfo4 {
    MALE("Male", 0), FEMALE("Female", 1);
    private String sex;
    private int index;
    private StudentInfo4(String sex, int index) {
        this.sex = sex;
        this.index = index;
    }
}
```

在程序示例 6-4 中,使用自定义有参数的构造方法,那么枚举常量列表也需要参照构造方法的实例变量修改。在枚举类中,每个枚举常量都是一个枚举类对象,都会调用私有的构造方法进行初始化数据成员 name 和 index。但在枚举类之外,不可使用构造方法创建枚举类对象。

6.1.4 常用方法

所有枚举类继承自 java.lang.Enum 类,在 Enum 类中定义了常用的成员方法,如

表 6-1 所示。

表 6-1 Enum 类常用的成员方法

成员方法	说明
int ordinal()	返回枚举常量的顺序,依枚举常量声明顺序确定
static enum[] values	返回一个包含全部枚举常量的数组
static enum valueOf(String str)	str 是枚举常量对应的字符串,返回一个实例

程序示例 6-5 chapter6 /chapter6_5.java

```
package com.cumtb;
enum StudentInfo5 {
    MALE, FEMALE;
}
public class chapter6_5 {
    public static void main(String[] args) {
        StudentInfo5[] allVaules = StudentInfo5.values();
        for (StudentInfo5 value : allVaules) {
            System.out.printf("%d-%s\n", value.ordinal(), value);
        }
        StudentInfo5 stu5_1 = StudentInfo5.MALE;
        StudentInfo5 stu5_2 = StudentInfo5.valueOf("MALE");
        System.out.println(stu5_1 == stu5_2);
        System.out.println(stu5_2.equals(StudentInfo5.MALE));
    }
}
```

在程序示例 6-5 中,Java 类引用类型的比较有两种方式：==和 equals。

(1) ==比较两个引用是否指向同一个对象。

(2) equals 比较对象内容是否相同。

在枚举类中,每个枚举常量始终只有一个对象实例。因此,二者比较结果都是 true。

6.2 内部类

内部类

Java 提供内部类技术,即可在一个类中定义一个类。使用内部类的优势：其一,内部类可以对同一个包中的其他类隐藏;其二,内部类方法可以访问定义该类的作用域中的数据成员,包括私有数据成员。在 Java 应用程序开发过程中很少使用内部类,因为内部类技术在一定程度上破坏了 Java 面向对象的思想。一般情况下,内部类只用于图形用户界面程序的事件处理。

6.2.1 内部类定义

Java 中允许在一个类(或成员方法、代码块)的内部定义一个新类,该新类称内部类,也称为嵌套类,封装新类的类称为外部类。

内部类与外部类属于逻辑隶属关系,内部类一般只用在封装它的外部类或代码块中使用。内部类具有以下特性。

(1) 封装。内部类可将不公开的实现细节封装起来,内部类可声明为私有的,只能在所在的外部类中访问。

(2) 提供命名空间。静态内部类和外部类能够提供有别于包的命名空间。

(3) 访问外部类成员。内部类可以访问所在外部类的所有成员。

内部类根据定义期间是否赋予类名的规则分为有名内部类和匿名内部类。其中,有名内部类根据作用域范围分为成员内部类和局部内部类。此外,成员内部类根据是否声明 static 修饰符可分为实例成员内部类和静态成员内部类。内部类的组织结构如图 6-1 所示。

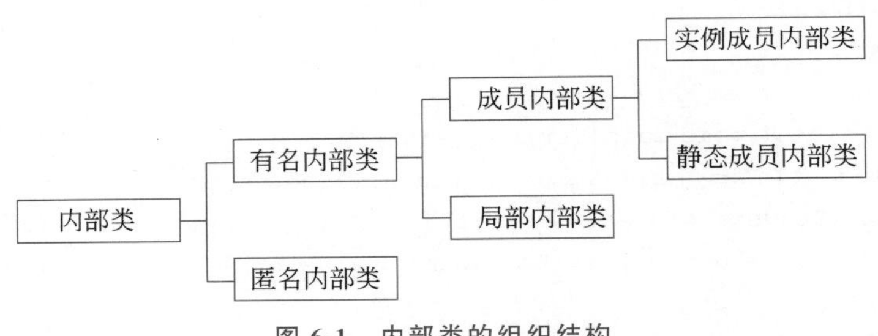

图 6-1 内部类的组织结构

6.2.2 实例成员内部类

实例成员内部类可声明为 public、private、protected 和默认的访问控制修饰符,使用方式与外部类的数据成员类似。

程序示例 6-6

程序示例 6-6 chapter6 /chapter6_6.pdf

在程序示例 6-6 中,在 InnerClass 内部类中使用 this 引用当前内部类对象;引用外部类对象时需要使用"外部类名.this";在内部类和外部类的成员命名没有冲突的前提下,引用外部类的成员时可以直接调用。

通常情况下,实例成员内部类仅限于外部类使用,不提供给外部类之外调用。但 Java 支持外部类之外的类使用内部类;创建内部类对象时,需要先创建外部类对象,然后再创建内部类对象,outer 是外部类对象,outer.new InnerClass()创建内部类对象。

6.2.3 静态成员内部类

使用关键字 static 声明内部类,静态成员内部类只能访问外部类的静态成员。因此,静态成员内部类使用场合较少,仅提供区别于包的命名空间。

程序示例 6-7

程序示例 6-7 chapter6 /chapter6_7.pdf

在程序示例 6-7 中:静态成员内部类只可以访问外部类中的静态成员,不能访问非静态成员,否则编译出错。在声明静态成员内部类时,使用"外部类.静态内部类",创建内部类对象亦是如此。"OuterClass2. InnerClass2"提供有别于包的命名空间,对

OuterClass2 相关的类集中管理，防止命名冲突。

6.2.4 局部内部类

在方法体或代码块中定义的类称为局部内部类，其作用域仅限于方法体或代码块中。局部内部类的访问控制权限只能使用默认修饰符，且必须是非静态的。局部内部类可以访问外部类的所有成员。

程序示例 6-8 chapter6 /chapter6_8.pdf

程序示例 6-8

在程序示例 6-8 中，“new InnerClass3().onPrint();”语句创建一个匿名对象，在程序中只运行一次。另外，在方法体内定义局部内部类的成员方法时，应该将被访问的形参声明为 final。

6.2.5 匿名内部类

匿名内部类是没有名称的内部类，其本质是没有名称的局部内部类，具有局部内部类的所有特性。匿名内部类通常用于实现接口或抽象类，很少用于覆盖具体类。

程序示例 6-9 chapter6 /chapter6_9.pdf

程序示例 6-9

在程序示例 6-9 中，外部类对象调用 showMsg()方法，需要实现一个 Print 接口，其中“new Print(){…}”表达式就是实参，即匿名内部类。表达式中 Print 是需要实现的接口或继承类，new 运算符为匿名内部类创建对象。

 6.3 Lambda 表达式

Lambda 表达式

从 Java 8 版本开始引入 Lambda 表达式实现 Java 语言的函数式编程，函数式编程将程序代码看作数学中的函数，函数本身作为另一个函数的参数或返回值。函数式编程是对 Java 语言的补充。

在学习 Lambda 表达式之前，先假设需要设计一个通用的方法，能够实现信息的标准化输出功能。在 Java 中，可设计一个信息标准输出接口，在接口中定义一个通用方法，使用匿名内部类的方式实现。

程序示例 6-10 chapter6 /chapter6_10.pdf

程序示例 6-10

由程序示例 6-10 可看出，使用匿名内部类实现通用方法时，代码冗长且烦琐。Java 8 版本后可以使用 Lambda 表达式可以替换匿名内部类实现通用方法。

6.3.1 Lambda 表达式定义

Lambda 表达式是一个可传递的匿名方法代码块，可作为表达式、方法参数和方法返回值，在程序中执行一次或者多次。在 Java 中，Lambda 表达式的语法格式如下：

```
(参数列表) -> {
    Lambda 表达式;
}
```

其中,参数列表与接口中成员方法的形参列表一致,Lambda 表达式实现接口中的方法。

使用 Lambda 表达式可以修改程序示例 6-10。

程序示例 6-11

程序示例 6-11 chapter6 /chapter6_11.pdf

6.3.2 函数式接口

在程序示例 6-11 中,使用 Lambda 表达式实现的接口中的抽象方法,称为函数式接口。

在 Java 8 版本中提供一个声明函数式接口注解符号@FunctionalInterface,表明该接口仅能定义一个抽象方法,如果定义多个抽象方法,Lambda 表达式编译出错。其语法格式如下:

```
@FunctionalInterface
[修饰符] interface 接口名{
    成员方法;
}
```

其中,函数式接口的成员方法中,只能有一个抽象方法,但可以添加默认方法和静态方法。Lambda 表达式实现的匿名方法是在函数式接口中声明的抽象方法。

程序示例 6-12 chapter6 /chapter6_12.java

```
package com.cumtb;

@FunctionalInterface
interface MessagePrint3 {
    void OnPrint();
}
```

6.3.3 Lambda 表达式使用

1. 作为方法参数传递

Lambda 表达式常用作参数传递给方法,参数类型必须声明为函数式接口类型。

程序示例 6-13 chapter6 /chapter6_13.pdf

程序示例 6-13

2. 访问成员变量

Lambda 表达式可以访问实例成员变量和静态成员变量,即可读取成员变量值或者修改成员变量值。

程序示例 6-14 chapter6 /chapter6_14.pdf

程序示例 6-14

对于成员变量的访问,Lambda 表达式与普通成员方法使用方式类似,但是,当 Lambda 表达式访问表达式外层的局部变量时,发生捕获变量情况。在 Lambda 表达式中捕获变量时,将该变量当作常量(final)使用,在表达式中不能修改捕获的变量。

```
public MessagePrint5 msg() {
```

```
        //声明局部变量
        int locaValue = 15;
        MessagePrint5 mp = () -> {
            //捕获变量
            localVaule++; //报错,不可改变表达式外层的局部变量值
            System.out.println("输出实例变量: " + x);
        };
        return mp;
    }
```

3. 访问成员方法

在 Java 8 版本中增加"::"运算符,用于方法引用。需要注意的是,方法引用并不是方法调用,虽然没有直接使用 Lambda 表达式,但是与其函数式接口有关。

在 Java 中,方法引用分为两种:静态方法的引用和实例方法的引用。其语法格式如下:

```
类型名::静态方法
对象名::实例方法
```

其中,被引用方法的参数列表和返回值类型必须与函数式接口的方法参数列表和方法返回值类型一致。

程序示例 6-15　chapter6 /chapter6_15.pdf

程序示例 6-15

在程序示例 6-15 中,Lambda 表达式是方法引用,此时并没有调用方法,仅将引用传递给 msgPrint()方法,在 msgPrint()方法中才会调用方法。

6.4　课后习题

1. 使用枚举类型有何优势?

2. 什么是内部类?如何实例化内部类?

3. 在 Java 中,成员方法是否必须存在返回值?若不存在返回值?如何表示?

4. 内部类可以引用其他包含类的成员吗?有没有什么限制?

5. 外部类中定义的成员变量名与内部类中定义的成员变量名能否都相同?若可以,如何引用?若不可以,说明理由。

6. 简要说明内部类如何被继承。

7. 简要说明 Lambda 表达式的优缺点。

8. 编写程序,定义一个枚举类型,使用 switch 语句获取枚举类型的值。

9. 编写程序,在方法中编写一个匿名内部类。

10. 编写程序,使用静态成员内部类来实现使用一次遍历求最大值和最小值。

第7章

Java常用类

 7.1 数　　组

数组

在计算机语言中,数组是具有相同数据类型的一组数据的集合。数组元素在计算机内存中占用连续的存储空间,每个数组元素在数组中的位置固定,可通过数组名和下标索引访问每个数组元素。一般而言,数据具有以下特性。

(1) 一致性。数组元素的数据类型必须相同,且可以是任意相同的数据类型。

(2) 有序性。数组元素占用连续的存储空间,通过下标索引访问。

(3) 不变性。数组初始化完成后,其长度不可更改,即数组元素不变。

在Java中,数组以类的形式存在,一个具体的数组被定义为一个对象,属于引用类型。使用数组时需要遵循以下规则。

(1) 数组的下标索引值从0开始,并通过下标运算符([])引用数组元素。

(2) 数组元素作为数组对象的数据成员,其类型可以是基本数据类型,也可是引用类型。

(3) 根据定义数组时下标运算符的个数区分一维数组和二维数组。

7.1.1 一维数组

数组中的每个元素都只有一个下标运算符([])时,称为一维数组。数组是引用类型,因此,建立一维数组通常包括声明一维数组、创建一维数组对象。

1. 声明一维数组

声明一维数组时,需要指出数组类型、数组名(引用数组对象的变量名)和数组维数,其语法格式如下:

```
类型标识符 数组名[];
```

或

```
类型标识符[]数组名;
```

(1) 类型标识符。表示数据元素的数据类型,既可以是基本数据类型,也可是引用类型。

（2）数组名。表示数组对象的引用变量名，需要遵循 Java 标识符命名规范。

（3）数组维数。也称下标运算符（[]），用于确定一维数组的长度。

从面向对象程序设计的角度来看，Java 推荐使用第二种声明方式，其把“元素数据类型[]”作为一个整体类型（数组类型）来使用，更符合引用类型的使用方式。此外，数组声明成功后还未确定数组长度，Java 虚拟机并没有为其分配内存空间，只是为数组对象的引用变量分配存储空间。

示例 7-1

```
int arrayInt[];
float[] arrayFloat;
```

2. 创建一维数组对象

创建一维数组对象完成对数组对象的空间分配和初始化操作，Java 提供两种方式来完成。

（1）直接指定初始值创建数组对象。在创建数组对象时，将数组元素的初始值依次放置在花括号（{}）内，各个元素值之间用逗号（,）分隔，初始值的个数确定数组的长度。

示例 7-2

```
int[] arrayInit = {1,2,3,4,5};
```

在示例 7-2 中，声明数组名为 arrayInit，也称数组对象的变量名；数组元素的数据类型为 int；花括号里一共有 5 个初始值，故数组的长度为 5。使用初始值创建数组对象类似于 C 语言中的使用方式，无须使用 new 运算符。

（2）使用 new 运算符创建数组对象。在 Java 中，数组是引用类型，可使用 new 运算符创建数组对象，且按照 Java 提供的默认初始值原则初始化数据元素。其语法格式如下：

```
类型标识符[] 数组名 = new 类型标识符[数组长度];
```

其中，数组长度通常是整型常量，表示数组元素的个数，并按照 Java 提供的数据成员默认初始化规则赋初始值。

示例 7-3

```
int[] arrayNew = new int[10];
```

示例 7-3 创建一个数组名为 arrayNew 的数组，其包含 10 个数组元素，且数组元素的数据类型是 int，每个元素的默认初始值为 0。

3. 一维数组引用

数组建立并初始化完成之后，可以通过数组名和下标运算符的形式来引用数组中的每个数组元素。其语法格式如下：

```
数组名[索引下标];
```

其中,数组名是与数组对象关联的引用变量名;索引下标是指元素在数组中的位置,其取值范围是 0～(数组长度－1) ;索引下标既可是整型常量,也可是整型变量表达式。

示例 7-4

```
int[] arrayNew = new int[10];
arrayNew[2] = 3;
arrayNew[2+1] = 4;
arrayNew[10] = 11;          //报错
```

其中,arrayNew[10]＝11 编译出错,因为 Java 在编译时会对数组的索引下标进行越界检查。这里 arrayNew 数组在初始化时确定数组长度为 10,其索引下标范围是[0, 9],因此,不存在下标为 10 的数组元素。

7.1.2 一维数组的使用

1. 计算数组长度

在 Java 中,数组是引用类型,也是一种对象。一维数组初始化后就确定了数组的长度,Java 使用一个数据成员 length 来保存数组长度的值。

程序示例 7-1 **chapter7 /chapter7_1.java**

```
package com.cumtb;
public class chapter7_1 {
    public static void main(String arg[]) {
        //直接使用指定值初始化
        int[] arrayInt = { 1, 2, 3, 4, 5 };
        //使用 new 运算符创建对象
        double[] arrayDouble;
        arrayDouble = new double[5];
        int lengthForInt = arrayInt.length;
        int lengthForDouble = arrayDouble.length;
        //下面各句测定各数组的长度
        System.out.println("arrayInt length= " + lengthForInt);
        System.out.println("arrayDouble length= " + lengthForDouble);
        for (int i = 0; i < arrayDouble.length; i++) {
            System.out.println(arrayDouble[i]);
        }
    }
}
```

在程序示例 7-1 中,数组元素必须使用循环结构依次索引访问,不可以使用数组名访问整个数组。

2. 数组间赋值

Java 允许两个类型相同但数组长度不同的数组相互赋值。赋值操作后两个数组名同时指向同一个数组对象。

程序示例 7-2　chapter7 /chapter7_2.java

```
package com.cumtb;
public class chapter7_2 {
    public static void main(String arg[]) {
        int[] array1 = { 1, 2, 3, 4, 5 };
        int[] array2 = { 6, 7, 8 };
        //赋值后是 array2 指向 array1 指向的数组
        array2 = array1;
        System.out.print("array1:");
        for (int i = 0; i < array1.length; i++)
            System.out.print(" " + array1[i]);

        System.out.println("\n");
        System.out.print("array2:");
        for (int i = 0; i < array2.length; i++)
            System.out.print(" " + array2[i]);
    }
}
```

3. 数组元素作为实参

数组元素作为实参传递给成员方法时，其使用方式与一般变量类似，即只能由数组元素传递给形参的单向值传递，程序中对形参的修改不会影响实参的值。

程序示例 7-3　chapter7 /chapter7_3.java

```
package com.cumtb;
class Calculate {
    static int add(int x, int y) {
        return x + y;
    }
}
public class chapter7_3 {
    public static void main(String[] args) {
        int temp;
        int[] arrayCal = { 1, 2, 3 };
        //向成员方法传递数组元素
        temp = Calculate.add(arrayCal[0], arrayCal[1]);
        System.out.print("arrayCal: ");
        for (int i = 0; i < arrayCal.length; i++) {
            System.out.print(" " + arrayCal[i]);
        }
    }
}
```

4. 数组名作为实参

数组名作为实参传递给成员方法时,会把实参数组对象的起始地址传递给形参数组名,即两个数组名同时引用一个对象。在成员方法中对形参数组中元素的修改都会影响实参数组元素,传递方式称为址传递。

程序示例 7-4 chapter7 /chapter7_4.java

```
package com.cumtb;
class Calculate2 {
    static void add(int[] array1, int[] array2) {
        for (int i = 0; i < array2.length; i++) {
            array1[i] += array2[i];
        }
    }
}
public class chapter7_4 {
    public static void main(String[] args) {
        int[] arrayCal1 = { 4, 5, 6, 7 };
        int[] arrayCal2 = { 1, 2, 3 };
        //向成员方法传递数组元素
        Calculate2.add(arrayCal1, arrayCal2);
        System.out.print("arrayCal1: ");
        for (int i = 0; i < arrayCal1.length; i++) {
            System.out.print(" " + arrayCal1[i]);
        }
    }
}
```

5. 对象数组

数组中的数据元素都是引用类型,以满足不同基本数据类型的数据组合成整体的要求。例如,学生的姓名、学号、班级和成绩等。在 C 语言中,使用结构体完成不同数据类型的整合,而在 Java 中,可把每个学生看作一个对象,那么数组中元素是对象,构成对象数组。

程序示例 7-5 chapter7 /chapter7_5.java

```
package com.cumtb;
class Student {
    String name;
    int number;
    int grade;
    public Student(String name, int number, int grade) {
        this.name = name;
        this.number = number;
```

```
            this.grade = grade;
        }
    }
    public class chapter7_5 {
        public static void main(String[] args) {
            Student stu1 = new Student("刘同学", 1010, 90);
            Student stu2 = new Student("王同学", 1011, 80);
            Student[] arrayStudent = { stu1, stu2 };
            for (int i = 0; i < arrayStudent.length; i++) {
                arrayStudent[i].showMsg();
            }
        }
    }
```

7.1.3　二维数组

当数组中每个数组元素可以带有多个下标时，这种数组称为多维数组。日常工作中经常会处理到 Excel 数据，从逻辑上看是由若干行和列组成的。Java 提供二维数组来处理表格数据。然而，Java 语言只有一维数组，不存在二维数组的物理结构。但是，对于一维数组而言，数组元素也可以是一个一维数组，那么从逻辑上就实现了二维数据。

在 Java 中，二维数组的定义：一维数组的元素又是一个一维数组。建立二维数组通常包括声明二维数组、创建二维数组对象。

1. 声明二维数组

二维数组的声明与一维数据类似，只是声明二维数组时需要给定两对方括号([][])，其语法格式如下：

```
类型标识符 数组名[][];
```

或

```
类型标识符[][] 数组名;
```

2. 创建二维数组对象

(1) 直接指定初始值创建数组对象。在创建数组对象时，将数组元素的初始值依次放置在花括号({})内，各个元素值之间用逗号(,)分隔。

示例 7-5

```
int[][] arrayInit = {{1,2},{3,4},{5,6}};
```

在示例 7-5 中，声明数组名为 arrayInit，也称数组对象的变量名；数组元素的数据类型为 int。arrayInit 有 3 个数组元素，每个元素又是一个包含两个元素的一维数组。

(2) 使用 new 运算符创建数组对象。在 Java 中，二维数组是引用类型，可使用 new

运算符创建数组对象,且按照 Java 提供的默认初始值原则初始化数据元素。其语法格式如下:

```
类型标识符[][] 数组名 = new 类型标识符[数组长度][];
```

或

```
类型标识符[][] 数组名 = new 类型标识符[数组长度][数组长度];
```

其中,数组长度通常是整型常量,表示数组元素的个数,并按照 Java 提供的数据成员默认初始化规则赋初始值。

示例 7-6

```
int[][] arrayNew = new int[3][];
```

或

```
int[][] arrayNew = new int[3][2];
```

注意:在初始化二维数组时,可仅指定数组的行数而不给出列数,每行的长度由二维数据引用时确定。但是,不可以只指定列数不指定行数。

7.1.4 二维数组的使用

在二维数组中,也可使用 length 数据成员存放数组长度。但是,二维数组是一个特殊的一维数组,所以使用“数组名.length”的方法将返回二维数组的行数,如需计算二维数组的列数,则需要使用“数组名[i].length”来完成。

程序示例 7-6 chapter7 /chapter7_6.java

```
package com.cumtb;
public class chapter7_6 {
    public static void main(String[] args) {
        //直接使用指定值初始化
        int[][] arrayInt = { {1, 2}, {3, 4}, {5 ,6}};
        int row = arrayInt.length;
        System.out.println("Row : " + row);
        int column = arrayInt[0].length;
        System.out.println("Column: " + column);
    }
}
```

字符串

7.2 字 符 串

字符串是由双引号(" ")括起来的多个字符的序列。Java 将字符串数据类型封装为字符串类,无论字符串常量还是字符串变量,都使用字符串类对象实现。Java 语言提供

3 个字符串类：String 类、StringBuffer 类和 StringBuilder 类，它们都是 java.lang.Object 的子类。

7.2.1 String 类

String 类的对象表示字符串常量，在程序中一经创建便不可更改。创建 String 类的对象可直接赋值或使用构造方法。

（1）直接赋值。直接使用双引号括起的一组字符，也称匿名字符串对象，赋值给一个字符串引用的变量名。

示例 7-7

```
String temp = "Hello world";
```

示例 7-7 直接使用双引号括起的一组字符创建匿名字符串对象，并将匿名字符串对象的值赋给字符串引用变量名 temp。需要注意的是，temp 字符串一经创建不可更改。

（2）使用构造方法。创建 String 对象可通过构造方法实现。常用的 String 类构造方法如表 7-1 所示。

表 7-1 常用的 String 类构造方法

构造方法	说明
String()	使用空字符串创建新的对象
String(String original)	使用指定的不可变字符串创建新的对象
String(StringBuffer buffer)	使用可变字符串创建新的对象
String(StringBuilder builder)	使用可变字符串创建新的对象
String(byte[] bytes)	使用默认字符集解码指定的 byte 数组创建
String(char[] value)	通过字符数组创建新的对象
String(char[] value, int offset, int count)	通过字符数组的字符数创建新的对象，offset 是子数组的第一个字符索引，count 指定子数组的长度

程序示例 7-7 chapter7 /chapter7_7.pdf

程序示例 7-7

1. 字符串池

使用直接赋值或构造方法创建字符串对象时，它们之间有一定的区别，可以使用“==”运算符比较两个引用变量是否指向相同的对象来判断。

程序示例 7-8 chapter7 /chapter7_8.java

```
package com.cumtb;
public class chapter7_8 {
    public static void main(String[] args) {
        String s1 = "Hello world";
        String s2 = "Hello world";
```

```
        String s3 = new String("Hello world");
        String s4 = new String("Hello world");
        System.out.println("s1 == s2 : " + (s1 == s2));
        System.out.println("s3 == s4 : " + (s3 == s4));
        System.out.println("s1 == s3 : " + (s1 == s3));
        System.out.println("s2 == s4 : " + (s2 == s4));
    }
}
```

在程序示例 7-8 中,只有 s1 和 s2 指向同一个字符串对象,s3 和 s4 指向不同的对象。因为,Java 的不可变字符串常量使用字符串池管理——字符串驻留技术。采用字符串常量直接赋值时,系统会在字符串池中查找字符串常量 Hello world,如果存在,则把引用赋值给 s1,否则创建 Hello word! 字符串对象,并放到字符串池中。因此,s1 和 s2 是相同的引用,指向同一个对象。

但是,字符串驻留技术不适用于构造方法创建的字符串对象,使用 new 运算符分别分配引用变量空间,因此,s3 和 s4 是不同的引用,指向不同的对象。

2. String 类常用方法

创建 String 类对象后,可使用相应的成员方法完成对象的处理。常用的 String 类成员方法如表 7-2 所示。

表 7-2 常用的 String 类成员方法

成员方法	说明
int length()	返回当前字符串对象的长度
char charAt(int index)	返回当前字符串对象 index 位置的字符
int indexOf(int ch)	返回指定字符 ch 在当前字符串第一次出现的索引值
String substring(int begin, int end)	返回当前字符串从 begin 开始到 end−1 的子字符串
boolean equals(object obj)	比较当前字符串对象与指定的对象
int compareTo(String s)	按字典顺序比较两个字符串对象
String concat(String s)	将字符串 s 拼接到当前串的末尾,返回新的对象
String replace(char oldc, char newc)	将字符串中 oldc 字符替换成 newc 字符
String toLowerCase()	将字符串中大写字母转换成小写字母
String toUpperCase()	将字符串中小写字母转换成大写字母
String valueOf(type variable)	返回 type 类型变量 variable 值的字符串形式
String toString()	返回当前字符串

可将表 7-2 中常用的成员方法划分为以下 5 类。

(1) 字符串访问操作。用于返回字符串对象的常用信息,获取字符串的长度、返回字符串中指定字符的索引值,以及指定的大小和位置的子字符串。

程序示例 7-9　chapter7 /chapter7_9.pdf

程序示例 7-9

（2）字符串比较操作。比较两个字符串对象的内容是否相同，以及两个字符串对象的大小。需要注意的是，使用 compareTo()方法时，有两种不同的处理方式：其一，如果两个字符串有相同的长度，则返回第一个不相同字符的 Unicode 码值之差；其二，如果两个字符串的长度不相同，但前序字符相同，则返回字符串的长度值之差。

程序示例 7-10　chapter7 /chapter7_10.pdf

程序示例 7-10

（3）字符串连接和替换操作。字符串连接操作是将一个字符串添加到指定字符串的末尾。替换操作实现使用新字符替换字符串中指定的字符。由于字符串常量都是不可更改的对象，因此都要创建新的字符串对象指向连接或替换操作后的字符串内容。

程序示例 7-11　chapter7 /chapter7_11.pdf

程序示例 7-11

（4）大小写转换操作。使用 toLowerCase()方法实现将字符串中所有的大写字母转换为小写字母，使用 toUpperCase()方法实现将字符串中所有的小写字母转换为大写字母，二者都将创建新的字符串对象指向转换后的字符串内容。

程序示例 7-12　chapter7 /chapter7_12.pdf

程序示例 7-12

（5）返回字符串操作。String 类中的 valueOf()方法可以将其他数据类型的变量转换成字符串的形式，包括基本数据类型和引用类型。toString()方法返回当前字符串，结合 valueOf()方法返回引用类型的字符串。

程序示例 7-13　chapter7 /chapter7_13.pdf

程序示例 7-13

7.2.2　StringBuffer 类和 StringBuilder 类

StringBuffer 类和 StringBuilder 类是字符串缓冲器类，与 String 类不同，在该类中可以实现添加、删除、修改、插入和拼接等操作，但无须创建新的字符串对象，也称可变字符串。在程序中，一旦创建可变字符串对象，便可更改字符串的内容。

注意：StringBuffer 类是创建线程安全的可变字符串对象，该类的方法支持线程同步，在单线程环境下影响效率；而 StringBuilder 类是 StringBuffer 类的单线程版本，该类不是线程安全的，但是执行效率高。StringBuffer 类和 StringBuilder 类具有相同的 API，即构造方法和成员方法的内容一样。

StringBuffer 类提供多种构造方法创建可变字符串对象，常用的 StringBuffer 类构造方法如表 7-3 所示。

表 7-3　常用的 StringBuffer 类构造方法

构造方法	说　明
StringBuffer()	创建空字符串缓冲区，默认长度为 16 个字符
StringBuffer(int length)	创建指定 length 初始长度的空字符串缓冲区
StringBuffer(String str)	创建指定字符串 str 的字符串缓冲区，其长度为 str 的长度再加上 16 个字符

程序示例 7-14

程序示例 7-14　chapter7 /chapter7_14.pdf

创建 StringBuffer 类对象或 StringBuilder 类对象之后,可使用其成员方法进行一系列的操作。常用的 StringBuffer 类成员方法如表 7-4 所示。

表 7-4　常用的 StringBuffer 类成员方法

成员方法	说　明
int length()	返回当前缓冲区中字符串的长度
int capacity()	返回当前缓冲区的容量大小
char charAt(int index)	返回缓冲区中字符串 index 处的字符
void setCharAt(int index,char ch)	将字符串 index 处的字符更改为字符 ch 的值
StringBuffer append(Object obj)	将 obj.toString()返回的字符串添加到缓冲区的末尾
StringBuffer insert(int offset,Object obj)	将 obj.toString()返回的字符串插入当前字符串的 offset 位置
String toString()	将可变字符串转换为不可变字符串

程序示例 7-15

可将表 7-4 中的常用成员方法划分为以下 3 类。

(1) 测算字符串的长度和缓冲区的容量。

程序示例 7-15　chapter7 /chapter7_15.pdf

在程序示例 7-15 中,length()方法返回当前字符串的长度,而 capacity()返回可变字符串的缓冲区的容量大小。即使为可变字符串对象分配了缓冲区,但是如果没有字符串内容,其 length()方法依然返回为 0。

程序示例 7-16

(2) 可变字符串插入操作。在 StringBuffer 类中提供两种方式的插入操作:末尾插入的 append()方法和指定位置插入的 insert()方法。

程序示例 7-16　chapter7 /chapter7_16.pdf

在程序示例 7-16 中,分别使用 append()方法和 insert()方法添加字符串到可变字符串对象中,而无须创建新的对象。

程序示例 7-17

(3) 改变指定字符。使用 setCharAt(int index,char ch)方法将当前字符串中指定位置 index 处的字符更改为新的字符 ch。

程序示例 7-17　chapter7 /chapter7_17.pdf

7.3　课后习题

1. 创建一个数组,通常包括________、________和________三步。
2. 数组创建后是否能修改其大小?
3. 一维数组第一个值的下标是________。
4. 数组越界访问会发生什么类型的错误?如何避免?

5. 给方法传递数组参数与传递基本数据类型变量的值有何不同?

6. 相连的字符串能否分开写?下面的语句是否需要修改?

```
System.out.println("I like
Java")
```

7. 如何将 String 类型变量转换为 int 类型变量?

8. 简要说明"=="和 equals()方法的不同。

9. 简要说明 indexOf()与 lastIndexOf()方法的异同。

10. 简述 String StringBuilder 和 StringBuffer 的区别。

11. 编写程序,创建数组 A1 和 A2,将数组 A2 中索引位置是 2~4 的元素复制到数组 A1 中,输出数组 A1 和 A2 中的所有元素。

12. 编写程序,实现字符串大小写的转换。

应 用 篇

第8章

GUI 设计概述

图形用户界面(GUI)是计算机使用者与计算机系统交互的接口,图形用户界面的功能直接影响使用者的用户体验。因此,设计和构造图形用户界面是软件开发的重要工作。

图形用户界面为应用程序提供一个图形化的界面。其使用图形界面方式,借助菜单、按钮等标准界面元素和鼠标操作,帮助用户方便地向计算机系统发出命令,并将系统运行结果以图形方式显示给用户,使应用程序具有画面生动、操作简便的效果。

 8.1 GUI 技术

GUI 技术

8.1.1 AWT

在 Java 1.0 发布之初,其包含了一个用于基本 GUI 程序设计的类库——抽象窗口工具包(Abstract Window Toolkit,AWT)。基本 AWT 库将处理用户界面元素的任务委托给各个目标平台上的原生 GUI 工具包,由原生 GUI 工具包负责用户界面元素的创建和演示。AWT 支持图形用户界面编程的功能,包括用户界面组件、事件处理模型、图形处理、字体和布局管理器等。AWT 技术是 Applet 技术和 Swing 技术的基础,其来源于 java.awt 包中的类。

AWT 在实际运行过程中调用所在平台的图形系统,因此用一个 AWT 程序在不同操作系统中会呈现不同的显示效果。使用 AWT 构建的 GUI 程序没有原生的操作系统美观,此外,不同平台上的 AWT 用户界面库中存在不同的缺陷,开发人员必须在每个平台上测试应用程序,导致出现"一次编写,到处调试"的尴尬境地。

8.1.2 Applet

Applet 称为 Java 小应用程序,其主要嵌入超文本标记语言(Hypertext Markup Language,HTML)代码中,由浏览器加载运行。由于存在安全隐患和运行效率低等问题,从 JDK 10 版本开始已经将其移出,很少使用。

但是,为了便于本书中 GUI 示例讲解,推荐使用 Java 8 的 JDK 版本,使用

Swing 技术中 JApplet 程序来演示 GUI。程序中通过继承 JApplet 父类,并在子类中覆盖实现 paint()方法即可显示界面元素。

8.1.3 Swing

由于使用 AWT 组件的 GUI 程序在不同的操作系统平台上执行时,每个平台的 GUI 组件显示形式也不相同,而 Swing 技术提供跨平台的界面风格。

Swing 是 Java 主要的图形用户界面技术,Swing 技术构建在 AWT 架构之上,其提供了比 AWT 技术更完整的组件,但还需使用 AWT 的基本机制。Swing 是由 Java 语言编写的,Swing 组件没有本地代码,不依赖操作系统的支持,用户可自定义 Swing 界面风格。Swing 的实现类来源于 javax.swing 包。

8.1.4 JavaFX

JavaFX 是开发丰富互联网应用程序的图形用户界面技术,JavaFX 在 Java 虚拟机上运行,需使用自己的编程语言,称为 JavaFX 脚本语言。该语言专门优化实现动画,期望能够在桌面应用的开发领域与 Adobe 公司的 AIR、微软公司的 Silverlight 相竞争。传统互联网应用程序基于浏览器客户端的 Web 模式,而丰富互联网应用程序试图打造自己的客户端替代浏览器。但是,从 Java 11 版本开始,JavaFX 将不再打包到 Java 中。

结合本书所讲核心是 Java 语言,因此,本书将重点讨论使用 Swing 技术来实现图形用户界面。

8.2 GUI 要素

GUI 要素

Swing 技术作为图形用户界面技术,构成图形用户界面的要素可分为三大类:容器、控制组件和用户自定义内容。

8.2.1 容器

Swing 容器用来组织其他界面元素的组件。一个容器可容纳很多组件,同时容器自身也可作为组件添加到其他的容器中。一个图形用户界面对应一个复杂的容器,在容器中可添加其他组件或容器,以此类推,从而构成一个复杂整体的图形用户界面。在 Swing 包中,包含两种容器类型:重量级组件和轻量级组件。

Swing 包中重量级组件也称顶级容器,包括 JFrame、JDialog、JWindow 和 JApplet。在任何的 Swing 应用程序中都必须至少有一个重量级组件。重量级组件依赖本地平台,与 AWT 有关,例如,JFrame 继承自 AWT 中的 Frame 类,JApplet 继承自 AWT 中的 Applet 类。

Swing 包中轻量级组件是继承自 JComponent 抽象类的组件,完全由 Java 语言编写,可在任何平台上运行。轻量级组件包含诸如 JPanel、JScrollPane、JSplitPane 和 JTabbedPane 的中间容器和与用户交互的控制组件。Swing 组件的继承关系如图 8-1 所示。

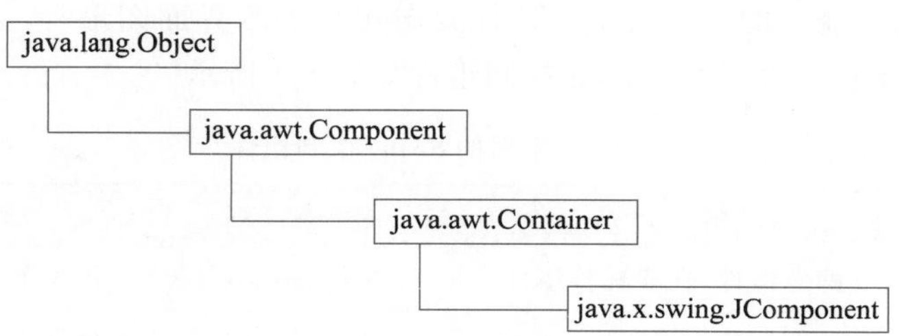

图 8-1　Swing 组件的继承关系

在 Swing 容器中,每个顶级容器都含有根面板(JRootPane),其由一个透明面板和分层面板组成,分层面板由内容面板和可选的菜单条组成。顶级容器根面板组成如图 8-2 所示。

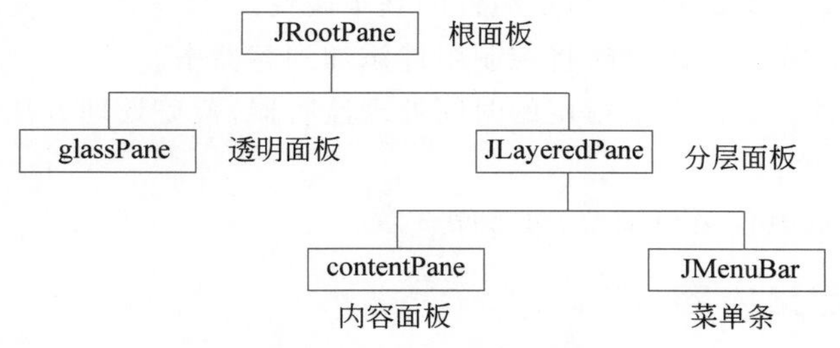

图 8-2　顶级容器根面板组成

(1) 透明面板位于其他所有组件之上,完全透明,主要用于捕获鼠标事件和为组件上绘图提供方便,默认不可见。

(2) 分层面板是一个中间容器,提供在若干层上添加组件的能力。

(3) 内容面板是顶级容器的内容面板,通常内容面板也是一个容器,可将 Swing 组件添加到该面板中。Swing 顶级容器类提供 getContentPane( ) 方法获取内容面板的 container 容器对象,使用成员方法 add()添加组件到顶级容器中,或者使用容器类提供的 setContentPane()方法指定内容面板为顶级容器的内容面板。

```
Container container = JFrame.getContentPane();
        Container.add(Swing 组件对象);
```

或

```
JPanel container = new JPanel();
JFrame.setContentPane(container);
```

(4) 可选的菜单条与分层面板属于同一层。

8.2.2　控制组件

Swing 的控制组件是图形用户界面的最小单位之一。控制组件不同于容器,在其中不可包含任何其他的组件。控制组件主要完成与用户的一次交互操作,包括接收用户的一个命令、接收用户输入的一个文本或选择及向用户展示界面图形等。控制组件是图形用户界面标准化要素。常用的 Swing 控制组件如表 8-1 所示。

表 8-1 常用的 Swing 控制组件

组件名	说明	组件名	说明
JLabel	静态组件,代表标签组件	JComboBox	代表下拉列表框组件
JButton	代表按钮组件	JList	代表列表组件
JCheckBox	代表复选框组件	JTextField	代表文本框组件
JRadioButton	代表单选按钮组件	JTextArea	代表文本域组件

Swing 的控制组件都是由组件类决定的,使用控制组件需要遵循以下规则。

(1) 创建控制组件类的对象,指定组件的基本属性。

(2) 使用指定的布局管理策略将控制组件添加到容器中。

(3) 将控制组件对象注册给指定的时间处理监听器,覆盖处理方法,实现控制组件与用户交互的功能。

对于控制组件的具体运行细节,可参阅 9 章。

8.2.3 用户自定义内容

在图形用户界面中,除了界面组件元素之外,开发人员还需要根据用户的需求,设计界面中字体的样式,组件的颜色主题以及标志图案等,统称为用户自定义内容。

用户自定义内容仅用于装饰美化 GUI,不能响应用户的操作,不具备交互功能。Java 中用户自定义内容的常用辅助类包括 Font 类、Color 类及 Graphics 类,如表 8-2 所示。

表 8-2 常用的辅助类

类名	说明
Font	描述字体的名称、大小、样式的类
Color	描述色彩,增强文字或图形显示效果的类
Graphics	绘制文字、几何图形的功能类

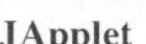

8.3 JApplet

JApplet 类是 Swing 包中的类,是 Applet 的子类,增加了对 Swing 组件架构的支持。JApplet 运行过程及其所引用方法如下。

(1) init()方法。当创建 JApplet 且第一次执行时运行。可利用 init()方法执行一次初始化操作。例如,初始化字体、添加控制组件等操作。

(2) start()方法。运行 init()方法之后自动调用该方法,体现应用程序要完成的功能。可在 start()方法中启动相关线程来执行任务。

(3) paint()方法。Container 类的方法，主要用于界面中显示文字、图形和其他界面元素。

(4) stop()方法。当用户切换界面时，自动调用该方法，让程序终止运行。如果用户返回到界面，则重新启动 JApplet 程序的 start()方法。

(5) destroy()方法。当界面关闭时，自动调用该方法，结束程序，释放占用资源。

JApplet 类包含内容面板容器，小应用程序必须把所有的组件添加到内容面板中，并使用 Java 提供的布局管理器类来管理组件元素的布置。本书为了方便演示 GUI，优先使用 JApplet 作为 GUI 顶级容器，需使用 JDK 8。

8.4　字体和颜色

字体和颜色

8.4.1　Font 类

Font 类用于描述 GUI 中字体名、大小和样式的类型。Font 类提供一个构造方法来创建 Font 类对象，其语法格式如下：

```
Font(String fontName, int style, int size)
```

其中，fontName 表示字体名称，如宋体、黑体、Times New Roman 等；style 表示字体样式，如粗体(BOLD)、斜体(ITALIC)、正常体(PLAIN)；size 表示以像素为单位的字体大小。

创建字体对象后，可使用 Font 类提供的成员方法获取字体信息，如表 8-3 所示。

表 8-3　Font 类成员方法

成员方法	说明
String getFamily()	获得指定平台的字体名
String getName()	获得字体名
int getStyle()	获得字体样式
int getSize()	获得字体大小
String toString()	将此对象转换为字符串表示
static Font decode(String str)	使用传递的名称获得指定字体

此外，还可所以使用 Graphics 类提供的 setFont()方法来设置使用的字体，其语法格式如下：

```
setFont(Font 对象);
```

程序示例 8-1　**chapter8 /chapter8_1.pdf**

程序示例 8-1

8.4.2　Color 类

使用 Color 类描述颜色，增强文字或图形的显示效果。Color 类构造方法如表 8-4

所示。

表 8-4 Color 类构造方法

构造方法	说明
Color(int r,int g,int b)	使用整数 0～255 指定红、绿和蓝 3 种颜色的比例创建 Color 对象
Color(float r,float g,float b)	使用浮点数 0.0～1.0 指定红、绿和蓝 3 种颜色的比例创建 Color 对象
Color(int rgb)	使用指定的组合 RGB 值创建 Color 对象

使用构造方法时,需要指定新建颜色对象中的红、绿、蓝 3 种颜色的比例。Java 提供 256×256×256(约 16 000 000)种颜色进行选择。RGB 中某一部分的值越大,则这种特定颜色的量就越大。用户除了使用构造方法指定 Color 的 RGB 值外,还可使用 Java 提供的常用颜色数据成员常量,如表 8-5 所示。

表 8-5 Color 类常用颜色数据成员常量

数据成员常量	颜色	RGB 值
static Color red	红色	(255,0,0)
static Color green	绿色	(0,255,0)
static Color blue	蓝色	(0,0,255)
static Color black	黑色	(0,0,0)
static Color white	白色	(255,255,255)
static Color yellow	黄色	(255,255,0)
static Color orange	橙色	(255,200,0)
static Color cyan	青蓝色	(0,255,255)
static Color pink	粉色	(255,175,175)
static Color gray	灰色	(128,128,128)

创建颜色对象后,可使用 Color 类提供的成员方法获取颜色信息,如表 8-6 所示。

表 8-6 Color 类成员方法

成员方法	说明	成员方法	说明
int getRed()	获得对象的红色值	int getBlue()	获得对象的蓝色值
int getGreen()	获得对象的绿色值	int getRGB()	获得对象的 RGB 值

此外,还可以使用 Graphics 类提供的方法设定颜色或者获取颜色,其语法格式如下:

```
setPaint(Color c);          //设置前景色
setColor(Color c);          //设置前景色的另一种方法
getPaint();                 //获取前景色对象
```

程序示例 8-2　**chapter8 /chapter8_2.pdf**

程序示例 8-2

注意：Swing 组件与 AWT 组件不同，不能直接添加到顶级容器中，其必须添加到一个与 Swing 顶级容器相关联的内容面板中。JApplet 的 getContentPane()方法返回当前顶级容器的内容面板对象，然后使用 setBackground()方法设置面板背景颜色。

 8.5　文字和图形

文字和图形

8.5.1　绘制文字

在图形用户界面中，文字以图形的方式输出。Java 提供 Graphics 类和 Graphics2D 类的成员方法完成绘制文字的操作。绘制文字期间，可通过创建一个 Font 类对象来指定文字的字形、字体样式和大小。在 Java 中，字符串可以使用 3 种不同的形式表示：字符串对象、字符数组和字节数组，那么在 Graphics 类中提供 3 种成员方法来绘制不同形式的字符串，如表 8-7 所示。

表 8-7　Graphics 类绘制文字的成员方法

成员方法	说　明
drawString(String str, int x, int y)	以坐标(x,y)为起始位置，用当前字体和颜色绘制文字
drawString(char[] ch, int offset, int num, int x, int y)	以坐标(x,y)为起始位置，从字符数组下标 offset 位置开始，用当前字体和颜色绘制 num 个字符
drawString(byte[] by, int offset, int num, int x, int y)	以坐标(x,y)为起始位置，从字节数组下标 offset 位置开始，用当前字体和颜色绘制 num 个字符

Java 在 Graphics2D 类中提供绘制文字的成员方法如表 8-8 所示。

表 8-8　Graphics2D 类绘制文字的成员方法

成员方法	说　明
drawString(String str, int x, int y)	以坐标(x,y)为起始位置，用当前字体和颜色绘制 str 代表的字符串
drawString(String str, float x, float y)	以坐标(x,y)为起始位置，用当前字体和颜色绘制 str 代表的字符串

绘制文字时，需要指定坐标(x,y)的位置。在图形用户界面中，Java 具有自动转换用户坐标系和设备坐标系的功能。在默认情况下，用户坐标系的原点在绘图表面的左上角，即左上角坐标为(0,0)，x 坐标从左至右递增，y 坐标从上至下递增。当文字和图形在屏幕上输出时，坐标以像素为单位度量。图形用户界面坐标系如图 8-3 所示。

程序示例 8-3　**chapter8 /chapter8_3.pdf**

程序示例 8-3

在 Java 中，也可以使用 Graphics2D 类提供的成员方法绘制文字，但是需要在 paint()方法体中对 Graphics 类进行强制类型转换操作。

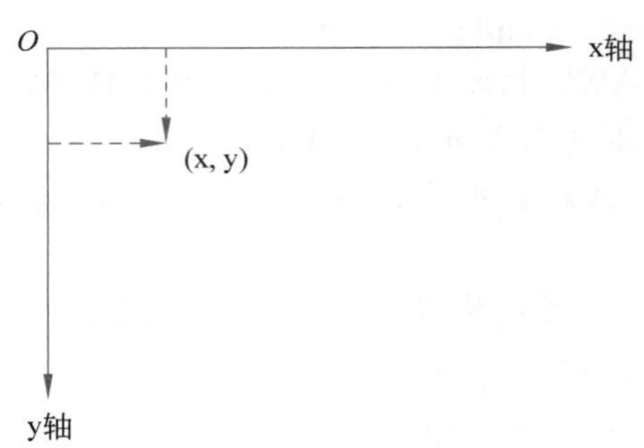

图 8-3　图形用户界面坐标系

程序示例 8-4　chapter8 /chapter8_4.pdf

程序示例 8-4

8.5.2　绘制图形

Java 提供很多形状类,如直线、曲线、矩形、椭圆等。在 java.awt 包中提供 Graphics 和 Graphics2D 类的成员方法完成绘制图形操作。此外,在 java.awt 包中还定义了辅助实现图形绘制功能的类,如线条宽度、颜色等。

在 java.awt.Geom 包中定义了实现几何图形的类,可以创建几何图形对象,然后通过 Graphics2D 类的对象显示几何图形。Java 图形用户界面提供两种绘制几何图形的方法:其一,使用 draw()方法绘制几何图形的轮廓;其二,使用 fill()方法绘制内部填充的几何图形。

1. 绘制线段和矩形

线段与矩形是常用的几何图形,Java 提供绘制直线、二次曲线、三次曲线、平面矩形、圆角矩形等图形的构造方法,如表 8-9 所示。

表 8-9　绘制线段与矩形的构造方法

构 造 方 法	说　　明
BasicStroke(float width)	画笔样式对象
Point2D.Float(float x, float y) Point2D.Double(double x, double y)	创建点对象,(x, y)是点坐标
Line2D.Float(float x1, float y1, float x2, float y2) Line2D.Double(double x1, double y1, double x2, double y2) Line2D.Float(Point2D p1 Point2D p2) Line2D.Double(Point2D p1 Point2D p2)	创建直线对象
QuadCurve2D.Float(float x1, float y1, float ctrlx, float ctrly, float x2, float y2) QuadCurve2D.Double (double x1, double y1, double ctrlx, double ctrly, double x2, double y2)	创建二次曲线对象

续表

构 造 方 法	说　　明
CubicCurve2D.Float(float x1，float y1，float ctrlx1，float ctrly1，float ctrlx2，float ctrly2，float x2，float y2) QuadCurve2D.Double (double x1，double y1，double ctrlx1，double ctrly1，double ctrlx2，double ctrly2，double x2，double y2)	创建三次曲线对象
Rectangle2D.Float(float x，float y，float width，float height) Rectangle2D.Double(double x，double y，double width，double height)	创建平面矩形对象
RoundRectangle2D.Float(float x，float y，float width，float height，float arcw，float arch) RoundRectangle2D. Double (double x，double y，double width，double height，double arcw，double arch)	创建圆角矩形对象

下面通过程序示例演示绘制线段方法。

程序示例 8-5　**chapter8 /chapter8_5.pdf**

程序示例 8-5

下面通过程序示例演示绘制矩形方法。

程序示例 8-6　**chapter8 /chapter8_6.pdf**

程序示例 8-6

2. 绘制椭圆与弧

在 Java 中，使用椭圆类的构造方法创建一个椭圆对象，椭圆类的构造方法如下：

```
Ellipse2D.Float(float x, float y, float w, float h)
Ellipse2D.Double(double x, double y, double w, double h)
```

其中，(x，y)表示椭圆外切矩形的左上角顶点坐标，w 为椭圆的宽度，h 为椭圆的高度。当椭圆的宽度 w 和高度 h 相同时，就可实现圆的绘制。

程序示例 8-7　**chapter8 /chapter8_7.pdf**

在 Java 中，绘制弧可看作绘制部分椭圆。弧的构造方法如下：

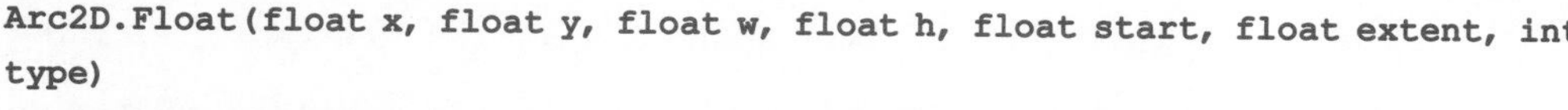

```
Arc2D.Float(float x, float y, float w, float h, float start, float extent, int type)
Arc2D.Doube(double x, double y, double w, double h, double start, double extent, int type)
```

程序示例 8-7

其中，参数列表中前 4 个参数与椭圆构造方法中的参数含义一致；另外 3 个参数中，start 为弧的起始角度，extent 为弧角度，type 为弧的连接类型。弧角度用度数衡量，表示一段弧在两个角度之间绘制。若 extent 为正，则表示逆时针画弧；若 extent 为负，则表示顺时针画弧。弧的连接类型有 OPEN(弧的两端无连接)、CHORD(弧的两端用直线连接)、PIE(弧的两端连接成扇形)3 类。

程序示例 8-8　**chapter8 /chapter8_8.pdf**

程序示例 8-8

8.6 课后习题

1. 什么是GUI? 其作用是什么?

2. Java 中构成图形用户界面的各种元素和成分可以粗略地分为几类?

3. JFC 是 Java 基础类库的简称,是 Java 提供的用于创建图形用户界面的类库,主要包括哪些内容?

4. 用 Applet 绘图,哪些方法必须被覆盖?

5. Swing 提供了 3 种显示风格,分别是什么?

6. Swing 的事件处理机制包括哪些?

7. AWT 和 Swing 之间的区别是什么? 简述 Swing 的优缺点。

8. 容器里的组件的位置和大小是由什么决定的?

9. 在组件中显示时,所使用的字体可以用什么方法来设置?

10. Swing 组件必须添加到 Swing 顶层容器相关的(   )。

A. 分隔板上　　B. 内容板上　　C. 选项板上　　D. 复选框内

11. 编写程序,使用不同的颜色绘制五环图形,并在五环图形下显示绘制的时间。

12. 编写程序,绘制五星红旗。

第9章

常用组件 GUI 设计

图形用户界面(GUI)设计不仅需要第 8 章介绍的文字、图形,还需要使用窗体、按钮、文本框等图形用户界面的控制组件,以响应用户的动作,实现交互功能。

在 Java 中,容器组织放置组件不是通过用户坐标控制,而是由布局管理器根据组件添加顺序来确定其在界面中的位置。当界面组件元素较多时,使用布局管理可以将组件放置在界面的合适位置上,既能方便用户操作,又能保证界面的美观。

9.1 布局管理

布局管理

在 Java 图形用户界面中,界面元素由 AWT 类和 Swing 类实现,而在界面元素编排上采取容器和布局管理分离的设计思路。容器只负责添加界面元素,无须关心组件的位置布局,而使用布局管理器类专门管理界面元素的布局。

为了实现图形用户界面的跨平台,并实现动态布局效果,Java 将容器内的所有组件布局交由布局管理器类管理。布局管理器负责组件的排列顺序、大小、位置以及窗口移动或调整大小后组件的变化等。

在 Java 中,AWT 提供 5 种布局管理器类,分别是 BorderLayout、FlowLayout、CardLayout、GridLayout 和 GridBagLayout。Swing 提供 4 种布局管理器类,分别是 BoxLayout、ScrollPaneLayout、ViewportLayout 和 OverlayLayout。

本章将重点介绍 5 种常用的布局管理策略以及其对应的布局管理器类:AWT 中的 BorderLayout、FlowLayout、CardLayout、GridLayout 和 Swing 中的 BoxLayout。

9.1.1 BorderLayout

BorderLayout 布局管理思想是把容器内界面划分为东、西、南、北、中 5 个区域,每个区域至多包含一个组件,并使用字符串常量 EAST、WEST、SOUTH、NORTH、CENTER 标识。BorderLayout 布局根据组件大小和容器大小的约束条件完成组件布置。

使用 BorderLayout 布局管理添加组件时,必须指明组件所占容器的区域,BorderLayout 布局管理策略如图 9-1 所示,其组件的布局规则如下。

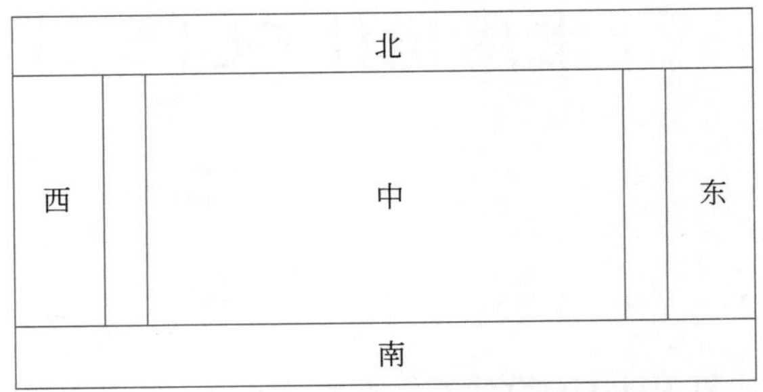

图 9-1 BorderLayout 布局管理策略

(1) 分布在北部和南部的组件,横向扩展至整个容器的长度。

(2) 分布在东部和西部的组件,伸展至容器剩余部分的全部宽度。

(3) 分布在中部的组件,占据容器剩余空间区域。

(4) BorderLayout 仅仅指定了 5 个区域位置,如果容器中需要添加的组件数量超过 5 个,就需要使用容器的嵌套或者其他布局管理策略。

另外,在 5 个区域中不一定都放置组件,如果容器内某个区域没有分配组件,那么其他组件可以占据未分配组件的区域,但是区域分配需要遵循以下规则。

(1) 如果容器北部或南部没有分配组件,则东部、西部和中部组件将纵向扩展到容器的上边界或下边界。

(2) 如果容器西部或东部没有分配组件,则中部组件将横向扩展到容器的左边界或右边界。

BorderLayout 是 JApplet 的默认布局管理策略。BorderLayout 构造方法如表 9-1 所示。

表 9-1 BorderLayout 构造方法

构造方法	说明
BorderLayout()	创建一个各组件之间水平、垂直间隔均为 0 的对象
BorderLayout(int hgap,int vgap)	创建一个各组件之间水平间隔为 hgap、垂直间隔为 vgap 的对象

程序示例 9-1

程序示例 9-1 chapter9 /chapter9_1.pdf

在程序示例 9-1 中,getContentPane()方法返回当前 JApplet 的内容面板对象,并且默认布局是 BorderLayout。add()方法表示按照容器布局管理策略添加组件,由容器 Container 类提供。例如,“cp.add(new JButton("North"), BorderLayout.NORTH);”将一个标识为 North 的按钮添加到容器的北部区域。

9.1.2 FlowLayout

FlowLayout 布局管理思想是从上到下、从左到右按照组件添加的先后顺序布局。第一个组件先添加到容器中第一行的最左边,后续的组件依次添加到上一个组件的右边,如果容器宽度不足以容纳多个组件时，则新起一行依次布局组件，每行中的组件都是居中排列。FlowLayout 有 3 个构造方法，如表 9-2 所示。

表 9-2　FlowLayout 构造方法

构 造 方 法	说　　明
FlowLayout()	创建一个水平和垂直间隔 5 个单位、居中对齐的对象
FlowLayout(int align)	创建一个水平和垂直间隔 5 个单位、指定 align 对齐方式的对象
FlowLayout(int align,int hgap,int vgap)	创建一个指定水平和垂直间隔，以及指定对齐方式的对象

FlowLayout 构造方法中的 align 参数通常使用 FlowLayout 类的静态数据成员常量描述，主要分为 5 种对齐方式。

(1) FlowLayout.CENTER：指定每行组件为居中对齐。

(2) FlowLayout.LEADING：指定每行组件与容器方向的开始边对齐。

(3) FlowLayout.LEFT：指定每行组件为左对齐。

(4) FlowLayout.RIGHT：指定每行组件为右对齐。

(5) FlowLayout.TRAILING：指定每行组件与容器方向的结束边对齐。

此外，如果需要更改原有容器的布局管理策略为 FlowLayout 布局，那么需要使用容器类 Container 提供的 setLayout()方法来设置，用于修改容器的布局管理器。例如，JApplet 默认布局为 BorderLayout，可通过 setLayout()方法修改 JApplet 的布局管理器。

程序示例 9-2　chapter9 /chapter9_2.pdf

程序示例 9-2

在程序示例 9-2 中，使用“setLayout(flow);”更改 JApplet 的布局管理策略为 FlowLayout。5 个按钮组件按照添加的顺序从上到下、从左到右依次布局，默认为居中对齐。如果容器宽度不足以容纳 5 个组件时，则另起一行居中布局组件，也可以通过指定构造方法中的 align 参数，修改 FlowLayout 的对齐方式。示例代码如下：

```
//修改对齐方式
FlowLayout flow = new FlowLayout(FlowLayout.LEFT);
```

9.1.3　CardLayout

CardLayout 布局管理思想是将每个组件看作一张卡片并按照添加顺序堆叠起来，在屏幕上每次显示最上面的一个组件，且该组件占据容器的整个显示区域。当容器第一次显示时，第一个添加到 CardLayout 布局对象的组件为可见组件。CardLayout 有两个构造方法，如表 9-3 所示。

表 9-3　CardLayout 构造方法

构 造 方 法	说　　明
CardLayout()	创建一个水平和垂直间隔 0 个单位的对象
CardLayout (int hgap, int vgap)	创建一个指定水平和垂直间隔的对象

在 CardLayout 类中可通过表 9-4 中常用的成员方法选择显示其中的卡片组件。

表 9-4 常用的 CardLayout 成员方法

成员方法	说明
first(Container cp)	显示 Container 中的第一个对象
last(Container cp)	显示 Container 中的最后一个对象
next(Container cp)	显示下一个对象
previous(Container cp)	显示上一个对象

程序示例 9-3

程序示例 9-3 chapter9 /chapter9_3.pdf

9.1.4 GridLayout

如果界面组件元素比较多,且组件大小基本一致时,使用 GridLayout 布局管理策略是最佳的选择。GridLayout 布局管理思想是以若干行、若干列的网格形式对组件进行布置,容器被分成大小相等的矩形,一个矩形中布置一个组件。每个组件按照添加的先后顺序从左到右、从上到下依次占据矩形空间。GridLayout 有 3 个构造方法,如表 9-5 所示。

表 9-5 GridLayout 构造方法

构造方法	说明
GridLayout ()	创建一个 1 行 1 列的对象
GridLayout (int rows, int cols)	创建一个具有 rows 行 cols 列的对象
GridLayout (int rows, int cols, int hgap, int vgap)	创建一个具有 rows 行 cols 列、水平间隔 hgap 和垂直间隔 vgap 的对象

程序示例 9-4

程序示例 9-4 chapter9 /chapter9_4.pdf

9.1.5 BoxLayout

BoxLayout 布局管理器类是 Swing 中常用的布局管理器,在 BoxLayout 中只有两种排列方式:水平方式和垂直方式,通常使用 BoxLayout 类中静态数据成员 X_AXIS 和 Y_AXIS 来指明。

使用 BoxLayout 布局管理器时,需要注意以下 3 方面。

(1) 当容器使用 BoxLayout 布局后,不管窗口放大或者缩小,容器中组件的位置不会发生变动。

(2) 使用 BoxLayout 的水平排列布局出现组件高度不一致时,系统将会使所有组件与最高组件等高。

(3) 如果布置在同一行的组件超出容器的最大宽度时,系统不会自动换行,需要用户自行处理。

BoxLayout 布局管理器类的构造方法语法格式如下:

```
BoxLayout(Container target, int axis)
```

其中，target 是容器对象；axis 指明容器中组件的排列方式，可分别使用 BoxLayout.X_AXIS 或者 BoxLayout.Y_AXIS 表示水平排列或者垂直排列。

在 Swing 中，BoxLayout 布局通常与 Box 容器结合使用，可提供复杂的界面布局。每个 Box 容器的默认布局是 BoxLayout。因此，Box 容器也只有水平或者垂直两种排列方式，其构造方法语法格式如下：

```
Box(int axis)
```

其中，参数 aixs 表明 Box 容器中组件的排列方式，既可以使用 BoxLayout.X_AXIS 或者 BoxLayout.Y_AXIS 指定水平排列或者垂直排列，也可以使用 Box 类提供的成员方法 createHorizontalBox()或者 createVerticalBox()来指定。

为了方便布局管理，Box 类提供 4 种透明组件 Glue、Strut、Rigid 和 Filler，可以将其添加到其他组件中间，达到组件分开的效果。透明组件的作用如下。

(1) Glue：将 Glue 两边的组件挤到容器的两端。

(2) Strut：将 Strut 两端的组件按水平或垂直方向指定的大小分开。

(3) Rigid：可设置二维限制，将组件按水平或垂直方向指定的大小分开。

(4) Filler：不仅可设置二维限制，将组件按水平或垂直方向指定的大小分开，还可以设置最大、较佳、最小的长宽大小。

程序示例 9-5

程序示例 9-5　chapter9 /chapter9_5.pdf

 9.2　事件处理模型

事件处理模型

图形用户界面的组件要响应用户的操作，就必须实现事件处理机制，实现组件与用户的实时交互。

事件(event)代表对象可执行的操作及其状态变化。例如，在图形用户界面中，用户单击按钮可弹出输入框来实现输入操作。Swing 采用 AWT 的事件处理模型进行事件处理，也称委托事件模型。在事件处理过程中，委托事件模型包含 3 个要素。

(1) 事件。用户对图形用户界面的操作，在 Java 中事件被封装成为事件类(Event)及其子类。例如，用户单击按钮，事件类是 java.awt.event.ActionEvent。

(2) 事件源。事件发生的位置，即各个控制组件。例如，用户单击按钮事件，其事件源是按钮组件。

(3) 事件处理方法。事件处理程序，在 Java 中事件处理方法是实现特定接口的事件对象，也称事件监听器。

在委托事件模型中，事件监听器不断地监听事件源的动作，当事件源产生一个事件时，监听器接收到事件源的消息后，调用特定的事件处理方法执行指定的操作。因此，事件处理方法在委托事件模型中最为重要，其根据事件的不同会实现不同的监听器接口。事件处理方法可以任何方式实现监听器接口，即外部类、内部类、匿名内部类和 Lambda 表达式，如果监听器接口中只有一个抽象方法时，则使用 Lambda 表达式实现是最优的选择。

Java 中事件类主要有两种类型：低级事件类和高级事件类。其中,低级事件类是基于组件和容器的事件,常见的低级事件类是 ComponentEvent 和 ContainerEvent;高级事件类是基于语义的事件,可以不和特定的动作相关联,而是依赖触发此事件的类,常见的高级事件类是 ActionEvent、AdjustmentEvent、ItemEvent 和 TextEvent 等。

Swing 组件建立在 AWT 架构之上,具有改进功能的 Swing 组件库,使得 Swing 组件事件处理更为简单。不同的事件需要不同的事件监听器对应的事件处理方法来执行操作,表 9-6 为 Swing 中事件类型和事件监听器接口。

表 9-6　Swing 中事件类型和事件监听器接口

事件类型	事件监听器接口	事件处理方法
ActionEvent	ActionListener	actionPerformed(ActionEvent e)
ItemEvent	ItemListener	itemStateChanged(ItemEvent e)
AdjustmentEvent	AdjustmentListener	adjustmentValue(AdjustmentEvent e)
TextEvent	TextListener	textValueChanged(TextEvent e)
ComponentEvent	ComponentListener	componentHidden(ComponentEvent e) componentMoved(ComponentEvent e) componentResized(ComponentEvent e) componentShown(ComponentEvent e)
ContainerEvent	ContainerListener	componentAdded(ContainerEvent e) componentRemoved(ContainerEvent e)
FocusEvent	FocusListener	focusGained(FocusEvent e) focusLost(FocusEvent e)
KeyEvent	KeyListener	keyPressed(KeyEvent e) keyReleased(KeyEvent e) keyTyped(KeyEvent e)
MouseEvent	MouseListener	mouseClicked(MouseEvent e) mouseEntered(MouseEvent e) mouseExited(MouseEvent e) mousePressed(MouseEvent e) mouseReleased(MouseEvent e)
MouseMotionEvent	MouseMotionListener	mouseDragged(MouseEvent e) mouseMoved(MouseEvent e)
WindowEvent	WindowListener	windowActivated(WindowEvent e) windowClosed(WindowEvent e) windowClosing(WindowEvent e) windowDeactivated(WindowEvent e) windowDeiconified(WindowEvent e) windowIconified(WindowEvent e) windowOpened(WindowEvent e)

使用委托事件模型的步骤如下。

(1) 创建事件源对象,设置事件源组件属性。

(2) 为事件源选择合适的事件类型所对应的事件监听器,并实现特定的事件处理方法,如表 9-6 所示。

(3) 注册事件源与事件监听器对象,完成事件处理。

9.2.1　使用内部类处理事件

内部类和匿名内部类能够方便访问图形用户界面中的组件对象,是最常见的事件监听器实现方式。下面分别介绍使用内部类和匿名内部类实现的事件处理模型。

程序示例 9-6　chapter9 /chapter9_6.pdf

程序示例 9-6

在程序示例 9-6 中,使用匿名内部类实现事件处理模型,也可采用内部类来实现事件处理。在类中定义一个新的内部类 ActionEventHandle 实现监听器 ActionListener,那么注册监听器的参数必须是 ActionEventHandle 对象,即使用 new ActionEventHandle()。由内部类实现事件处理的效果与匿名内部类一致。

9.2.2　使用 Lambda 表达式处理事件

如果在一个事件监听器接口中只有一个抽象方法,则可使用 Lambda 表达式实现事件处理。这些接口见表 9-6 中只有一个事件处理方法的事件类型。

使用 Lambda 表达式修改程序示例 9-6。

```
package com.cumtb;
import java.awt.BorderLayout;
import java.awt.Container;
import javax.swing.JApplet;
import javax.swing.JButton;
import javax.swing.JLabel;
public class chapter9_6_2 extends JApplet {
    JLabel lb;
    @Override
    public void init() {
        super.init();
        Container cp = getContentPane();
        lb = new JLabel("label");
        cp.add(lb, BorderLayout.NORTH);
        JButton btn = new JButton("切换文字");
        cp.add(btn, BorderLayout.SOUTH);
        //采用 Lambda 表达式的方式
        btn.addActionListener((event) -> {
            lb.setText("Hello world");
        });
    }
}
```

使用 Lambda 表达式实现事件处理比其他方式简洁、方便，但是该方法只能用于只有一个抽象方法的监听器接口类型。

9.2.3 使用外部类处理事件

使用外部类处理事件是指当前窗口类自身作为事件处理者，即在定义窗口类时实现 ActionListener 接口。

使用外部类修改程序示例 9-6。

```
package com.cumtb;
import java.awt.BorderLayout;
import java.awt.Container;
import java.awt.event.ActionEvent;
import java.awt.event.ActionListener;
import javax.swing.JApplet;
import javax.swing.JButton;
import javax.swing.JLabel;
public class chapter9_6_3 extends JApplet implements ActionListener {
    JLabel lb;
    @Override
    public void init() {
        super.init();
        Container cp = getContentPane();
        lb = new JLabel("label");
        cp.add(lb, BorderLayout.NORTH);
        JButton btn = new JButton("切换文字");
        cp.add(btn, BorderLayout.SOUTH);
        btn.addActionListener(this);
    }
    @Override
    public void actionPerformed(ActionEvent e) {
        lb.setText("Hello world");
    }
}
```

在上述示例代码中，chapter9_6_3 类声明的窗口实现了监听器接口 ActionListener，那么注册监听器参数就是 this。

9.3 常用控制组件

在 8.2.2 节中已经介绍，控制组件主要完成与用户的一次交互操作，包括接收用户的一个命令、接收用户输入的一个文本或选择及向用户展示界面图形等。控制组件是图形用户界面标准化要素。下面分别对表 8-1 所示的控制组件进行详细讲解。

9.3.1　JLabel

JLabel

JLabel 组件称为标签组件，是一个静态组件，只能显示静态文本，没有事件响应，也不可接收用户输入。

在图形用户界面中，每个标签组件都是 JLabel 类的对象，创建 JLabel 对象的常用构造方法如表 9-7 所示。

表 9-7　常用的 JLabel 构造方法

构 造 方 法	说　明
JLabel()	创建一个空标签
JLabel(Icon icon)	创建一个具有图标 icon 的标签
JLabel(String text)	创建一个含有文字的标签
JLabel(Icon icon,int halign)	创建一个含有图标 icon 的标签，并指定水平对齐方式
JLabel(String text,int halign)	创建一个含有文字的标签，并指定水平对齐方式
JLabel(String text,Icon icon,int halign)	创建一个含有文字和图标 icon 的标签，并指定水平对齐方式

在构造方法中水平对齐参数 halign 由 SwingConstants 中定义的常量指明：LEFT、CENTER、RIGHT、LEADING 和 TRAILING。

创建 JLabel 对象后，可以使用 JLabel 类的成员方法重新设置标签，或者获取标签属性信息。常用的 JLabel 成员方法如表 9-8 所示。

表 9-8　常用的 JLabel 成员方法

成 员 方 法	说　明
Icon getIcon()	获取此标签的图标
void setIcon(Icon icon)	设置标签的图标
String getText()	获取此标签的文本
void setText()	设置标签的文本
void setHorizontalAlignment(int align)	设置标签内容的水平对齐方式
void setVerticalAlignment(int align)	设置标签内容的垂直对齐方式
void setHorizontalTextPosition(int tp)	设置标签的文本相对图像的水平位置
void setVerticalTextPosition(int tp)	设置标签的文本相对图像的垂直位置

9.3.2　JButton 与 JToggleButton

JButton 与 JToggleButton

JButton 组件与 JToggleButton 组件通常称为按钮，是一个具有按下、抬起两种状态的组件。用户可以指定单击按钮时需要执行的操作。此外，Swing 的按钮组件还可以实现以下效果。

(1) 改变按钮图标,根据 Swing 按钮所处的状态自动变换不同的图标。

(2) 给按钮增加提示信息。当鼠标悬停在按钮上方时,可在按钮旁边出现文字提示框;当鼠标移出按钮时,提示框自动消失。

(3) 在按钮上设置快捷键,方便键盘操作。

(4) 设置默认按钮功能,无须使用鼠标选中,只需要通过按 Enter 键运行按钮的功能。

JButton 构造方法如表 9-9 所示。

表 9-9 JButton 构造方法

构造方法	说明
JButton()	创建一个无本文的按钮
JButton(Icon icon)	创建一个具有图标的按钮
JButton(String text)	创建一个有文本的按钮
JButton(String text,Icon icon)	创建一个有文本和图标的按钮

然而,JToggleButton 按钮与 JButton 按钮在使用体验上具有差别:当单击 JButton 按钮并释放鼠标后,按钮将自动弹起;但是,当第一次单击 JToggleButton 按钮并释放鼠标后,按钮不会自动弹起,用户必须再次单击此按钮才会弹起。JToggleButton 构造方法如表 9-10 所示。

表 9-10 JToggleButton 构造方法

构造方法	说明
JToggleButton ()	创建一个无本文的按钮
JToggleButton (Icon icon)	创建一个具有图标的按钮
JToggleButton (String text)	创建一个有文本的按钮
JToggleButton (String text,Icon icon)	创建一个有文本和图标的按钮
JToggleButton (Icon icon,boolean selected)	创建一个有图标的按钮,初始状态为 false
JToggleButton (String text,boolean selected)	创建一个有文本的按钮,初始状态为 false
JToggleButton (String text, Icon icon, boolean selected)	创建一个有文本和图标的按钮,初始状态为 false

无论 JButton 和 JToggleButton 组件,用户单击按钮时将激发一个动作事件(ActionEvent),利用 9.2 节的委托事件模型处理时,需要了解 ActionEvent 事件及其响应原理。

ActionEvent 事件是发生了组件定义动作的语义事件,简称动作事件。能够触发动作事件的动作包括但不限于:单击按钮、双击列表选项、在文本框输入文本后按 Etner 键等。处理动作事件之前,首先需要获取事件源,可使用 Event 类及其父类定义的成员方法,如表 9-11 所示。

表 9-11　获取动作事件的事件源对象的方法

方　法　名	说　　明
getSource()	EventObject 类方法，获取发生事件的事件源对象
getActionCommand()	ActionEvent 类的方法，获取事件源对象的标签或为对象设置的命令名

以 JButton 组件为例，使用委托事件模型处理动作事件的响应，其可参照 9.2 节的实现步骤。

（1）创建 JButton 对象，并使用 addActionListener()方法为按钮事件源注册动作事件监听器（ActionListener），接收按钮触发的动作事件（ActionEvent）。

（2）实现动作监听器中的 actionPerformed()方法，执行响应操作。

那么，当用户单击按钮时，触发按钮的动作事件（ActionEvent），继而传递给动作事件监听器（ActionListener）对象，该对象引用响应方法 actionPerformed()执行操作，完成动作事件的响应。可采用 9.2 节中任何一种方式实现事件处理程序，这里使用常用的匿名内部类来实现动作事件的响应。

程序示例 9-7　chapter9 /chapter9_7.pdf

程序示例 9-7

在程序示例 9-7 中，在 ActionListener 接口中只有一个抽象方法 actionPerformed(ActionEvent e)，ActionEvent 类对象 e 代表产生的动作事件，在方法中使用 e.getSource()方法获取引发事件的事件源对象（按钮），判断用户是否单击指定按钮，进而判断标签文本的内容是否为中文或者英文，若满足条件，则进行语言转换。在该程序示例中，使用匿名内部类方法实现按钮动作事件，是 GUI 中常用的实现事件处理的方式。

9.3.3　JCheckBox 与 JRadioButton

JCheckBox 与 JRadioButton

Swing 中提供了多选框和单选框组件。

（1）多选框也称复选框，由 JCheckBox 组件实现。JCheckBox 组件仅提供选中和未选中两种状态，用户单击复选框会改变复选框原有的状态。在 Java 中，复选框图形显示为方形图标。

（2）单选框也称单选按钮，由 JRadioButton 组件实现。JRadioButton 组件中的同一组中多个单选按钮具有互斥特性，即当选中一个单选按钮时，其他单选按钮自动抬起。

一般情况下，同一组单选按钮放置在 ButtonGroup 组件对象中，ButtonGroup 组件继承自 javax.swing.ButtonGroup 类，其不属于容器，但可创建互斥作用范围。在 Java 中，单选按钮图形显示为圆形图标。JCheckBox 构造方法如表 9-12 所示。

表 9-12　JCheckBox 构造方法

构 造 方 法	说　　明
JCheckBox()	创建一个无文本的复选框对象，其初始状态为 false
JCheckBox(String text)	创建一个有文本的复选框对象，其初始状态为 false
JCheckBox(String text,boolean selected)	创建一个有文本的复选框对象，其初始状态为 false

续表

构造方法	说明
JCheckBox(Icon icon)	创建一个有图标的复选框对象,其初始状态为 false
JCheckBox(Icon icon,Boolean selected)	创建一个有图标的复选框对象,其初始状态为 false
JCheckBox(String text,Icon icon)	创建一个有文本和图标的复选框对象,其初始状态为 false
JCheckBox (String text, Icon icon, Boolean selected)	创建一个有文本和图标的复选框对象,其初始状态为 false
JCheckBox(Action a)	创建一个复选框,其属性从所提供的 Action 中获取

JCheckBox 和 JRadioButton 具有相同的父类 JToggleButton。因此,它们有相同父类方法和类似的构造方法。JRadioButton 构造方法如表 9-13 所示。

表 9-13 JRnadioButto 构造方法

构造方法	说明
JRadioButton()	创建一个无文本的单选按钮对象,其初始状态为 false
JRadioButton(String text)	创建一个有文本的单选按钮对象,其初始状态为 false
JRadioButton(String text,boolean selected)	创建一个有文本的单选按钮对象,其初始状态为 false
JRadioButton(Icon icon)	创建一个有图标的单选按钮对象,其初始状态为 false
JRadioButton (Icon icon,Boolean selected)	创建一个有图标的单选按钮对象,其初始状态为 false
JRadioButton (String text,Icon icon)	创建一个有文本和图标的单选按钮对象,其初始状态为 false
JRadioButton (String text,Icon icon,Boolean selected)	创建一个有文本和图标的单选按钮对象,其初始状态为 false
JRadioButton (Action a)	创建一个单选按钮,其属性从所提供的 Action 中获取

无论是 JCheckBox 组件还是 JRadioButton 组件,用户单击组件都将触发一个选项事件(ItemEvent)。ItemEvent 事件是指事件源的选项被选中或取消选中的语义事件,该事件由 ItemSelectable 对象在用户选中选项或者取消选中选项时生成。触发 ItemEvent 事件主要包括以下使用场景。

(1) 改变复选框对象中选项的选中或者未选中状态。

(2) 改变单选按钮对象中选项的选中或者未选中状态。

(3) 改变下拉列表框对象中选项的选中或者未选中的状态。

(4) 改变菜单项对象中选项的选中或者未选中的状态。

通过上述使用场景可以发现,凡是涉及选项的选中或者未选中的操作,都将触发选项事件。因此,如何确定不同的事件源对象至关重要。获取 ItemEvent 事件的事件源对象主要有 4 个方法,如表 9-14 所示。

表 9-14　获取 ItemEvent 事件的事件源对象的方法

方　法　名	说　　明
getSource()	EventObject 类的方法，获取发生事件的事件源对象
ItemSelectable getItemSelectable()	ItemEvent 类的方法，获取产生 ItemSelectable 对象
Object getItem()	ItemEvent 类的方法，获取受事件影响的选项
int getStateChange()	ItemEvent 类的方法，获取状态更改的类型，通常使用 ItemEvent 类静态常量 SELECTED 和 DESELECTED 表示

以 JCheckBox 组件为例，使用委托事件模型处理选项事件的响应，其可参照 9.2 节的实现步骤。

（1）创建 JCheckBox 对象，并使用 addItemListener()方法为复选框事件源注册选项事件监听器(ItemListener)，接收选项选中或者未选中时触发的选项事件。

（2）实现选项事件监听器中的 itemStateChanged()方法，执行响应操作。

那么，当用户选中或者取消选中复选框内容时，将会触发复选框组件的选项事件，继而传递给选项事件监听器对象，该对象引用响应方法 itemStateChanged()执行操作，完成事件的响应。

程序示例 9-8　**chapter9 /chapter9_8.pdf**

程序示例 9-8

在程序示例 9-8 中，使用外部类实现两个事件监听器接口：ActionListener 接口和 ItemListener 接口。

对于 JCheckBox 组件而言，选中或者未选中选项将会触发 ItemEvent 事件，由选项事件监听器中 itemStateChanged(ItemEvent e)方法处理事件，ItemEvent 类对象 e 代表产生的选项事件。在方法中使用 e.getItem()方法获取引发事件的选项。由于 getItem()方法返回类型为 Object，所以需要使用强制类型转换为 JCheckBox 类型。

首先使用 getText()方法返回 JCheckBox 对象的文本内容，判断所选的选项是否正确，然后使用 getStateChange()方法返回选项的状态，如果该 JCheckBox 对象被选中，则在 label 标签中显示该选项内容，否则不显示选项内容。

对于 JRadioButton 组件而言，继承自 AbstractButton 类，其选中或未选中选项将会触发 ActionEvent 事件，由动作事件监听器中的 actionPerformed(ActionEvent e)方法处理事件，ActionEvent 类对象 e 代表产生的动作事件。在方法中使用 getActionCommand()方法返回动作事件所对应的命令字符串，即 JRadioButton 对象的文本，判断选项是否被选中，如果选项被选中，则在 label 中显示该选项内容，否则不显示选项内容。

9.3.4　JComboBox

JComboBox

JComboBox 组件称为下拉列表框组件，该组件将所有选项折叠收纳，每次只显示第一个或者用户选中的分项。如果选择其他选项，则需要单击下拉按钮展开所有选项列表。JComboBox 组件既可从列表中选择项目，也可以用户输入指定项目。JComboBox 组件的使用类似 JRadioButton 组件，每次只能选择列表中的一个分项。

JComboBox 构造方法如表 9-15 所示。

表 9-15 JComboBox 构造方法

构造方法	说明
JComboBox()	创建一个空的下拉列表框对象,可使用 addItem()方法添加分项
JComboBox(Object[] items)	使用数组构造一个下拉列表框对象
JComboBox(Vector items)	使用向量表 items 构造一个下拉列表框对象

创建下拉列表框对象之后,可添加指定监听器和分选项,常用的 JComboBox 成员方法如表 9-16 所示。

表 9-16 常用的 JComboBox 成员方法

成员方法	说明
void addActionListener(ActionListener e)	注册指定的监听器 ActionListener
void addItemListener(ItemListener e)	注册指定的监听器 ItemListener
void addItem(object obj)	给选项表添加选项
String getActionCommand()	获取动作事件命令的字符串内容
Object getItemAt(int index)	获取指定下标的列表项
int getItemCount()	获取列表中的选项数
int getSelectedIndex()	获取列表中与给定匹配的第一个选项
int getSelectedItem()	获取当前选择的项

JComboBox 组件能够响应两种事件:选项事件与动作事件。如果用户从下拉列表框中选择某个分项时,则触发选项事件,使用选项事件监听器进行处理;如果用户直接在下拉列表框中输入分项内容时,则触发动作事件,使用动作事件监听器进行处理。

使用委托事件模型处理选项事件或者动作事件的响应,其可参照 9.2 节的实现步骤。

(1) 创建 JComboBox 对象,并使用 addItemListener()方法(或者 addActionListener()方法)为下拉列表框事件源注册选项事件监听器(或者动作事件监听器),接收选项选中时触发的选项事件(或者动作事件)。

(2) 实现选项事件监听器中的 itemStateChanged()方法(或者动作事件监听器中的 actionPerformed()方法),执行响应操作。

以选项事件为例,当用户选中下拉列表框中的内容时,将会触发下拉列表框组件的选项事件(ItemEvent),继而传递给选项事件监听器(ItemListener)对象,该对象引用响应方法 itemStateChanged()执行操作,完成事件的响应。

程序示例 9-9 chapter9 /chapter9_9.pdf

程序示例 9-9

在程序示例 9-9 中,创建一个字符串数组 msgArr,并使用该数组初始化一个下拉列表框组件对象 cbx,下拉列表框产生 ItemEvent 事件,使用 addItemListener()方法为下拉列表框事件源对象添加选项事件监听器。当用户选中下拉列表框中的某个选项时,系统自动产生一个选项事件类的对象，并作为实参传递给监听器响应方法 itemStateChanged()来响应下拉列表框事件，在该方法中通过调用 e.getItem()获取引发当前选项事件的下拉列表事件源，并使用强制类型转换为字符串类型，输出到 lb_msg 指定的标签中。

9.3.5 JList

JList

JList 组件称为列表组件，该组件将所有选项放入列表框中显示。JList 组件与 JComboBox 组件的区别：JList 组件一次可以选择单个或者多个选项，而 JComboBox 组件只能选择单个选项。

JList 构造方法如表 9-17 所示。

表 9-17　JList 构造方法

构 造 方 法	说　　明
JList()	创建一个空的列表框对象
JList(Object[] items)	使用数组构造一个列表框对象
JList(Vector items)	使用向量表 items 构造一个列表框对象

创建列表框对象之后，常用的 JList 成员方法如表 9-18 所示。

表 9-18　常用的 JList 成员方法

成 员 方 法	说　　明
void addListSelectionListener(ListSelectionListener e)	注册指定的监听器 ListSelectionListener
int getVisibleRowCount()	获取可显示的选项数量
int getSelectedIndex()	获取列表中与给定匹配的单个选项
int getSelectedIndices()	获取列表中多个选项的全部索引值(升序排列)

JList 组件能够处理两种事件类型：选项事件和动作事件。如果用户单击列表框中某个选项时，将触发 ListSelectionEvent 类的选项事件；如果用户双击列表框中某个选项时，将触发 MouseEvent 类的动作事件。

以 ListSelectionEvent 类的选项事件为例，使用委托事件模型处理选项事件的响应，其可参照 9.2 节的实现步骤。

(1) 创建 JList 对象，并使用 addListSelectionListener()方法为列表框事件源注册选项事件监听器(ListSelectionListener)，接收选中选项时触发的 ListSelectionEvent 类的选项事件。

(2) 使用外部类或者内部类实现 ListSelectionEvent 类选项事件的响应方法 valueChanged(ListSelectionEvent e)，执行响应操作。

那么，当用户选中列表框中的内容时，将会触发组件的选项事件，继而传递给事件监听器(ListSelectionListener)对象，该对象引用响应方法 valueChanged()执行操作，完成事件的响应。

程序示例 9-10

程序示例 9-10　chapter9 /chapter9_10.pdf

在程序示例 9-10 中,创建一个字符串数组 strList,并使用该数组初始化列表框组件对象 list,列表框产生 ListSelectionEvent 事件,使用 addListSelectionListener()方法为列表框事件源对象注册事件监听器。当用户单选或者多选列表框中的选项时,系统自动产生一个选项事件类的对象,并作为实参传递给 valueChanged(ListSelectionEvent e)来响应列表框事件。在方法中,使用 getSelectedIndices()方法获取所有选中选项的索引值,使用该索引值检索 strList 字符串数组的内容输出到 label 标签中。

JTextField 与 JTextArea

9.3.6　JTextField 与 JTextArea

JTextField 和 JTextArea 组件是能够完成输入输出文本信息的控制组件,二者继承自 JTextComponent 类。

JTextField 组件称为文本框,可以接收任何基于文本的信息,但只能输入输出一行文本。JTextField 构造方法如表 9-19 所示。

表 9-19　JTextField 构造方法

构造方法	说　明
JTextField()	创建一个空文本框对象
JTextField(int n)	创建列宽为 n 的空文本框对象
JTextField(String s)	使用字符串 s 创建并初始化文本框对象
JTextField(String s,int n)	指定列宽为 n 显示字符串 s 的文本框对象

创建 JTextField 对象之后,常用的 JTextField 成员方法如表 9-20 所示。

表 9-20　常用的 JTextField 成员方法

成员方法	说　明
void addActionListener(ActionListener e)	注册动作监听器
int getColumns()	获取文本框列数
void setColumns(int Cols)	设置文本框的列数
void setFont(Font f)	设置文本框内字体样式
void setHorizontalAlignment(int align)	设置文本的水平对齐方式
void setActionCommand(String com)	设置动作事件使用的命令字符串

JTextArea 组件称为文本域,也可以接收任何基于文本的信息,其优势在于可输入输出多行文本。JTextArea 构造方法如表 9-21 所示。

表 9-21　JTextArea 构造方法

构 造 方 法	说　　明
JTextArea()	创建一个空文本域对象
JTextArea(int n,int m)	创建 n 行 m 列的空文本域对象
JTextArea(String s)	使用字符串 s 创建并初始化文本域对象
JTextArea(String s,int n,int m)	指定 n 行 m 列显示字符串 s 的文本域对象

创建 JTextArea 对象之后，常用的 JTextArea 成员方法如表 9-22 所示。

表 9-22　常用的 JTextArea 成员方法

成 员 方 法	说　　明
int getColumns()	获取文本域的列数
void setColumns(int Cols)	设置文本域的列数
int getRows()	获取文本域的行数
void setRows(int Rows)	设置文本域的行数
void setFont(Font f)	设置对话框内字体样式
voidinsert(String s,int offset)	在指定的 offset 位置插入字符串 s
voidappend(String s)	在文本域末尾添加字符串 s
void replaceRange(String s,int start,int end)	使用指定的字符串 s 替换从 start 开始到 end 截止的文本

JTextField 组件只能触发动作事件，当用户在文本框中输入文本之后按 Enter 键产生。JTextArea 组件的事件响应由 JTextComponent 类决定，可以触发两种事件：DocumentEvent 事件和 UndoableEditEvent 事件。当用户修改文本域中的文本，如文本的增加、删除、修改等操作时，触发 DocumentEvent 事件；当用户在文本区域上撤销所做的增加、删除、修改操作时，引发 UndoableEditEvent 事件。

以 JTextField 组件为例，使用委托事件模型处理动作事件的响应，其可参照 9.2 节的实现步骤。

(1) 创建 JTextField 对象，并使用 addActionListener()方法为文本框事件源注册动作事件监听器(ActionListener)，接收触发的动作事件。

(2) 实现动作事件监听器中的 actionPerformed()方法，执行响应操作。

那么，当用户在文本框中输入文本后按 Etner 键，将会触发文本框组件的动作事件，继而传递给动作事件监听器对象，该对象引用响应方法 actionPerformed()执行操作，完成事件的响应。

程序示例 9-11

程序示例 9-11　chapter9 /chapter9_11.pdf

在程序示例 9-11 中，创建 JTextField 组件对象，并为其注册动作事件监听器。在 actionPerformed()方法中获取文本框的内容，并将其复制到文本域中显示。

9.4 课后习题

1. java.awt 包中提供了哪些布局管理器?

2. Panel 和 Applet 的默认布局管理器是(　　)。

A. FlowLayout　　B. CardLayout

C. BorderLayout　　D. GridLayout

3. Java 的布局管理器中,________布局管理器是按照从左到右的顺序放置组件直到放满一行为止,下一个组件将放置到下一行中。

4. 简述 CardLayout 的布局管理策略。

5. 简述 JButton 与 Button 的区别。

6. 在 JLable 和 JButton 组件上如何显示图标?

7. 简述事件处理机制。

8. 简述 JList 和 JComboBox 的区别。

9. 使用 AWT 或 Swing 组件编写一个支持中文的文本编辑器,要求如下。

- 程序启动后,多行文本输入框中显示当前目录下 myText.txt 文件中原有的内容,如果该文件不存在,则新建该文件。
- "保存"按钮功能:将多行文本输入框中的内容写入 myText.txt 文件中保存。
- "取消"按钮功能:将多行文本输入框中的内容清空。
- "退出"按钮功能:退出程序。

10. 编写程序,设计一个计算器界面,至少要包含如下按键:0,1,2,3,4,5,6,7,8,9,+,-,*,/,=,C(清零)。

第10章 高级组件GUI设计

在第9章中介绍了事件处理模型的事件监听器,但它们都是接口。在Java接口中定义的抽象方法必须全部实现,增加了开发复杂度。本章将介绍与监听器相配套的适配器类,处理更加复杂的组件事件:KeyEvent、MouseEvent、WindowEvent。另外,本章还将介绍常用的容器以及菜单与对话框的应用设计。

10.1 事件适配器

事件适配器

Java采用委托事件模型来处理事件。当事件产生时,通过注册事件监听器并实现监听器接口中定义的处理方法来响应用户操作。即使用户不需要某一个处理方法时,也需要实现方法体。例如,WindowListener接口需要提供7个方法的实现,但很多情况下,只需要在关闭窗口时释放一下资源,只需实现windowClosing(WindowEvent e)方法,其他方法并不关心,但是也需要给出方法实现。这样做会造成系统资源的浪费,使系统开销加大。为此,Java提供与监听器接口相匹配的适配器类,在使用时通过继承事件所对应的适配器类,覆盖所需要的方法,无关方法不用实现。

事件适配器类提供一种简单的实现监听器的方式,但由于Java只支持单继承机制,当需要多种监听器或者已有父类的情况下,就不能使用事件适配器类。同时,并非所有的监听器接口都有对应的适配器类。一般情况下,只有定义了多个抽象方法的监听器接口才需要配套适配器类。

监听器接口通常采用XXXListener方式命名,而适配器类采用XXXAdapter方式命名。在java.awt.Event包中定义的事件适配器类与对应匹配监听器接口的关系如表10-1所示。

采用事件适配器实现窗口事件(WindowEvent)时,只需继承并覆盖实现windowClosing(WindowEvent e)方法即可。

表 10-1 适配器类与对应匹配监听器接口的关系

适配器类	监听器接口
ComponentAdapter	ComponentListener
ContainerAdapter	ContainerListener
FocusAdapter	FocusListener
KeyAdapter	KeyListener
MouseAdapter	MouseListener、MouseWheelListener
MouseMotionAdapter	MouseMotionListener
WindowAdapter	WindowFocusListener、WindowListener、WindowStateListener

示例 10-1

```
this.addWindowListener(new WindowAdapter() {
    public void windowClosing(WindowEvent e) {
        System.exit(0);
    }
});
```

由此可见,代码非常简洁,事件适配器极大地简化了代码内容,减少了无效代码的书写。

键盘事件

10.2 键盘事件

用户敲击键盘的操作能够触发键盘事件(KeyEvent)。KeyEvent 事件有 3 种类型:按键按下事件、按键释放事件和按键敲击事件。

java.awt.Event 类中的 KeyListener 监听器接口能够监听上述 3 种事件,如表 10-2 所示。

表 10-2 KeyListener 接口的成员方法

成员方法	说明
void keyPressed(KeyEvent e)	键盘的按键被按下时触发
void keyReleased(KeyEvent e)	键盘的按键被释放时触发
void keyTyped(KeyEvent e)	键盘的按键按下并释放时触发

在 java.awt.Event.KeyEvent 类中定义的成员方法如表 10-3 所示。

利用在文本框中用键盘输入字符串时触发和处理键入键的键盘事件说明键盘事件的响应原理。使用委托事件模型处理键盘事件的响应,其可参照 9.2 节的实现步骤。

(1) 创建 JTextField 对象,并使用 addKeyListener()方法将一个 KeyListener 或者 KeyAdapter 为文本框事件源注册键盘事件监听器(KeyListener 或者 KeyAdapter),接收触发的按键事件。

表 10-3　KeyEvent 类的成员方法

成员方法	说明
char getKeyChar()	返回与此事件对应的键关联的字符
int getKeyCode()	返回与此事件对应的键关联的整数
int getKeyLocation()	返回与此事件对应的键的位置
static String getKeyText(int keyCode)	返回描述 keyCode 的 String，如'A'
void setKeyChar(char keyChar)	设置 keyCode 值，表示某个逻辑字符
void setKeyCode(int keyCode)	设置 keyCode 值，表示某个物理键
boolean isActionKey()	返回此事件的键是否为动作键

(2) 实现键盘事件监听器中的 keyTyped()方法，执行响应操作。

那么，当用户在文本框中输入文本，将会触发键盘事件，继而传递给键盘事件监听器对象，该对象引用响应方法 keyTyped()执行操作，完成事件的响应。

程序示例 10-1

程序示例 10-1　chapter10 /chapter10_1.pdf

在程序示例 10-1 中，chapter10_1 类已经继承了 JApplet 父类，由于 Java 只支持单继承机制，所以只能使用内部类处理事件。在 chapter10_1 类中新定义一个内部类 KeyDemo，继承自 KeyAdapter 父类，并在内部类中覆盖实现 keyTyped(KeyEvent e)方法，实现键盘输入操作。方法体内 e.getKeyChar()返回按键所关联的字符，即键盘上对应的字符内容。

鼠标事件

10.3　鼠标事件

在图形用户界面中，鼠标主要用于选择和切换等操作。当用户在界面上使用鼠标进行交互操作时，将会触发鼠标事件(MouseEvent)。MouseEvent 属于低级事件，在任何组件上进行鼠标操作都可以触发该事件。MouseEvent 事件分为两种：MouseListener 处理的鼠标事件和 MouseMotionListener 处理的鼠标移动事件。

对于使用 MouseListener 监听器接口处理的鼠标事件，java. awt. Event 类的 MouseListener 接口能够监听 5 种不同的鼠标事件，如表 10-4 所示。

表 10-4　MouseListener 接口的成员方法

成员方法	说明
void mouseClicked()	鼠标按键在组件上单击时调用
void mouseEntered()	鼠标进入组件时调用
void mouseExited()	鼠标离开组件时调用
void mousePressed()	在组件上鼠标按键按下时调用
void mouseReleased()	在组件上鼠标按键释放时调用

对于使用 MouseMotionListener 监听器接口处理的鼠标移动事件，java.awt.Event 类的 MouseMotionListener 接口能够监听两种不同的鼠标移动事件，如表 10-5 所示。

表 10-5 MouseMotionListener 接口的成员方法

成员方法	说明
void mouseMoved()	鼠标移动到组件上但无按键按下时调用
void mouseDragged()	在组件上按下鼠标按键并拖动鼠标时调用

在 java.awt.Event.MouseEvent 类中定义的成员方法如表 10-6 所示。

表 10-6 MouseEvent 类的成员方法

成员方法	说明
int getButton()	返回更改了状态的鼠标按键
int getClickedCount()	返回与此事件关联的鼠标单击次数
int getX()	返回事件相对于源组件的水平 x 坐标
int getXOnScreen()	返回事件的绝对水平 x 坐标
int getY()	返回事件相对于源组件的垂直 y 坐标
int getYOnScreen()	返回事件的绝对垂直 y 坐标
Point getPoint()	返回事件相对于源组件的 x 和 y 坐标
Point getLocationOnScreen()	返回事件的绝对 x 和 y 坐标
void translatePoint(int x,int y)	将事件坐标平移指定的 x 和 y 偏移量

利用鼠标进入或者离开界面时触发和处理鼠标事件说明鼠标事件的响应原理。使用委托事件模型处理选项事件的响应，其可参照 9.2 节的实现步骤。

(1) 使用 addMouseListener()方法将一个 MouseListener 或者 MouseAdapter 为事件源注册鼠标事件监听器，接收触发的鼠标事件。

(2) 实现鼠标事件监听器中的方法，执行响应操作。

那么，当鼠标进入图形用户界面时，将会触发鼠标事件，继而传递给鼠标事件监听器对象，该对象引用响应方法执行操作，完成事件的响应。

程序示例 10-2

程序示例 10-2 chapter10 /chapter10_2.pdf

在程序示例 10-2 中，为 JApplet 添加鼠标事件监听器，实现鼠标事件。当用户移动鼠标进入或离开图形用户界面时，触发 MouseListener 接口中的 mouseEntered() 和 mouseExited()方法实现响应；当用户单击鼠标按钮或者释放鼠标按钮时，触发 MouseListener 接口中 mouseClicked()和 mouseReleased()方法实现响应，继承 MouseAdapter 适配器类来覆盖实现接口中的抽象方法。同理，鼠标移动操作由 MouseMotionListener 监听器监听，当用户按下鼠标不放且移动鼠标时，实现拖曳操作，触发监听器中的 mouseDragged() 方法实现响应；当用户在界面内移动鼠标时，触发 mouseMoved()方法实现响应，输出鼠标相对于 JApplet 组件的坐标位置。

10.4　窗口事件

窗口事件

使用 JFrame 容器组件时，如果用户打开或者关闭容器，则可以触发窗口事件(WindowEvent)。WindowEvent 事件属于低级事件，可以完成打开、关闭、激活、停用、图标化或者取消图标化 JFrame 容器的操作产生窗口事件。在 Java 中，窗口事件由 WindowListener 监听器接口提供处理方法来响应用户操作，如表 10-7 所示。

表 10-7　WindowListener 接口的成员方法

成员方法	说　明
void windowActivated(WindowEvent e)	将窗口设置为活动窗口时调用
void windowClosed(WindowEvent e)	对窗口调用 dispose 而将窗口关闭时调用
void windowClosing(WindowEvent e)	用户试图从窗口系统菜单关闭窗口时调用
void windowDeactivated(WindowEvent e)	当窗口不再是活动窗口时调用
void windowIconified(WindowEvent e)	窗口从正常状态变为最小化状态时调用
void windowDeiconified(WindowEvent e)	窗口从最小化状态变为正常状态时调用
void windowOpened(WindowEvent e)	窗口首次变为可见时调用

在 java.awt.Event.WindowEvent 类中定义的成员方法如表 10-8 所示。

表 10-8　WindowEvent 类的成员方法

成员方法	说　明
int getNewState()	对于 WINDOW_STATE_CHANGED 事件，返回新的窗口状态
int getOldState()	对于 WINDOW_STATE_CHANGED 事件，返回以前的窗口状态
Window getOppositeWindow()	返回在此焦点或活动性变化中涉及的其他窗口
Window getWindow()	返回事件的发起者
String paramString()	返回标识此事件的参数字符串

以 JFrame 容器组件为例，使用委托事件模型处理窗口事件的响应，其可参照 9.2 节的实现步骤。

(1) 创建 JFrame 容器对象，使用 addWindowListener()方法注册一个 WindowListener 或者 WindowAdapter 监听器对象，添加到 JFrame 容器中，以接收 JFrame 容器的窗口事件。

(2) 当鼠标单击 JFrame 容器触发窗口事件时，监听器对象引用其处理方法完成事件响应。

程序示例 10-3

程序示例 10-3　chapter10 /chapter10_3.pdf

在程序示例 10-3 中，使用两个 JFrame 容器组件，使用 addWindowListener()为其添加同一个窗口事件监听器,并实现 windowClosing()方法执行关闭窗口的操作。当用户单击其中任意一个窗口的关闭图标时,将触发窗口事件,同时关闭两个窗口。关于 JFrame 容器的使用,请参阅 10.5.1 节。

10.5 常用容器

在 8.3 节中已经介绍 JApplet 容器,在 Swing 图形用户界面技术中,还有其他常用的顶级容器 JFrame、JDialog、JOptionPane 和中间容器 JPanel、JScrollPane、JTabbedPane 以及 JSplitPane。JDialog 和 JOptionPane 容器将在 10.7 节介绍,本节重点介绍其他容器的使用。

JFrame

10.5.1 JFrame

在 Swing 中,JFrame 是 Java Application 主应用程序的图形用户界面的窗口容器,该容器具有标题和边框,默认布局是 BorderLayout。

JFrame 类支持任何通用窗口的基本功能:最小化窗口、移动窗口、重新设定窗口大小等。JFrame 是 Swing 中的顶级容器,不能嵌入其他容器中显示,但可被其他容器创建并独立显示窗口。

JFrame 类常用的构造方法如表 10-9 所示。

表 10-9 JFrame 类常用的构造方法

构造方法	说明
JFrame()	创建一个无标签的对象
JFrame(String title)	创建一个标签为 title 的对象

JFrame 类中提供多种访问容器属性的成员方法,便于开发人员获取窗口的属性,如表 10-10 所示。

表 10-10 JFrame 类常用的成员方法

成员方法	说明
getTitle()	获取指定 JFrame 窗口的标题
setTitle(String title)	设置指定 JFrame 窗口的标题
setSize(int x, int y)	设置指定 JFrame 窗口的大小
setVisible(Boolean bv)	设置指定 JFrame 窗口是否可见
setDefaultCloseOperation()	设置默认关闭 JFrame 窗口的操作
pack()	设置窗口紧致显示,窗口大小与组件关联

通常情况下,JFrame 窗口界面是不可见的,如果需要显示 JFrame 窗口,则需要显式地调用 setVisible(true)方法,让其变为可见的窗口。

此外，与 AWT 中的 Frame 容器类直接调用 add()方法添加组件不同，Swing 中的 JFrame 窗口是顶级容器，添加组件到窗口之前，需要获取该窗口的内容面板(ContentPane)对象，然后使用 add()方法把组件加入内容面板中。

JFrame 容器支持通用窗口的基本功能，那么每个 JFrame 窗口在其右上角(Windows 系统，macOS 在其左上角)都有 3 个控制图标，分别代表最小化窗口、最大化窗口和关闭窗口的操作。其中，JFrame 可以自动完成窗口的最小化和最大化操作，而关闭窗口的操作不能简单地通过单击关闭窗口的图标完成，但是可使用以下方式来关闭窗口。

- 设置一个按钮，实现关闭窗口的操作。
- 使用 WINDOWS_CLOSING 事件响应，关闭窗口。
- 使用菜单命令实现关闭窗口。
- 使用 JFrame 类提供的 setDefaultCloseOperation()方法关闭窗口，方法参数使用 JFrame 类的静态常量 EXIT_ON_CLOSE。

无论使用上述方法的任何一种，都将调用系统 System.exit(0)方法实现关闭 JFrame 窗口的操作。

程序示例 10-4

程序示例 10-4　chapter10 /chapter10_4.pdf

在程序示例 10-4 中，JFrame 窗口调用 setDefaultCloseOperation();方法表示这是窗口关闭时的默认操作，由参数 JFrame.EXIT_ON_CLOSE 指定关闭窗口时需要执行的操作，由 JFrame 类实现。

10.5.2　JPanel

JPanel

在设计图形用户界面时，为了更加合理地安排各组件在窗口的位置，可以先将所需控制组件排列在一个中间容器中，然后将其作为一个整体嵌入图形用户界面窗口。

JPanel 作为中间容器，是一个无边框的，不能被移动、放大、缩小或关闭的容器。JPanel 支持双缓冲技术，在处理动画时不会出现画面闪烁的情况。

JPanel 容器只能作为一个容器组件被加入其他顶级容器(JFrame、JApplet 等)，也可添加到另一个 JPanel 容器中。在使用 JPanel 时，不可以指定其大小，而是由其里面的组件、父容器布局管理策略以及父容器中其他组件共同决定。

JPanel 类常用的构造方法如表 10-11 所示，用于创建 JPanel 对象。

表 10-11　JPanel 类常用的构造方法

构造方法	说明
JPanel()	创建具有双缓冲和流布局的对象
JPanel(boolean isDoubleBuffered)	创建具有 FlowLayout 和指定缓冲策略的对象
JPanel(LayoutManager Layout)	创建具有指定布局管理器的对象
JPanel(LayoutManager Layout，boolean isDoubleBuffered)	创建具有指定布局管理器和缓冲策略的对象

程序示例 10-5

程序示例 10-5　chapter10 /chapter10_5.pdf

在程序示例 10-5 中，JFrame 容器中放置了两个组件：JButton 组件 btn 和 JPanel 组件 panel,在 JFrame 容器中使用 BorderLayout 布局管理策略,将 btn 对象放置在容器的东部区域,将 panel 对象放置在容器的西部区域。同时,在 panel 对象的中间容器中使用 GridLayout 布局管理策略,按照控制组件添加的顺序依次布局。

JScrollPane、JTabbedPane与JSplitPane

10.5.3 JScrollPane

在图形用户界面中,当窗口中内容超出当前窗口可显示范围时,可在窗口的右边和下边设置滚动条,使用滚动条可以看到整个窗口的内容。JScrollPane 容器可完成上述功能,也称滚动容器。

JScrollPane 类常用的构造方法如表 10-12 所示。

表 10-12 JScrollPane 类常用的构造方法

构造方法	说明
JScrollPane()	创建一个空对象,需要时水平和垂直滚动条可显示
JScrollPane(Component view)	创建一个显示指定组件内容的对象,如果组件超出窗口大小就会显示滚动条
JScrollPane(int v,int h)	创建一个具有指定滚动条策略的空对象
JScrollPane(Component view,int v,int h)	创建一个对象,将视图组件显示在一个窗口中,视图位置可使用一对滚动条控制

在 JScrollPane 类中定义静态数据常量参数设置 JScrollPane 的滚动条的出现时机。

- HORIZONTAL_SCROLLBAR_ALWAYS:显示水平滚动条。
- VERTICAL_SCROLLBAR_ALWAYS:显示垂直滚动条。
- HORIZONTAL_SCROLLBAR_NEVER:不显示水平滚动条。
- VERTICAL_SCROLLBAR_NEVER:不显示垂直滚动条。
- HORIZONTAL_SCROLLBAR_AS_NEEDED:需要时显示水平滚动条,即组件中内容在水平方向上大于显示区域。
- VERTICAL_SCROLLBAR_AS_NEEDED:需要时显示垂直滚动条,即组件中内容在垂直方向上大于显示区域。

通常情况下,JScrollPane 容器是由 JViewPort 容器和 JScrollBar 组件组合而成的。JViewPort 容器负责显示内容的区域大小;JScrollBar 组件负责产生滚动条。

用户既可以直接使用 JScrollPane 类构造方法创建滚动容器对象,无须关心 JViewPort 和 JScrollBar 的实现。但是,如果用户需要对滚动条定制化操作时,就必须使用 JScrollBar 组件提供的方法设计。

JScrollBar 组件称为滚动条,既可以是水平方向,也可以是垂直方向。JScrollBar 类常用的构造方法如表 10-13 所示。

创建 JScrollBar 类对象之后,可使用成员方法完成一系列的操作,如表 10-14 所示。

表 10-13　JScrollBar 类常用的构造方法

构造方法	说　明
JScrollBar()	默认创建一个滚动条对象
JScrollBar(int orientation)	按照指定方向创建滚动条对象，包括 JScrollBar.VERTICAL 和 JScrollBar.HORIZONTL
JScrollBar (int orientation, int value, int extent , int minimum, int maximum)	使用指定方向、初始值、滚动幅度、最小值和最大值创建滚动条对象

表 10-14　JScrollBar 类常用的成员方法

成员方法	说　明
getOrientation()	获取滚动条方向
setOrientation(int orientation)	设置滚动条方向
getValue()	获取滚动条的当前值
setValue(int value)	设置滚动条的值
getMinimun()	获取滚动条最小值
setMinimum(int newMinimum)	设置滚动条最小值
getMaximun()	获取滚动条最大值
setMaximun(int newMaximum)	设置滚动条最大值
setVisibleAmount(int extent)	设置滚动条的滚动幅度
setUnitIncrement(int v)	设置滚动条的单位增量
setBlockIncrement(int v)	设置滚动条块增量
getBlockIncrement()	获取滚动条块增量
setValues(int value, int extent, int mini, int max)	设置滚动条各项值
addAdjustmentListener(AdjustmentListener 1)	添加指定的监听器对象
removeAdjustmentListener(AdjustmentListener l)	删除指定的监听器对象

以 JScrollBar 组件为例，使用委托事件模型处理选项事件的响应，其可参照 9.2 节的实现步骤。

(1) 创建 JScrollBar 对象，并使用 addAdjustmentListener()方法为滚动条事件源注册 AdjustmentListener 监听器对象，接收组件触发的调整事件。

(2) 实现调整事件监听器中的 adjustmentValueChanged()方法，执行响应操作。

那么，当用户移动滚动条时，将会触发 JScrollBar 组件的调整事件(AdjustmentEvent)，继而传递给调整事件监听器(AdjustmentListener)对象，该对象引用响应方法 adjustmentValueChanged()执行操作，完成事件的响应。

程序示例 10-6

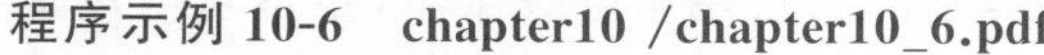

程序示例 10-6　chapter10 /chapter10_6.pdf

10.5.4 JTabbedPane

当用户界面上需要放置的组件很多时,可以使用 JTabbedPane 容器。JTabbedPane 容器与卡片盒类似,由多个标签框架和标签组成。每个标签框架和标签作为一个独立的显示窗口,可添加任意的组件。JTabbedPane 标签可分别布置在界面的顶端或者底端,当鼠标单击某个标签卡时,标签所在的界面将会显示出来。JTabbedPane 类常用的构造方法如表 10-15 所示。

表 10-15 JTabbedPane 类常用的构造方法

构造方法	说明
JTabbedPane()	默认创建一个空对象
JTabbedPane(int position)	创建一个指定标签位置的空对象,标签位置可由 TOP、BOTTOM、LEFT 或者 RIGHT 指定

程序示例 10-7

程序示例 10-7 chapter10 /chapter10_7.pdf

10.5.5 JSplitPane

JSplitPane 组件将显示区域分成左右或者上下两部分,称为分隔容器。JSplitPane 类常用的构造方法如表 10-16 所示。

表 10-16 JSplitPane 类常用的构造方法

构造方法	说明
JSplitPane(int newOritentation)	创建一个分隔容器对象,方位参数为 JSplitPane.HORIZONTAL_SPLIT 或 JSplitPane.VERTICAL_SPLIT
JSplitPane(int newOritentation, Component newLeft, Component newRight)	创建一个分隔容器对象,方位参数为 JSplitPane.HORIZONTAL_SPLIT 或 JSplitPane.VERTICAL_SPLIT,newLeft 指定左侧面板,newRight 指定右侧面板

程序示例 10-8

程序示例 10-8 chapter10 /chapter10_8.pdf

10.6 菜单设计

菜单设计

在图形用户界面中,菜单可提供直观的操作说明,方便用户完成软件操作,利用菜单可将程序功能模块化。Java 提供多种样式的菜单,如一般式、复选框式、快捷式以及弹出式等。本节仅介绍一般式菜单的使用方式。

在 Java 中,一般式菜单由菜单栏组件(JMenuBar)、菜单组件(JMenu)和菜单项组件(JMenuItem)组成。

菜单栏组件用于封装与菜单相关的各项操作,仅用于管理菜单,不参与用户交互操作。Java 应用程序中的菜单都必须包含在一个菜单栏对象中,且菜单栏需要至少结合一个菜单才能在图形界面上显示出视觉效果。菜单结构如图 10-1 所示。

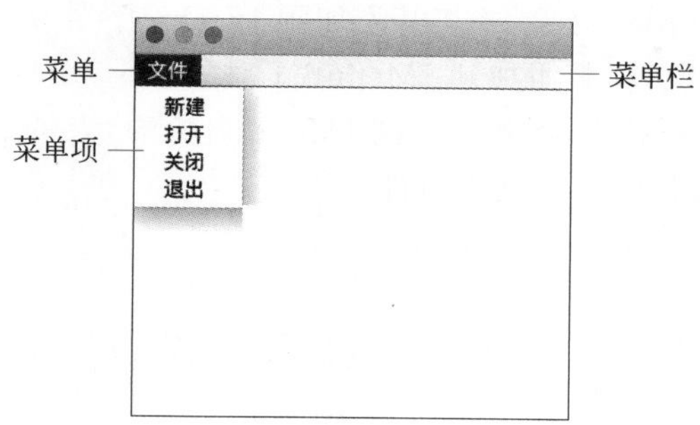

图 10-1　菜单结构

JMenuBar 类常用的构造方法只有一个，如表 10-17 所示。

表 10-17　JMenuBar 类常用的构造方法

构造方法	说　明
JMenuBar()	创建一个空标签的 JMenuBar 对象

菜单组件用于存放和整合菜单项，是构成菜单栏不可或缺的组件之一。菜单可以是单一层次的结构，也可以是多层次结构，其使用方式取决于界面设计的需要。创建 JMenu 类常用的构造方法如表 10-18 所示。

表 10-18　JMenu 类常用的构造方法

构造方法	说　明
JMenu()	创建一个空标签的 JMenu 对象
JMenu(String text)	使用指定文本创建 JMenu 对象
JMenu(String text,boolean b)	使用指定文本创建 JMenu 对象，并给出此菜单是否具有下拉式属性
JMenu(Action a)	创建支持 Action 的 JMenu 对象

菜单项组件用于封装与菜单项相关的操作，是菜单系统中最基本的组件。菜单项继承自 AbstractButton 类，因此菜单项具有按钮的性质，即菜单项是一种特殊的按钮。JMenuItem 类常用的构造方法如表 10-19 所示。

表 10-19　JMenuItem 类常用的构造方法

构造方法	说　明
JMenuItem()	创建一个空标签的 JMenuItem 对象
JMenuItem(Icon icon)	使用指定图标创建 JMenuItem 对象
JMenuItem(String text)	使用指定文本创建 JMenuItem 对象
JMenuItem(Action a)	创建支持 Action 的 JMenuItem 对象
JMenuItem(String text, Icon icon)	使用指定文本和图标创建 JMenuItem 对象
JMenuItem(String text, int mnemonic)	使用指定文本和键盘助记符创建 JMenuItem 对象

通常情况下,制作菜单需要以下 3 个步骤。

(1) 创建一个 JMenuBar 对象,并将其添加到 JFrame 容器中。

(2) 创建 JMenu 对象,将其添加到 JMenuBar 对象中。

(3) 创建 JMenuItem 对象,将其添加到 JMenu 对象中,为每个 JMenuItem 注册动作事件监听器,接收用户操作触发的动作事件。

程序示例 10-9

程序示例 10-9 chapter10 /chapter10_9.pdf

对话框设计

 10.7 对话框设计

10.7.1 JOptionPane

对话框是面向用户显示信息且可获取程序继续运行所需数据的窗口容器,实现与用户交互。对话框容器是一类特殊的窗口,通过一个或多个组件与用户交互。与 JFrame 窗口一样,对话框也是具有标题的独立窗口容器,不可嵌入其他容器中显示,但可被其他容器创建且独立显示。但是,对话框不能作为图形用户界面程序的最外层容器,必须有主窗体创建显示,而且也不能包含菜单条。Java 对话框上也没有最大化和最小化图标按钮。

Swing 的 JOptionPane 类中提供标准的对话框样式,用户只需调用相应的构造方法即可实现对话框的功能。JOptionPane 类创建的对话框都属于模态对话框,在程序运行期间,弹出模态对话框之后,用户必须响应该对话框,且关闭对话框之后才能返回到原有程序中继续执行。

JOptionPane 类常用的构造方法如表 10-20 所示。

表 10-20 JOptionPane 类常用的构造方法

构造方法	说明
JOptionPane()	创建显示测试信息的对象
JOptionPane(Object msg)	创建显示特定信息的对象
JOptionPane(Object msg,int msgType)	创建显示特定信息的对象,设置信息类型
JOptionPane(Object msg, int msgType, int optionType)	创建显示特定信息的对象,设置信息与选项类型
JOptionPane(Object msg, int msgType, int optionType,Icon icon)	创建显示特定信息的对象,设置信息与选项类型,且可显示图案
JOptionPane(Object msg, int msgType, int optionType,Icon icon,Object[] options)	创建显示特定信息的对象,设置信息与选项类型,且可显示图案。选项值可用作更改按钮上文字
JOptionPane(Object msg, int msgType, int optionType, Icon icon, Object [ ] options, Object initialValue)	创建显示特定信息的对象,设置信息与选项类型,且可显示图案。选项值可用作更改按钮上文字,并设置默认按钮

在实际编程中,通常不使用构造方法创建 JOptionPane 对象,而使用 JOptionPane 类

提供的静态方法生成对话框。根据对话框的使用场景，可将 JOptionPane 对象框分为四大类：Message Dialog、Confirm Dialog、Input Dialog 和 Option Dialog。

1. Message Dialog

Message Dialog 是用于提示信息的对话框。在信息对话框中只有一个“确定”按钮。例如，用户下载文件完成后，弹出对话框告知文件下载成功。创建信息对话框的静态方法如下。

```
void showMessageDialog(Component parent, Object msg)
void showMessageDialog(Component parent, Object msg, String title, int
msgType)
void showMessageDialog(Component parent, Object msg, String title, int
msgType, Icon icon)
void showInternalMessageDialog(Component parent, Object msg)
void showInternalMessageDialog(Component parent, Object msg, String title, int
msgType)
void showInternalMessageDialog(Component parent, Object msg, String title, int
msgType, Icon icon)
```

其中，parent 指弹出对话框的父组件；msg 指要显示的组件，通常是 String 或 Label 类型；title 指对话框标题上显示的文字；icon 可自定义图标；msgType 指定信息类型，共以下 5 种。

- ERROR_MESSAGE。
- WARNING_MESSAGE。
- INFORMATION_MESSAG。
- PLAIN_MESSAGE。
- QUESTION_MESSAGE。

指定 msgType 之后，信息对话框会出现响应的图标及提示字符串，而使用 PLAIN_MESSAGE 没有图标。

程序示例 10-10　**chapter10 /chapter10_10.pdf**

程序示例 10-10

2. Confirm Dialog

Confirm Dialog 是用于确认信息的对话框。通常情况下，确认信息对话框会询问用户一个问题，要求用户回答 YES/NO。例如，修改 Word 文档之后，关闭此文档时，系统会弹出一个确认对话框，询问用户是否需要保存修改后的内容。创建确认信息对话框的静态方法如下。

```
int showConfirmDialog(Component parent, Object msg)
int showConfirmDialog(Component parent, Object msg, String title, int optionType)
int showConfirmDialog(Component parent, Object msg, String title, int optionType,
int msgType)
int showConfirmDialog(Component parent, Object msg, String title, int optionType,
```

```
int msgType, Icon icon)
int showInternalConfirmDialog(Component parent, Object msg)
int showInternalConfirmDialog(Component parent, Object msg, String title, int
optionType)
int showInternalConfirmDialog(Component parent, Object msg, String title, int
optionType, int msgType)
int showInternalConfirmDialog(Component parent, Object msg, String title, int
optionType, int msgType, Icon icon)
```

创建确认信息对话框的静态方法共有 6 个参数。

- optionType 参数指定按钮的类型，共有 4 种选择：YES_NO_CANCEL_OPTION、DEFAULT_OPTION、OK_CANCEL_OPTION 和 YES_NO_OPTION。
- 其他 5 个参数与 Message Dialog 相同。静态方法返回值是一个整数，其中，YES/OK=0，NO=1，CANCEL=2，CLOSED=-1。

程序示例 10-11

程序示例 10-11 **chapter10 /chapter10_11.pdf**

3. Input Dialog

Input Dialog 是用于输入文本信息的对话框。通常情况下，用户可在对话框中输入相关信息，当用户输入完成并按下确定按钮后，系统得到用户输入的信息。输入对话框不仅可让用户自行输入数据，也可提供 ComboBox 组件让用户选择相关信息，避免用户输入错误。创建输入信息对话框的静态方法如下。

```
String showInputDialog(Object msg)
String showInputDialog(Component parent, Object msg)
String showInputDialog(Component parent, Object msg, String title, int msgType)
Object showInputDialog (Component parent, Object msg, String title, int msgType,
Iconicon, Object[] selectionValues, Object initialselectionValue)
String showInternalInputDialog(Object msg)
String showInternalInputDialog(Component parent, Object msg)
String showInternalInputDialog(Component parent, Object msg, String title, int
msgType)
Object showInternalInputDialog(Component parent, Object msg, String title, int
msgType, Icon icon, Object[] selectionValues, Object initialselectionValue)
```

创建输入信息对话框的静态方法共有 7 个参数。

- selectionValues 给用户提供可能的选择值(数组)，选择值可使用 ComboBox 组件显示。
- initialSelectionValue 是对话框初始化时显示的值。
- 其他 5 个参数与 Message Dialog 相同。当用户按“确定”按钮后，对话框返回用户输入的信息；如果用户按“取消”按钮，则返回 null。

程序示例 10-12

程序示例 10-12　**chapter10 /chapter10_12.pdf**

4. Option Dialog

Option Dialog 是用于选择信息的对话框，用户可自定义对话框的类型。其优势在于可改变按钮上的文字。创建选择信息对话框的静态方法如下。

```
int showOptionDialog(Component parent, Object msg, String title, int OptionType,
int msgType, Icon icon, Object[] options, Object initialValue)
int showInternalOptionDialog(Component parent, Object msg, String title, int
OptionType, int msgType, Icon icon, Object[] options, Object initialValue)
```

创建选择信息对话框的静态方法共有 8 个参数，其中，options 参数为对象数组，为用户提供设置按钮上文字的项。选择信息对话框返回值的类型及其值也与输入信息对话框相同。

10.7.2　JDialog

如果 JOptionPane 提供的标准对话框无法满足开发需求，可使用 JDialog 类实现自定义的对话框功能。而使用 JDialog 设计的对话框可根据用户需求来选择是否具有模态属性。

JDialog 类常用的构造方法如表 10-21 所示。

表 10-21　JDialog 类常用的构造方法

构造方法	说明
JDialog()	创建一个空的对话框
JDialog(Dialog owner)	创建空对话框，没有标题且属于 owner
JDialog(Dialog owner, boolean modal)	使用指定的 Dialog 组件创建一个无标题的模态对话框
JDialog(Dialog owner, String title)	使用指定的 Dialog 组件创建一个有标题的非模态对话框
JDialog(Dialog owner, String title, boolean modal)	使用指定的 Dialog 组件创建一个有标题的模态对话框
JDialog(Frame owner)	使用指定的 Frame 组件创建一个无标题的非模态对话框
JDialog(Frame owner, boolean modal)	使用指定的 Frame 组件创建一个无标题的模态对话框
JDialog(Frame owner, String title)	使用指定的 Frame 组件创建一个有标题的非模态对话框
JDialog(Frame owner, String title, boolean modal)	使用指定的 Frame 组件创建一个有标题的模态对话框

构造方法中 modal 参数表示对话框的操作模式，分为非模态(false)和模态(true)。

程序示例 10-13

使用 JDialog 与 JFrame 类似,首先要取得 JDialog 组件的内容面板对象,然后把组件添加到内容面板中。

JDialog 默认的布局管理器为 BorderLayout,其默认不可见,必须使用 show()方法显示。

程序示例 10-13 **chapter10 /chapter10_13.pdf**

10.8 课后习题

1. 下列说法中错误的是(　　)。
   A. JPanel 是中间容器
   B. JInternalFrame 是特殊容器
   C. JLable 组件显示不可编辑的信息
   D. JTable 组件显示不可编辑的信息
2. 下列说法中错误的一项是(　　)。
   A. JFrame 可以作为最外层的容器单独存在
   B. JFrame 类刚实例化时,没有大小也不可见
   C. JPanel 可以作为最外层的容器单独存在
   D. JPanel 类可以作为组件放入 JFrame 容器中
3. 在捕获窗体事件时,可以通过 3 个事件监听器接口来实现,分别是什么?
4. 简述 IoptionPane 的 4 种静态方法的功能。
5. JTabbedPane 组件与 CardLayout 对象的工作机制有哪些相似之处?
6. JFrame 类的对象的默认布局是什么布局?
7. 处理鼠标拖曳触发的 MouseEvent 事件需要使用哪些接口?
8. MouseListener 接口中有几个方法?
9. 编写程序,设计一个通过捕获文本框的键盘事件实现只允许输入数字的文本框。
10. 编写程序,设计一个通过捕获表格模型事件实现自动计算表格某一数值列的和。
11. 编写程序,实现带菜单的窗口,包含 File 和 Edit 两个菜单,在 File 下又包含 new、open 和 exit 3 个菜单项,选择 exit 菜单项时退出应用程序。

第11章 异常处理

日常生活中，许多事件并非总是按照人们的设计意愿来发展，而会出现意料之外的问题。异常是指发生在正常情况以外的事件，在计算机程序代码中，用户输入错误、除数为零、需要的文件不存在、文件无法打开、数组下标越界等，都属于异常事件。程序在运行过程中发生的错误或者异常是不可避免的。但是，为了增强程序的健壮性，计算机程序的编写应当具备预见程序执行过程中可能产生的各种异常的能力，并把处理异常的功能包括在用户程序中。

Java 语言的特色之一是异常处理机制。Java 语言采用面向对象的异常处理机制。通过异常处理机制，可以预防错误的程序代码或系统错误所造成的不可预期的结果发生，减少程序员的编程工作，增加程序的灵活性，增强程序的可靠性。

11.1 异常产生

异常产生

学习 Java 异常处理机制之前，可通过一个程序示例直观地感受异常是如何产生的。

示例 11-1

```
package com.cumtb;
public class chapter11_1 {
    public static void main(String[] args) {
        int a = 0;
        System.out.println(5 / a);
    }
}
```

程序运行结果如图 11-1 所示。

```
<terminated> chapter11_1 [Java Application] /Library/Java/JavaVirtualMachines/jdk1.8.0_251.j
Exception in thread "main" java.lang.ArithmeticException: / by zero
	at com.cumtb.chapter11_1.main(chapter11_1.java:7)
```

图 11-1　示例 11-1 的运行结果

在示例 11-1 中,程序没有出现编译错误,但会发生如下的运行时错误。通过分析程序代码发现,在数学上除数不能为 0,所以程序运行时表达式(5/a)会抛出 ArithmeticException 异常,该异常是数学计算异常,凡是发生数学计算错误都会抛出该异常。

程序运行过程中发生异常是不可避免的,程序员在设计程序过程中不仅要保证应用程序的正确性,也要具有较强的容错能力,应该能够捕获并处理异常,不能让程序发生终止。

11.2 常见异常

在 Java 中提供一些异常用来描述经常发生的错误,其中,部分异常需要程序员进行捕获处理或声明抛出,部分异常由 Java 虚拟机自动进行捕获处理。Java 常见的异常类如表 11-1 所示。

表 11-1 Java 常见的异常类

异 常 类	说 明
ClassCastException	类型转换异常
ClassNotFoundException	未找到相应类异常
ArithmeticException	算术异常
ArrayIndexOutOfBoundsException	数组下标越界异常
ArrayStoreException	数组中包含不兼容的值抛出的异常
SQLException	操作数据库异常类
NullPointerException	空指针异常
NoSuchFieldException	字段未找到异常
NoSuchMethodException	方法未找到抛出的异常
NumberFormatException	字符串转换为数字抛出的异常
NegativeArraySizeException	数组元素个数为负数抛出的异常
StringIndexOutOfBoundsException	字符串索引超出范围抛出的异常
IOException	输入输出异常
IllegalAccessException	不允许访问某类异常
InstantiationException	指定类对象无法被实例化抛出的异常
EOFException	文件已结束异常
FileNotFoundException	文件未找到异常

由表 11-1 可知,Java 中每个异常类代表一类运行错误,类中包含了该运行错误的信息和处理错误的方法等内容。

每当 Java 程序运行过程中发生一个可识别的运行错误时,系统都会产生一个相应异常类的对象,并由系统中相应的机制处理,确保程序不会崩溃,保证整个程序运行的安全性。

异常封装成为类 Exception,此外,还有 Throwable 类和 Error 类。异常类继承层次结构如图 11-2 所示。Java 中所有的异常类都继承自 java.lang.Throwable 类。Throwable 类有两个直接子类。

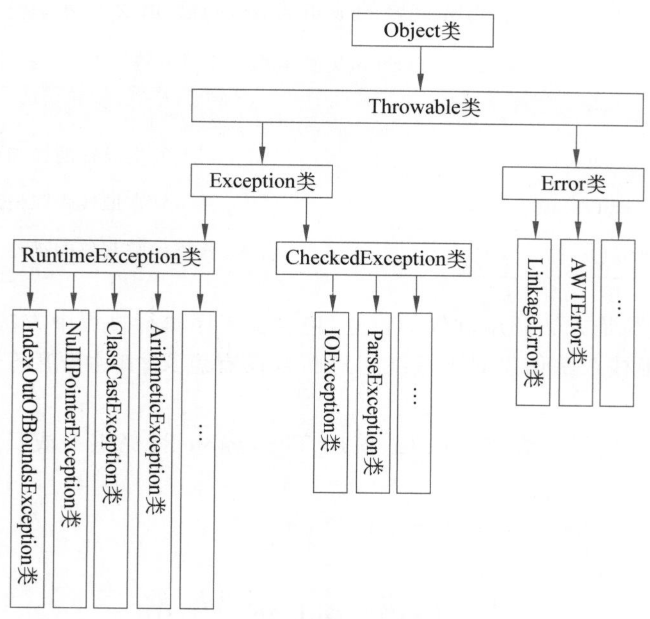

图 11-2　异常类继承层次结构

1. Error 类

包含 Java 系统或执行环境中发生的异常。需要注意的是,这些异常是用户无法捕捉到的。Error 异常是程序无法恢复的严重错误,程序员无法阻止程序的崩溃,如 Java 虚拟机内部错误、内存溢出和资源耗尽等严重情况。

2. Exception 类

Exception 异常是程序可以恢复的异常,包含了一般性的异常,用户可以捕捉,可通过产生该类的子类来创建异常处理。本章所讨论的异常处理都是对 Exception 类及其子类的异常处理。Exception 类可分为两大类型。

(1) 受检查异常。编译器会检查这类异常是否进行处理,即捕获或者抛出,否则会发生编译错误。

(2) 运行时异常。该异常通常是由程序员编程错误导致的,健壮的程序不应该发生运行时异常,通常情况下,编译器不检查这类异常是否进行处理,即不捕获或不抛出,程序也可以编译通过。

由于没有进行异常处理,一旦发生运行时异常就会导致程序终止。对于运行时异常而言,通常不采取抛出或者捕获处理方式,而应该使用预判机制,防止发生运行时异常。例如,在进行除法运算之前,应该判断除数是否非零。

11.3 Throwable 类

在 Throwable 类中有 3 个非常重要的成员方法,如表 11-2 所示。

表 11-2 Throwable 类常用的成员方法

成员方法	说　明
String getMessage()	获得发生异常的详细信息
void printStackTrace()	打印异常堆栈跟踪信息
String toString()	获得异常对象的描述

其中,堆栈跟踪是方法调用过程的轨迹,包含了程序执行过程中方法调用的顺序和所在源代码行号。堆栈跟踪信息对于最终用户而言没有意义,其主要用于编写程序期间代码调试。

现将示例 11-1 代码内容进行改写,使用 Throwable 类提供的成员方法返回有用的信息。

程序示例 11-1

程序示例 11-1　**chapter11 /chapter11_2.pdf**

捕获异常

11.4 捕获异常

在 Java 中,系统预设的异常处理方法只会输出一些简单的信息到终端上,然后结束程序的执行,但这种处理方式无法满足程序运行的要求。因此,Java 提供捕获异常机制,可明确地捕捉到某种类型的异常,并按照程序员的要求加以适当处理。

11.4.1 try…catch 语句

捕获异常是通过 try…catch 语句实现的,最基本的 try…catch 语句语法格式如下:

```
try{
    //可能会发生异常的语句
}catch(Throwable e){
    //处理异常 e
}
```

(1) try 代码块中应该包含执行过程中可能会发生异常的语句。每个 try 代码块可以伴随一个或者多个 catch 代码块,用于处理 try 代码块中可能发生的多种异常。

(2) catch(Throwable e)语句中 e 是捕获异常对象,e 必须是 Throwable 类的子类,异常对象 e 的作用域在该 catch 代码块中。

程序示例 11-2

程序示例 11-2　**chapter11 /chapter11_3.pdf**

使用 try…catch 捕获算术异常，并在 catch 语句块中打印输出堆栈跟踪信息。算术异常属于运行时异常，一般不建议使用异常处理语句处理运行时异常，可通过预判条件预先判断算术除法的分母不能为 0。

在实际编程过程中，如果 try 语句块中有很多语句发生异常，而且发生的异常种类不一样，那么在 try 后面可以跟随多个 catch 代码块。在有多个 catch 代码块的情况下，当一个 catch 代码块捕获到一个异常时，其他的 catch 代码块就不再进行匹配。

此外，当捕获的多个异常类之间存在继承关系时，捕获异常顺序与 catch 代码块的顺序有关。通常先捕获子类异常，后捕获父类异常，否则子类异常无法捕获到。

多个 catch 代码块的语法格式如下：

```
try{
    //可能会发生的异常
}catch(Throwable e1){
    //处理异常 e1
} catch(Throwable e2){
    //处理异常 e2
} catch(Throwable e3){
    //处理异常 e3
}
```

程序示例 11-3　chapter11 /chapter11_4.pdf

程序示例 11-3

在程序示例 11-3 中，调用 FileInputStream 的构造方法可能会发生 FileNotFoundException 异常；调用 BufferedReader 输入流的 readLine()方法可能会发生 IOException 异常。FileNotFoundException 异常是 IOException 异常的子类，因此应该先捕获 FileNotFoundException 异常，然后捕获 IOException 异常。如果将二者捕获顺序调换，那么第二个 catch 永远不会进入，FileNotFoundException 异常永远不会执行。

使用多个 catch 代码块提高了程序的健壮性，但是程序的代码量大大增加。在程序设计中，虽然异常种类不同，但是捕获之后的处理是相同的，那么可使用多重捕获(multi-catch)技术，解决上述问题。

可将程序示例 11-3 中多个 catch 代码块改写如下：

```
try {
}catch (IOException | ParseException e) {
    e.printStackTrace();
}
```

在 catch 中多重捕获使用“|”运算符连接起来。在该例中无须写出 FileNotFoundException 异常，因为它是 IOException 异常的子类，而 IOException 异常可以捕获它的所有子类异常。

11.4.2　try…catch 语句嵌套

Java 提供 try…catch 语句嵌套，其可以有任意层次的嵌套结构。

程序示例 11-4

程序示例 11-4 chapter11 /chapter11_5.pdf

需要注意的是,try…catch 不仅可以嵌套在 try 语句块中,还可以嵌套在 catch 语句块中或者 finally 语句块中。但是,过多地使用嵌套结构会使程序流程变得复杂,所以如果能用多个 catch 捕获的异常,尽量不要使用 try…catch 嵌套。

11.5 释放资源

在 try…catch 语句中经常会使用一些非 Java 资源,例如,打开文件、网络连接、打开数据库连接和使用数据结果集等,这些资源都不属于 Java 资源,不能通过 Java 虚拟机的垃圾回收器回收,需要程序员完成释放操作。为了确保资源能够完整释放,可使用 finally 代码块,也可使用 Java 7 版本之后提供的自动资源管理技术。

11.5.1 finally 代码块

try…catch 语句后面还可以跟随一个 finally 代码块,无论 try 正常结束,还是 catch 异常结束,都会执行 finally 代码块,其语法格式如下:

```
try{
    //可能会发生的异常
}catch (Throwable e){
    //处理异常 e
}finally{
    //释放资源
}
```

try…catch…finally 执行流程如图 11-3 所示。

程序示例 11-5

程序示例 11-5 chapter11 /chapter11_6.pdf

需要注意的是,虽然 catch 语句中处理异常的方式一致,但也不可将 close()方法的 try…catch 语句合并为一个 try…catch 语句。因为,每个 close()方法关闭一个资源,如果第一个 close()方法关闭时发生了异常,那么后面的两个 close()方法不会执行,也就无法完成关闭资源的操作。

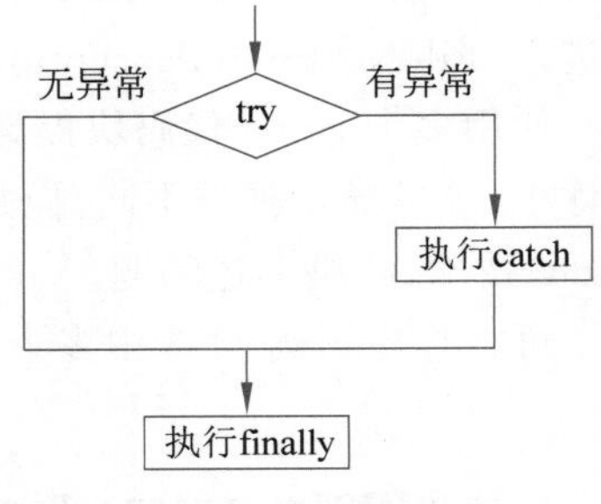

图 11-3 try…catch…finally 执行流程

11.5.2 自动资源管理

使用 finally 代码块释放资源大大增加了代码量。在 Java 7 版本之后,Java 提供自动的资源管理技术可以替代 finally 代码块,优化代码结构,提高程序可读性。

自动资源管理是在 try 语句上的扩展,其语法格式如下:

```
try(声明或初始化资源语句){
    //可能会发生的异常
} catch(Throwable e1){
```

```
    //处理异常 e1
} catch(Throwable e2) {
    //处理异常 e2
} catch(Throwable e3) {
    //处理异常 e3
}
```

在 try 语句后面添加“()”,声明或初始化资源语句,可以有多条语句,语句间使用分号(;)分隔。

程序示例 11-6　chapter11 /chapter11_7.pdf

程序示例 11-6

采用自动资源管理后不再需要 finally 代码块,不需要程序员关闭资源,释放资源操作交由 Java 虚拟机进行。

11.6　throws 与声明方法抛出异常

throws 与 throw 抛出异常

在程序设计中,有时不需要一个方法本身处理异常,而是在方法定义时抛出该异常,通知上层调用者该方法有可能发生异常,由上层调用者处理异常。

在方法定义时,声明抛出异常使用 throws 关键字,其语法格式如下:

```
Type methodName(param1, param2, …) throws exceptionList
```

如果声明抛出的多个异常类之间有继承关系时,可以只声明抛出父类异常。但是在没有继承关系的情况下,需要明确声明抛出每个异常,上层调用者会根据抛出的异常信息进行相应的处理。

程序示例 11-7

程序示例 11-7　chapter11 /chapter11_8.pdf

11.7　throw 与显式抛出异常

Java 程序异常可由系统生成,即当异常发生时,系统会生成一个异常对象,将其抛出。同时,也可以通过 throw 语句显式地抛出异常,其语法格式如下:

```
throw Throwable e
```

其中,所有 Throwable 类或其子类的实例都可以通过 throw 语句抛出。

通过 throw 语句显式地抛出异常,其与系统生成并抛出的异常在处理方式上没有区别。

程序示例 11-8　chapter11 /chapter11_9.pdf

程序示例 11-8

11.8　课后习题

1. 什么是异常? 简述 Java 的异常处理机制。
2. 系统定义的异常与用户自定义的异常有何不同? 如何使用这两类异常?

3. 在 Java 的异常处理机制中,try 程序块、catch 程序块和 finally 程序块各起到什么作用? try…catch…finally 语句如何使用?

4. throw 与 throws 有什么联系和区别? 作用分别是什么?

5. Error 和 Exception 有什么区别?

6. 抛出异常应该使用的关键字是(　　)。

A. throw　　B. catch　　C. finally　　D. throws

7. (　　)类是所有 Java 程序处理异常类的最高层父类。

A. Object　　B. Publicl　　C. Exception　　D. Error

8. 按异常处理的不同可以将异常分为几种类型?

9. 编写自定义异常,处理输入字符串 Java 抛出异常,其他不抛出异常。

10. 编写程序,分别实现捕获单个异常和多个异常。

第12章

多 线 程

现如今，程序开发人员可以编写并发访问程序，并安装在个人计算机或者智能手机上运行。多线程是实现并发访问程序的关键技术。多线程是指程序中可同时存在多个执行体，且按照不同的执行路线共同工作，独立完成各自的功能而互不干扰。

12.1 线程概念

线程概念

在Windows操作系统出现之前，个人计算机上的操作系统都是单任务系统，只有在大型计算机上才支持多任务和分时设计。随着操作系统的不断发展，在个人计算机上可同时进行键盘输入文本、打印文件等操作。

在操作系统中，进程是一个执行中的程序，具有独立的内存空间和系统资源。每个进程的内部数据和状态都是完全独立的。在Windows操作系统中，一个进程就是一个.exe或者.dll程序，相互独立又能保持通信。

线程与进程类似，是一段执行某个特定功能的代码，是程序中单个顺序控制的流程。但与进程不同的是，同类的多个线程共享同一块内存空间和一组系统资源。所以，系统在线程间切换的资源开销比进程少。

在Java中，每个程序都有一个默认的主线程。程序启动后，Java虚拟机创建主线程；程序结束时，Java虚拟机停止主线程。对于主应用程序而言，主线程是main()方法执行的线索。主线程负责管理子线程，必须在主线程中创建新的线程对象。

12.2 创建子线程

Java使用Thread类及其子类创建子线程。Thread类是线程类，创建一个Thread类对象就会产生一个新的线程。线程执行的程序代码是在实现Runnable接口对象的run()方法中编写的，实现Runnable接口对象是线程执行对象。

线程执行对象实现Runnable接口的run()方法，作为线程执行的入口，线程执行的操作都在此编写，因此也称线程体。

12.2.1 实现 Runnable 接口

创建 Thread 对象时,可将线程执行对象传递给它。需要使用 Thread 类的两个构造方法,如表 12-1 所示。

表 12-1 Thread 类的构造方法

构 造 方 法	说 明
Thread(Runnable target, String name)	target 是线程执行对象,name 是线程名
Thread(Runnable target)	target 是线程执行对象

程序示例 12-1

实现 Runnable 接口的线程执行对象,如程序示例 12-1 所示。

程序示例 12-1 chapter12 /chapter12_1.pdf

在程序示例 12-1 中,构造方法参数是线程执行对象 myThread,线程创建完成还需调用 start()方法才能执行。start()方法一旦调用,线程进入可执行状态,可执行状态下的线程等待 CPU 调度执行,线程获得计算资源后立即进行执行状态,运行 run()方法。Thread.currentThread()可以获得当前线程对象,getName()是 Thread 类的实例方法,可获得线程名。

注意:线程代码段执行期间需使用系统 CPU 资源,如果当前线程对象调用 sleep()方法,暂时放弃对 CPU 资源的占用,暂停执行当前线程代码段。那么,程序中其他线程对象将会临时抢占 CPU 资源,执行对应的代码段。如果程序示例 12-1 中没有使用 sleep()方法,则第一个线程执行完毕之后,再执行第二个线程。因此,sleep()方法是多线程编程的关键。

12.2.2 继承 Thread 类

Thread 类本质上实现了 Runnable 接口,所以 Thread 类也可以作为线程执行对象。使用继承机制,新建一个具体的子类继承 Thread 类,并在子类中覆盖 Thread 类中 run()方法即可。

程序示例 12-2

程序示例 12-2 chapter12 /chapter12_2.pdf

12.2.3 匿名函数和 Lambda 表达式实现线程体

程序示例 12-3

如果线程体使用场景很少时,无须单独定义一个具体的线程子类。实际编程过程中,可直接使用匿名函数实现 Runnable 接口,实现线程体。

由于 Runnable 接口中只有一个方法,满足函数式接口的定义,因此也可使用 Lambda 表达式实现线程体。

程序示例 12-3 chapter12 /chapter12_3.pdf

线程生命周期

12.3 线程生命周期

一个完整的线程生命周期需要历经 5 种状态:新建、就绪、运行、阻塞和死亡。线程生命周期如图 12-1 所示。

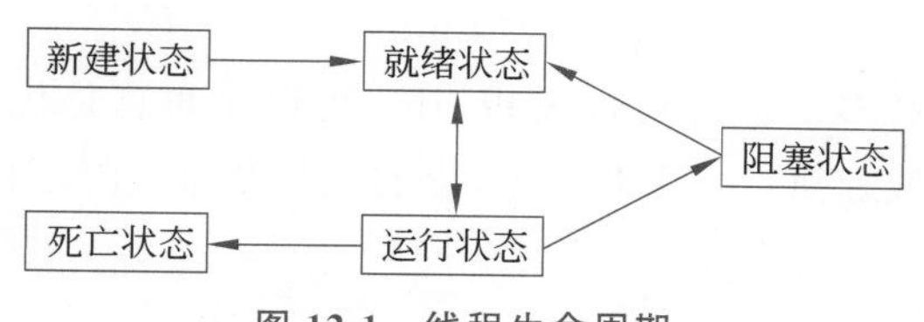

图 12-1　线程生命周期

(1) 新建状态。使用 new 运算符和线程类的构造方法创建一个线程对象,此时线程具备内存空间,并已被初始化。

(2) 就绪状态。当主线程调用新建线程的 start()方法进入就绪状态,进入线程队列排队,等待系统为其分配 CPU。

(3) 运行状态。一旦处于就绪状态的新建线程获得 CPU 资源,该线程就可进入运行状态,并自动调用定义的 run()方法。

(4) 阻塞状态。一个正在执行的线程因为某些原因造成线程进入不可运行状态,即阻塞状态。处于阻塞状态的线程,Java 虚拟机无法执行,即使 CPU 处于空闲阶段,也不能执行该线程。如下原因将导致线程进入阻塞状态。

- 当线程调用 sleep()方法,进入休眠状态。
- 被其他线程调用了 join()方法,等待其他线程结束。
- 发出 I/O 请求,等待 I/O 操作完成期间。
- 当前线程调用 wait()方法。

处于阻塞状态的线程可以重新回到就绪状态,例如,休眠结束、其他线程加入操作完成、I/O 操作完成、调用 notify()或者 notifyAll()方法唤醒 wait 线程。

(5) 死亡状态。当线程退出 run()方法后,就会进入死亡状态。死亡状态的线程将永远不再执行。线程进入死亡状态有可能是正常执行完 run()方法后进入;也可能是由于发生异常进入或强制终止下进入,例如,通过执行 stop()或者 destroy()方法来终止线程。

12.4　线程管理

线程管理

12.4.1　线程优先级

在 Java 系统内运行的每个线程都有优先级。线程的调度程序根据线程优先级决定每个线程应当何时运行。

Java 提供 10 种优先级,分别用整数 1～10 表示,最高优先级是 10,使用常量 MAX_PRIORITY 表示;最低优先级是 1,使用常量 MIN_PRIORITY 表示;默认优先级是 5,使用常量 NORM_PRIORITY 表示。

Java 线程的优先级设置遵循以下准则。

- 线程创建时,子线程继承父线程的优先级。
- 线程创建后,可使用 Thread 类提供的 setPriority(int newPriority)方法设置线程优先级,通过 getPriority()方法获得线程优先级。

程序示例 12-4

程序示例 12-4　chapter12 /chapter12_4.pdf

对于程序示例 12-4,多次运行可以发现,th1 线程并非总是优先运行,偶然情况下,th2 线程也会先于 th1 线程执行。由此可见,影响线程获得 CPU 计算资源的因素除了线程优先级之外,还与操作系统有关。

12.4.2　线程等待

在 12.3 节讲述线程生命周期时提到了 join()方法,当前线程调用其他线程的 join()方法时进入阻塞状态,只有等待其他线程结束或者等待超时,当前线程才能返回到就绪状态。Thread 类提供多种 join()方法,如表 12-2 所示。

表 12-2　Thread 类的 join()方法

方　法	说　明
void join()	等待该线程结束
void join(long millis)	等待该线程结束的时间最长为 millis 毫秒,如果设置超时时间为 0,则一直等待下去
void join(long millis,int nanos)	等待该线程结束的时间最长为 millis 毫秒加上 nanos 纳秒

程序示例 12-5

通常情况下,使用 join()方法的场景在于一个线程依赖另一个线程的运行结果,所以调用另一个线程的 join()方法等它运行完成。

程序示例 12-5　chapter12 /chapter12_5.pdf

12.4.3　线程让步

Thread 类提供了静态方法 yield(),能够使当前线程给其他线程让步。与 sleep()方法相同的是,能够使运行状态的线程暂时放弃 CPU 使用权,然后重新回到就绪状态;但 sleep()方法能够使线程进行休眠,无论线程优先级高或低都有机会运行,而 yield()方法只给相同优先级或者更高优先级线程运行机会。

程序示例 12-6

yield()方法不能控制时间且只能给相同优先级和更高优先级的线程让步,因此,在实际开发中,yield()方法很少使用,而大多都使用 sleep()方法。

程序示例 12-6　chapter12 /chapter12_6.pdf

12.4.4　线程停止

线程的 run()方法运行结束后,线程停止,进入死亡状态。Thread 类提供了 stop()方法、suspend()方法和 resume()方法,但是这些方法会造成严重的系统故障,因此不推荐使用。

程序示例 12-7

通常情况下,如果需要终止线程,推荐使用终止变量的方式实现。

程序示例 12-7　chapter12 /chapter12_7.pdf

12.5　线程安全

线程安全

在 12.1 节线程概念中提到同类的多个线程共享同一块内存空间和一组系统资源，因此，有可能会引发线程不安全的问题。

12.5.1　共享资源问题

多个线程同时运行且访问同一段内存资源时，某个线程可能会需要使用其他线程运行的数据。因此，必须要保证线程之间共享数据的正确性，否则无法保证程序运行结果的正确性。

多个线程之间共享的数据称为共享资源或者临界资源。由于 CPU 负责线程的调度，程序员无法精确控制多线程的交替顺序，因此，多线程对共享资源的访问会导致出现数据不一致性的问题。下面以网络购票为例说明线程访问共享资源的问题。

假设一家电影院支持网络售票，但每天电影票的数量是有限的，而网络上多个售票平台可同时销售电影票。

程序示例 12-8

程序示例 12-8　chapter12 /chapter12_8.pdf

在程序示例 12-8 中，创建两个线程对象，模拟两个网络售票终端。如果电影院系统内还有余票，继续售票，否则退出循环，结束线程，无法售票。同一张电影票重复出售，出现此类问题的根本原因是两个线程同时访问同一个数据，其中一个线程需要使用另一个线程运行之后的数据，导致数据的不一致性。

12.5.2　线程同步

为了防止多个线程对共享资源的访问导致数据的不一致性问题，Java 提供互斥机制，可为资源对象提供互斥锁，在任一时刻只能由一个线程访问，即使该线程处于阻塞状态，也不会解除对资源对象的锁定，其他线程仍不能访问该资源对象，称为线程同步。线程同步保证线程安全，但也会导致性能下降。

Java 提供两种方式实现线程同步：一是 synchronized 方法；二是 synchronized 语句。

1. synchronized 方法

使用 synchronized 关键字修饰待同步资源类中的成员方法，实现线程同步，此时成员方法所在的对象将被锁定。

成员方法都使用 synchronized 关键字修饰，表明这两个方法同步且被锁定，每一时刻只能有一个线程对象访问。但是由于线程同步会影响代码性能，并不是所有的成员方法都使用 synchronized 关键字，因此需要考虑加锁的必要性。

程序示例 12-9

程序示例 12-9　chapter12 /chapter12_9.pdf

2. synchronized 语句

对于第三方包提供的类文件而言，由于不方便直接修改该类的源代码，可使用

synchronized 语句实现线程同步。

将 synchronized 关键字放在待同步资源对象名前，从而限制由花括号括起的一段代码的执行。其语法格式如下：

程序示例 12-10

```
synchronized(待同步资源对象名){
    //需要线程同步的代码
}
```

程序示例 12-10 chapter12 /chapter12_10.pdf

12.6 线程通信

线程通信

某些情况下，如果线程之间有依赖关系，那么线程之间需要通信、互相协调才能完成工作。使用生产者和消费者的问题来解释线程通信的必要性。现实生活中，只有厂商生产出产品并将其放入商超货架后，消费者才能从货架上取走产品进行消费，当生产者没有生产出产品时，消费者也无法消费产品；同理，当厂商生产的产品堆满商超货架后，应该暂停生产，等待消费者消费。

在程序设计中，使用两个线程分别代表厂商和消费者，可将商超货架看作任一时刻只允许一个线程访问的临界资源。两个线程要共享临界资源，需要在某些时刻协调它们的工作，即线程通信。

为了实现线程之间的通信，需使用 Object 类提供的 5 个线程通信方法实现，如表 12-3 所示。

表 12-3 Object 类提供的 5 个线程通信方法

方法	说明
void wait()	等待其他线程唤醒
void wait(longtimeout)	等待时间最长为 timeout 毫秒
void wait(long timeout, int nanos)	等待时间最长为 timeout 毫秒加上 nanos 纳秒
void notify()	当前线程唤醒此对象等待队列中的一个线程
void notifyAll()	当前线程唤醒此对象等待队列中的所有线程

程序示例 12-11

结合线程生命周期和线程通信方法，绘制线程之间的通信图，如图 12-2 所示。

程序示例 12-11 chapter12 /chapter12_11.pdf

在程序示例 12-11 中，实现同步 Store 类，定义了同步成员方法 put()，在该方法中判断商超的置物架是否已经放满产品，如果已经放满，则不能继续进货，调用 this.wait()让当前线程进入对象等待状态中；如果尚未放满，则会调用 this.notify()唤醒对象等待队列中的一个线程。同理，可实现同步方法 take()。

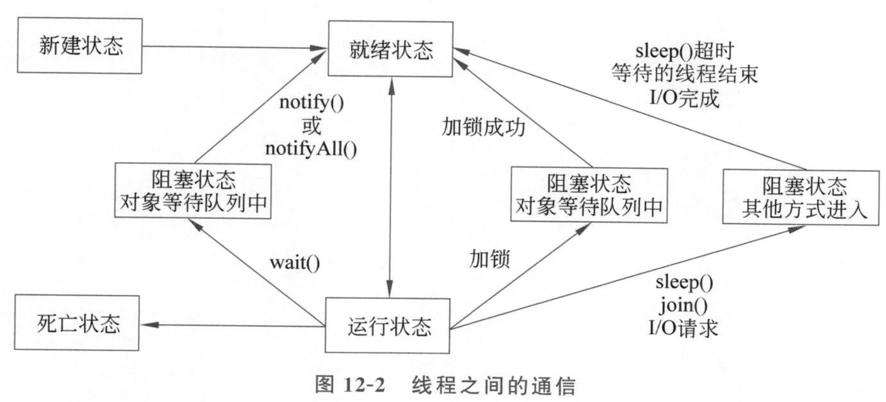

图 12-2　线程之间的通信

12.7　课后习题

1. 什么是线程？线程和进程有什么区别？

2. 什么是线程安全？

3. 如何在 Java 中实现线程？为什么要使用多线程编程？

4. Java 线程池中 submit()方法和 execute()方法有什么区别？

5. Swing 是线程安全的吗？为什么？Swing API 中哪些方法是线程安全的？

6. 如何在 Java 中创建线程安全的 Singleton？

7. 简述 Runnable 接口和 Callable 接口的相同点和不同点。

8. Java 多线程中调用 wait()方法和 sleep()方法有什么不同？

9. 启动一个线程是用 run()方法还是 start()方法？

10. 编写程序，设计 4 个线程。其中，两个线程每次对 i 增加 1，另外两个线程每次对 i 减少 1。

11. 编写程序，查看线程的运行状态。

Web编程篇

第13章

Java Web 开发基础

随着网络技术的发展，单机版的软件程序已无法满足网络计算的需要。因此，形式丰富多样的网络应用程序应运而生。与此同时，Java 语言不断完善优化，更适用开发 Web 应用程序。

13.1 因特网简介

因特网简介

因特网(Internet)是全球性的、开放的计算机互联网络，覆盖全球绝大部分国家和地区，是世界上最大的计算机网络。由于许多小的网络(子网)互联而成的一个逻辑网，每个子网中连接着若干计算机。Internet 以相互交流信息资源为目的，基于一些共同的协议，并通过许多路由器和公共互联网连接而成，是一个信息资源和资源共享的集合。

20 世纪 50 年代末，正处于美苏冷战时期。当时美国军方为了自己的计算机网络在受到袭击时，即使部分网络被摧毁，其余部分仍能保持通信联系，便由美国国防部的高级研究计划局(Advanced Research Projects Agency，ARPA)建设了一个军用网，叫作阿帕网(ARPAnet)。阿帕网于 1969 年正式启用，当时仅连接了 4 台计算机，供科学家们进行计算机联网实验用，这就是因特网的前身。

到 20 世纪 70 年代，ARPAnet 已经有了好几十个计算机网络，但是每个网络只能在网络内部的计算机之间互联通信，不同计算机网络之间仍然不能互通。为此，ARPA 又设立了新的研究项目，支持学术界和工业界进行有关的研究，研究的主要内容就是想用一种新的方法将不同的计算机局域网互联，形成互联网。研究人员称之为 internetwork，简称 Internet，这个名词就一直沿用至今。

1974 年，出现了连接分组网络的协议，其中就包括了 TCP/IP——著名的传输控制协议(Transmisson Control Protocol，TCP)和互联网协议(Internet Protocol，IP)。其中，IP 是基本的通信协议，TCP 是帮助 IP 实现可靠传输的协议。TCP/IP 的规范和 Internet 的技术都是公开的。任何厂家生产的计算机都能相互通信，使 Internet 成为一个开放的系统，这正是后来 Internet 得到飞速发展的重要原因。

ARPA 在 1982 年接受了 TCP/IP,选定 Internet 为主要的计算机通信系统,并把其他的军用计算机网络都转换到 TCP/IP。1983 年,ARPAnet 分成两部分:一部分军用,称为 MILNET;另一部分仍称 ARPAnet,供民用。

1986 年,美国国家科学基金会(National Science Foundation,NSF)将分布在美国各地的 5 个为科研教育服务的超级计算机中心互联,并支持地区网络,形成 NSFnet。1988 年,NSFnet 替代 ARPAnet 成为 Internet 的主干网。NSFnet 主干网利用了在 ARPAnet 中已证明是非常成功的 TCP/IP 技术,准许各大学、政府或私人科研机构的网络加入。1989 年,ARPAnet 解散,Internet 从军用转向民用。

Internet 的发展引起了商家的极大兴趣。1992 年,美国 IBM、MCI、MERIT 三家公司联合组建了一个高级网络服务(ANS)公司,建立了一个新的网络,叫作 ANSnet,成为 Internet 的另一个主干网。与 NSFnet 不同,ANSnet 则是 ANS 公司所有,使 Internet 开始走向商业化。1995 年 4 月 30 日,NSFnet 正式宣布停止运作。而此时 Internet 的骨干网已经覆盖了全球 91 个国家,主机已超过 400 万台。

1995 年 10 月 24 日,联邦网络委员会(Federal Networking Council,FNC)通过了一项决议,对因特网做出了这样的界定:因特网是全球性信息系统,满足以下要求。

(1) 在逻辑上由一个以 IP 及其延伸的协议为基础的全球唯一的地址空间连接起来。

(2) 能够支持使用 TCP/IP 协议及其延伸协议,或其他 IP 兼容协议的通信。

(3) 借助通信和相关基础设施公开或不公开地提供利用或获取高层次服务的机会。

13.1.1 主机和 IP 地址

所有的计算机,不管是大型机还是微型机,只要连接到因特网上,都有其独立的身份表征,称为主机。

现实生活中,为了确保信件准确送达目的地,人们在寄快递之前需要明确写出收件方的邮政编码。同理,为了实现因特网上主机之间的通信,每台主机都必须使用一个唯一的网络地址来标识,该网络地址也称 IP 地址。

默认情况下,IP 地址使用 4 字节二进制数表示。为了方便人们的日常使用,IP 地址通常用点分十进制法对二进制数进行换算,其换算步骤如下。

(1) 将 IP 地址划分为 4 组,每组包含 1 字节二进制数据。

(2) 各组二进制数据之间,使用小数点分隔。

(3) 使用二进制转十进制方法,将每字节的二进制数据使用十进制表示,其数值范围是 0～255。

示例 13-1

一个 IP 地址为 11000000 10101000 11111010 01111101。

使用点分十进制法表示为 192.168.250.125。

13.1.2 域名和域名系统

早期互联网使用非等级的名字空间,其优点在于名字简短。但是当互联网上的用户数量急剧增加时，使用非等级的名字空间来管理用户非常困难。因此，互联网采用层次树状结构的命名方式，类似于邮政系统和电话系统。采用这种命名方式，任何一个连接在互联网上的主机或路由器，都有一个唯一的层次结构名，即域名(domain name)。域是名字空间中一个可被管理的划分，域还可划分为子域，而子域还可继续划分为子域的子域，以此形成了顶级域、二级域、三级域等。

从语法格式来讲，每个域名使用点分隔符和标号序列组成网络上某一台主机或者一组主机的名称，用于数据传输时标识主机的位置。

示例 13-2

```
www.cumtb.edu.cn
```

域名系统(Domain Name System，DNS)是互联网使用的命名系统，便于人们使用的机器名转换为 IP 地址。域名系统本质上是名字系统，为互联网的各种网络应用提供核心服务。

用户与互联网上某台主机通信时，必须要知道对方的 IP 地址。然而用户很难记住长达 32 位的二进制主机地址，即使是点分十进制 IP 地址。使用 DNS 可将互联网上的主机名转换为 IP 地址。

DNS 规定，域名中标号必须由英文字母和数字组成，每个标号不超过 63 个字符，也不区分大小写字母；标号中除连字符(-)外不能使用其他的标点符号；级别最低的域名写在最左边，而级别最高的顶级域名则写在最右边；由多个标号组成的完整域名总共不超过 255 个字符。

需要注意的是，域名仅仅作为逻辑概念，并不代表计算机所在的物理地点。变长的域名和使用有助记忆的字符串，是为了便于人们使用。

13.2 Web 简介

Web 简介

万维网(World Wide Web，WWW)并非某种特殊的计算机网络。万维网是一个大规模的、联机式的信息储藏所，是因特网上的一种分布式应用架构，英文简称为 Web。万维网使用链接的方法能够非常方便地从互联网上的一个站点访问另一个站点，从而主动地按需获取丰富的信息。正是由于万维网的出现，使互联网从仅由少数计算机专家使用转变为普通百姓也能利用的信息资源。万维网的出现使网站数量按指数规律增长。因此，万维网的出现是互联网发展中的一个非常重要的里程碑。

目前，万维网联盟(World Wide Web Consortium，W3C)管理和维护与 Web 开发相关的技术标准。Web 是网络上使用最广泛的分布式应用架构，其目的在于共享分布在网络上的各个 Web 服务器中所有互相连接的信息。万维网以客户服务器方式工作，万维网文档所驻留的主机则运行服务器程序，因此也称万维网服务器。客户程序向服务器程序发出请求，服务器程序向客户程序送回客户所需的万维网文档，在一个客户程序主窗口上显示的万维网文档称为页面。目前，常用的 Web 体系架构有两种形式：C/S 体系架构和 B/S 体系架构。

(1) C/S 体系架构。C/S 即 Client/Server,客户/服务器结构。服务器通常使用高性能工作站,并使用大型数据库系统。客户端安装专用软件,完成与服务器之间的通信。其优势:充分利用两端的硬件环境,将任务合理分配到客户端和服务器端,降低系统的通信开销。其缺点:对于不同客户端需要开发不同的程序,且软件的安装和调试均在客户机上进行,不利于系统维护。

(2) B/S 体系架构。B/S 即 Brower/Server,浏览器/服务器结构。客户端无须安装专用软件,统一采用 Web 浏览器作为客户端,向 Web 服务器发送请求,由 Web 服务器进行处理并返回处理结果。其优势:充分利用浏览器技术实现专用软件的功能,节约开发成本,已成为当今 Web 应用程序的首选体系架构。其缺点:客户端将事务处理全部交由服务器端进行,使应用服务器的运行数据负载较大,需要额外配置数据库存储服务器备份数据。

综上所述,Web 体系结构主要由 3 部分组成。

(1) Web 服务器。用户访问 Web 页面或其他资源均由 Web 服务器提供。Web 服务器向客户端提供服务,提供信息浏览服务,其应用层采用 HTTP,信息内容采用 HTML 文档格式,信息定位采用 URL 技术。目前,最常用的 Web 服务器是 Apache 服务器。

(2) Web 客户端。如果采用 B/S 模式,用户使用 Web 浏览器访问 Web 资源。浏览器作为运行在客户端的软件,可向 Web 服务器发送访问请求,并对服务器返回的网页和多媒体数据进行解析显示。目前,最常用的网页格式是 HTML 文档格式。

(3) 通信协议。客户端和服务器端之间的一套通信机制,保证数据交互不出错。通常情况下,采用 HTTP。

Web 技术

13.3 Web 技术

13.3.1 HTTP 技术

超文本传送协议(Hypertext Transfer Protocol,HTTP)详细规定了 Web 客户端与 Web 服务器端之间的通信方式。在分层网络体系结构中,HTTP 是位于 TCP/IP 的基础之上、面向事务的应用层协议,使用可靠的 TCP 连接是可靠地交换文件(包括文本、声音、图像等各种多媒体文件)的重要基础,默认端口号是 80。

HTTP 详细规定 Web 运行过程基于 C/S 通信模式,客户通过浏览器建立 Web 服务器的连接,并发送 HTTP 请求信息,Web 服务器接收 HTTP 请求并返回响应结果。因此,客户端与服务器端之间的一次通信包括以下过程。

(1) 客户端与服务器端建立 TCP 连接。

(2) 客户端发送第一次 HTTP 请求信息给服务器端。

(3) 服务器端接收第一次 HTTP 请求,对 HTTP 请求内容进行分析处理,并向客户端返回 HTTP 响应。

(4) 客户端接收服务器端的响应信息,对响应信息进行处理显示,客户端与服务器端之间断开 TCP 连接。

HTTP 是一种基于请求-响应的无状态通信协议，同一个客户第二次访问同一个服务器上的页面时，服务器的响应与第一次被访问时相同(前提是服务器页面内容没有更新)。因为服务器不会记忆曾经访问过的客户信息，也不会记忆该客户曾经服务过多少次。HTTP 的无状态特性简化了服务器的设计，使服务器更容易支持大量并发的 HTTP 请求。

13.3.2　URL 技术

统一资源定位符(Uniform Resource Locator，URL)，用于表示从互联网上得到的资源位置和访问资源的方法。URL 给资源的位置提供一种抽象的识别方法，指向因特网上位于某个主机上的某个资源。资源类型包括但不限于：HTML 文件、图像文件、Servlet 等。

URL 相当于一个文件名在网络范围的扩展。因此，URL 是与互联网相连的机器上的任何可访问对象的一个指针。当用户打开浏览器，在地址栏中输入一个指定的 URL 时，就可访问到远程 Web 服务器返回的数据。

URL 一般由 4 部分组成，其语法格式如下：

```
协议名://主机域名或 IP 地址(端口号)/资源路径
```

(1) 协议名。一般指应用层协议，常用的协议 HTTP，还有其他协议：FTP、TELNE、MAIL、FILE、HTTPS 等。

(2) 主机域名或 IP 地址。指明网络上主机的位置，即需要访问资源所处的网络位置。

(3) 端口号。指明提供 Web 服务的端口号。默认情况下，使用 80 端口提供服务，可缺省。

(4) 资源路径/文件名。一般使用相对 Web 服务器的相对路径或文件名，表示服务器根目录下的资源文件。

示例 13-3

```
https://www.baidu.com/index.html
```

其中，https 表示应用层协议名；www.baidu.com 表示 Web 服务器的域名；index.html 表示需要访问到的资源文件。

13.3.3　URI 技术

统一资源标识符(Uniform Resource Identifier，URI)，以特定语法标识一个资源的字符串，由模式和模式特有部分组成，成分之间使用冒号分隔，其语法格式如下：

```
schema:schema-specific-part
```

URI 的常见模式包括 file(本地磁盘文件)、ftp(FTP 服务器)、http(使用 HTTP 的 Web 服务器)和 mailto(电子邮件地址)等。URI 是 URL 的父集。

示例 13-4

```
http://www.cumtb.edu.cn
```

其中,http 是模式部分;//www.cumtb.edu.cn 是模式特有部分;两部分之间使用“:”分隔。

Web 客户端技术

13.4 Web 客户端技术

13.4.1 HTML 技术

如果需要任何一台计算机都能显示一个万维网服务器上的页面,就必须解决页面制作的标准化问题。

超文本标记语言(HyperText Markup Language,HTML)是用于制作万维网页面的超文本文档的标记语言,解决了不同计算机之间信息交流的障碍。但是,HTML 并不是应用层的协议,而是万维网浏览器使用的一种语言。官方的 HTML 标准由万维网联盟 W3C 负责制定,一般情况下,使用 HTML 语言编写的超文本文档中可以包含其他资源文件的链接,也称超链接。通过超链接,用户可以方便地访问所需要的资源。

HTML 文档主要使用 4 个标签,分别是<html>、<head>、<title>和<body>,构成 HTML 页面的基本要素,如表 13-1 所示。

表 13-1 HTML 页面 4 个标签

标　签	说　明
<html>	HTML 文件的开头。以</html>标签结束
<head>	HTML 文件的头标签,放置 HTML 文件的信息。定义的 CSS 样式代码可放置内部
<title>	HTML 文件的标题标签,定义在<head>标签之中
<body>	HTML 文件的主体标签,页面的所有内容定义在此

程序示例 13-1

程序示例 13-1　chapter13 /WebContent/HTML/index.pdf

HTML 中常用的标签如表 13-2 所示。

表 13-2 HTML 常用的标签

标　签	说　明
<meta>	关于 HTML 文档的元信息
<link>	HTML 文件链接外部资源文件
<script>	可在 HTML 文件中编写脚本文件
<style>	HTML 文件的样式信息
<h1>～<h6>	HTML 文件中的子标题
<p>	HTML 文件中的段落

续表

标　签	说　　明
<b>	将 HTML 文件中的标签内部文字加粗
 	换行符
<hr>	水平线
<a>	锚标签，可放置超链接
<img>	图像标签
<table>	表格标签
<tr>	表格中的行标签
<td>	表格中的单元或列标签
<form>	表单标签
<input>	输入控件标签
<li>	列表项目标签
<div>	HTML 文档中的节、块或区域标签

程序示例 13-2　**chapter13 /WebContent/HTML/example.pdf**

程序示例 13-2

13.4.2　CSS 技术

串联样式表(Cascading Style Sheets，CSS)是用于修饰或表现 HTML 或者 XML 等文件样式的语言。使用 CSS，能够真正做到网页表现与内容分离。相较于传统的 HTML 页面而言，CSS 能够对网页中对象的位置进行像素级的精确控制，支持几乎所有的字体、字号样式，拥有对网页对象和模型样式的编辑能力，并能够进行初步交互设计。

CSS 的使用方式有 3 种类型。

(1) 内联样式表。使用 HTML 标签内 sytle 属性来指定网页显示的样式，style 属性可包含任何 CSS 样式声明。

程序示例 13-3

程序示例 13-3　**chapter13 /WebContent/HTML/neilianCSS.pdf**

(2) 内部样式表。在单个 HTML 页面<head>标签中使用<style>标签指定 CSS 文件。

程序示例 13-4　**chapter13 /WebContent/HTML/neibuCSS.pdf**

程序示例 13-4

(3) 外部样式表。声明页面样式代码保存在以 css 为扩展名的样式文件中，当某个 HTML 页面需要使用 CSS 文件时，通过<link>标签和<style>标签连接外部 CSS 文件。

程序示例 13-5　**chapter13 /WebContent/HTML/waibuCSS.pdf**

程序示例 13-5

13.4.3　JavaScript 技术

JavaScript 技术是一种基于对象和事件驱动的，广泛应用于客户端，具有相对安全性的 Web 开发脚本语言,常用于 HTML 动态功能网页的实现。

JavaScript 可以被用来编写校验表单数据的代码。在表单数据被提交到服务器之前,可以使用 JavaScript 来校验数据;JavaScript 还可响应事件,将 JavaScript 设置为当某事件发生时才会被执行。

程序示例 13-6

通常情况下,用户在 HTML 页面中使用<script>标签来定义 JavaScript 脚本。<script>标签内既可包含脚本语句,也可通过标签中的 src 属性指向外部脚本文件。

程序示例 13-6 **chapter13 /WebContent/HTML/check.pdf**

13.5 Web 文档技术

13.5.1 Web 文档

Web 文档技术

通常情况下,Web 文档是使用某种语言(HTML、JSP 等)编写的页面文件,也称 Web 页面。Web 文档是一种重要的 Web 资源,可分为 Web 静态文档和 Web 动态文档。

1. Web 静态文档

在 Web 发展早期阶段,Web 服务器只能提供静态 HTML 页面,当用户在浏览器中输入指定 HTML 页面的 URL 时,Web 服务器将该 HTML 页面返回给浏览器端进行显示。此时,Web 页面没有任何处理功能,只是以一种文件的形式存放在 Web 服务器,称为 Web 静态文档,属于被动资源文件,也称 Web 服务器被动资源。

2. Web 动态文档

随着 Web 技术的发展,Web 服务器增加动态执行特定程序代码的功能,使 Web 服务器能够利用特定程序代码动态生成 Web 页面,称为 Web 动态文档,由于文档内容动态生成,属于主动资源文件,也称 Web 服务器主动资源。

13.5.2 客户端动态文档技术

使用浏览器插件展示特定形式的信息,增强浏览器的功能。借助于 JavaScript 脚本语言,浏览器通过解析 Web 服务器返回包含脚本信息的 HTML 文档,实现与浏览器的交互。其优势在于无须改进 Web 服务器,但是对浏览器提出较高技术要求。

通常使用 JavaScript 结合文档对象模型(Document Object Model,DOM)技术实现客户端动态 Web 文档技术。需要注意的是,客户端的动态文档技术与服务器端的动态文档技术完全不同。对于采用服务器端的动态文档技术,代码是在服务器端执行的;对于采用客户端的动态文档技术,代码是在客户端执行的。

13.5.3 服务器端动态文档技术

Web 服务器在运行期间加载并执行由第三方提供的特定程序代码来生成 HTML 文档,而不是直接从服务器中获取已经存在的 HTML 文档。

1. 服务器端程序

1）CGI 技术

CGI(Common Gateway Interface)称为公共网关接口，也称网关程序。外部扩展应用程序与 Web 服务器交互的标准接口。根据 CGI 标准编写外部扩展应用程序，可完成客户端与服务器的交互操作。CGI 应用程序能与浏览器进行交互，还可通过数据 API 与数据库服务器等外部数据源进行通信，从数据库服务器中获取数据，生成 HTML 文档发送给浏览器，也可以将从浏览器获得的数据放到数据库中。

CGI 分为标准 CGI 和间接 CGI 两种。标准 CGI 使用命令行参数或环境变量表示服务器的详细请求，服务器与浏览器通信采用标准输入输出方式；间接 CGI 又称缓冲 CGI，在 CGI 程序和 CGI 之间插入一个缓冲程序，缓冲程序与 CGI 间用标准输入输出进行通信。

CGI 执行时需使用服务器 CPU 和内存，每次用户发送访问请求，都会创建一个系统进程，如果有成千上万的这种程序同时运行，容易出现服务器系统崩溃问题。

2）Servlet 技术

Servlet 是 Java Servlet 的简称，称为服务器扩展技术，是使用 Java 语言编写的服务器端程序，具有独立于平台和协议的特性，主要用于交互式浏览和生成动态 Web 文档。

Servlet 可响应任何类型的请求，但一般情况下，Servlet 只用于扩展基于 HTTP 的 Web 服务器。当服务器启动时，Servlet 模块将被装载至内存，并且只初始化一次。用户每次发送访问请求时，服务器通过驻留在内存中的服务模块副本响应用户请求。

一个 Servlet 就是 Java 的一个类，它被用来扩展服务器的性能，服务器上驻留着可以通过“请求-响应”编程模型来访问的应用程序。

2. 嵌入脚本程序的 HTML 文档

通过在 Web 页面中嵌入某种语言的脚本，并交由 Web 服务器执行脚本程序，生成动态 HTML 文档返回给客户端进行显示。目前，流行的嵌入技术有 ASP、PHP、JSP。

1）ASP 技术

ASP(Active Server Page)称为活动服务器网页。由微软公司开发用于代替 CGI 技术，能够与数据库和其他程序进行交互，是一种简单、方便的动态文档技术。ASP 的网页文件扩展名为 asp，常用于各种动态网站中。

ASP 是一种服务器端脚本编写环境，可用于创建或运行动态网页或 Web 应用程序。ASP 页面中可包含 HTML 标记、普通文本、脚本命令和 COM 组件等。与 HTML 页面相比，其具有以下特点。

（1）ASP 文件包含在 HTML 代码所组成的文件中，易于修改和测试。

（2）Web 服务器中的 ASP 解释器(IIS)执行 ASP 程序，返回 HTML 文档给客户端。

（3）ASP 提供内置对象，增强服务器脚本功能。

(4) ASP 可使用服务器端 ActiveX 组件执行其他操作,如访问数据库。

(5) ASP 程序结合 Access 数据库或 SQL Server 数据库使用。

2) PHP 技术

PHP(Pre Hypertext Preprocessor)称为超文本预处理器,在服务器端执行的脚本语言,适用于 Web 开发并嵌入 HTML 文档中。

PHP 语言允许 Web 开发人员快速编写动态网页,利用了 C、Java 和 Perl 语言的语法规则,应用于 Web 服务端开发。在 PHP 技术中,所有的变量都是页面级,无论是全局变量还是类的平台数据成员,都会在页面执行完毕后被清空。与 HTML 页面相比,其具有以下特点。

(1) 开源免费,PHP 解释器源代码公开,其运行环境使用也是免费。

(2) 快捷高效,类似 C 语言的语法,加入面向对象的概念,方便与主流数据库建立连接。

(3) 拓展性强,PHP 语言在补丁漏洞升级过程中,核心部分植入简单易性,且速度快。

PHP 技术适用于开发小型的网站项目,但对于大型或复杂项目,PHP 难以胜任。

3) JSP 技术

JSP(Java Server Pages)是一种动态网页技术标准。JSP 部署在 Web 服务器上,可响应客户端发送的请求,并根据请求内容动态生成 HTML、XML 或者其他格式的 Web 网页,然后返回给请求者。JSP 技术以 Java 语言作为脚本语言,为用户的 HTTP 请求提供服务,并能够与服务器上的其他 Java 程序共同处理复杂的业务需求。JSP 技术将 Java 代码嵌入 HTML 页面中,动态生成页面。本书着重讲解 JSP 技术内容。

与 HTML 页面相比,JSP 页面具有以下特点。

(1) 能以模板化的方式简单、高效地添加动态网页内容。

(2) 可利用 JavaBean 和标签库技术复用常用的功能代码。标签库不仅带有通用的内置标签,而且支持可扩展功能的自定义标签。

(3) 继承 Java 的跨平台优势,实现"一次编写,处处运行"。

(4) 页面设计和程序逻辑分离,实现高效分工合作。

(5) 可与其他企业级 Java 技术相互配合。JSP 负责页面数据呈现,实现分层开发。

Tomcat 服务器

13.6 Tomcat 服务器

Tomcat 服务器是 Apache 开源软件组织的软件项目,使用 Java 语言编写而成。Tomcat 服务器可与当前主流 Web 服务器(IIS 服务器和 Apache 服务器)协同工作,且运行稳定、效率高。

Tomcat 作为 Servlet 容器,还提供 Web 服务器实用功能,例如,Tomcat 管理和控制平台、安全域管理等,已成为企业开发 Java Web 应用程序的首选 Servlet 容器之一。

Tomcat 的官方网址(http://tomcat.apache.org)提供更多关于服务器的信息。官方主页如图 13-1 所示。本书中所有的 Web 程序都在 Tomcat 服务器中运行。需要注意的是，使用 Tomcat 服务器必须安装 Java 运行环境。

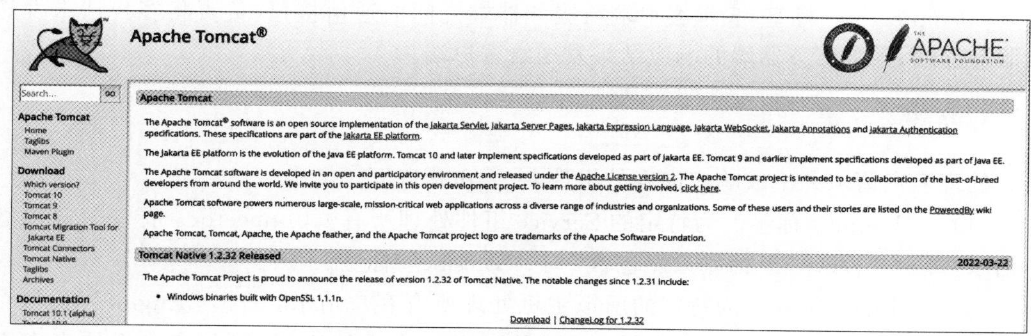

图 13-1　Tomcat 官方主页

13.6.1　Tomcat 服务器目录结构

Tomcat 服务器目录结构内容如表 13-3 所示。

表 13-3　Tomcat 服务器目录结构

目　录　名	说　　明
/bin	存放启动和关闭 Tomcat 服务器的脚本文件
/conf	存放 Tomcat 服务器的配置文件，包括 server.xml 和 web.xml 等
/lib	存放 Tomcat 服务器及所有 Web 应用程序可访问的库文件
/logs	存放 Tomcat 服务器的日志文件
/temp	存放 Tomcat 服务器的运行时产生的临时文件
/webapps	存放所有 Web 应用程序的根目录
/work	存放 JSP 页面生成的 Servlet 源文件和字节码文件

13.6.2　Tomcat 服务器组件元素

Tomcat 服务器组件可在＜CATALINA_HOME＞/conf/server.xml 文件中配置。每个 Tomcat 组件在 server.xml 文件中对应一种配置元素，组件元素分为 4 类。

1. 顶层类元素

＜Server＞标签，指代整个 Servlet 容器组件，是 Tomcat 顶层元素，可包含一个或者多个＜Service＞标签。

＜Service＞标签，包含一个＜Engine＞标签，以及一个或者多个＜Connector＞标签，且共享同一个＜Engine＞标签。

2. 连接器类元素

<Connector>标签,表示客户端与服务器端之间的通信接口,负责将客户请求发送给服务器端,并将服务器端的响应结果发送给客户端。

3. 容器类元素

处理客户请求并生成响应内容的组件,主要包括以下 4 类。

(1) <Engine>标签。为特定的 Service 组件处理所有<Connector>标签接收的客户请求,每个<Service>标签只能包含一个<Engine>标签。

(2) <Host>标签。为特定的虚拟主机处理所有客户请求,一个<Engine>标签可包含多个<Host>标签,每个<Host>标签定义一个虚拟主机,可包含一个或者多个 Web 应用程序。

(3) <Context>标签。每个<Context>标签指代运行在虚拟主机上的单个 Web 应用程序,一个<Host>标签可包含多个<Context>标签。

(4) <Cluster>标签。负责 Tomcat 服务器集群系统进行会话复制、Context 组件属性复制以及集群范围内 WAR 文件发布。

4. 嵌套类元素

可嵌入容器中的组件,如<value>标签和<Realm>标签等。

示例 13-5

```
<Server>
    <Service>
        <Connector></Connector>
        <Engine>
            <Host>
                <Context></Context>
                <Context></Context>
            </Host>
        </Engine>
    </Service>
<Service>
        <Connector></Connector>
        <Engine>
            <Host>
                <Context></Context>
                <Context></Context>
            </Host>
            <Host>
                <Context></Context>
```

```
            </Host>
        </Engine>
    </Service>
</Server>
```

13.6.3　Tomcat 服务器安装

本书中所有的 Web 应用程序都使用 Tomcat 服务器运行，并将 Tomcat 安装为独立的 Web 服务器，即作为独立的 Servlet 容器来运行。

1. Windows 操作系统安装

在 Windows 操作系统内安装 Tomcat 服务器的步骤如下。

(1) 安装 JDK。

(2) 在 Tomcat 官网下载服务器压缩包文件 apache-tomcat-9.x.zip，并解压 Tomcat 压缩包文件至指定目录文件夹。

(3) 在操作系统内设置系统环境变量 JAVA_HOME 和 CATALINA_HOME，分别是 JDK 安装目录和 Tomcat 安装目录。

2. macOS 操作系统安装

在 macOS 操作系统中安装 Tomcat 服务器的步骤与 Windows 操作系统类似，但配置环境变量需要采用 Bash 的 SHELL 类型设置，具体如下。

(1) JAVA_HOME=/JDK 所在目录/java/jdk。

(2) export JAVA_HOM。

(3) CATALINA_HOME=/Tomcat 所在目录/tomcat。

(4) export CATALINA_HOME。

13.6.4　启动与关闭 Tomcat 服务器

Tomcat 服务器安装成功之后，进入 Tomcat 服务器目录中的 bin 子文件夹。

对于 Windows 操作系统而言，双击 startup.bat 批处理文件即可启动 Tomcat 服务器；双击 shutdown.bat 批处理文件即可关闭 Tomcat 服务器。

对于 macOS 操作系统而言，在 Terminal 窗口中，使用命令行./startup.sh 即可启动 Tomcat 服务器；使用命令行“./shutdown.sh”即可关闭 Tomcat 服务器。

13.6.5　Tomcat 服务器测试

Tomcat 服务器安装以及环境变量配置成功之后，可在浏览器地址栏内输入 http://localhost:8080/。如果 Tomcat 服务器安装正确，浏览器将会显示如图 13-2 所示的页面。

HTTP 规定 Web 服务器使用默认端口号 80，而 Tomcat 服务器默认使用端口号 8080。如果需要修改 Tomcat 服务器端口号，则需要在 server.xml 文件中修改＜Connector＞标签的 port 属性为 80，并重新启动 Tomcat 服务器。

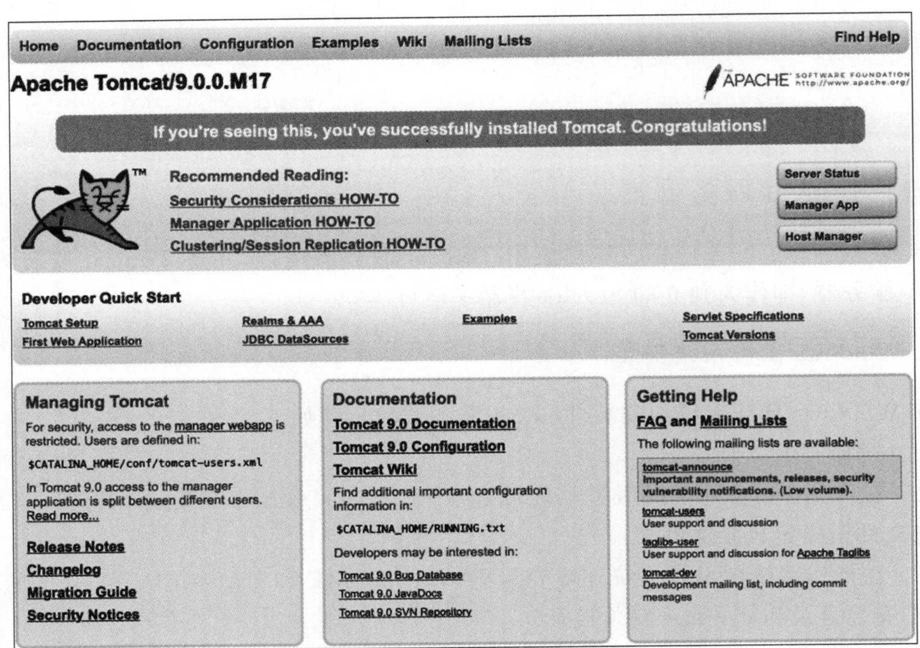

图 13-2　Tomcat 服务器主页

13.7 课后习题

1. Web 在组成上包括几部分?
2. Web 应用服务器的用途是什么?
3. Web 动态文档技术包含哪几种?
4. 在 Windows 操作系统下,配置 JDK 环境变量时,需要编辑________变量,需要新增________变量和________变量。
5. IP 地址与域名、域名与域名系统的联系与区别是什么?
6. WWW 的英文全称是________。
7. (　　)不属于 B/S 结构特点。

A. 节约成本　　B. 维护成本高且投资大
C. 安全　　D. 方便

8. (　　)不属于 URL 的组成部分。

A. 服务器名称　　B. 协议类型
C. 路径　　D. 文件名

9. (　　)不是 HTML 的常用标签。

A. <body>　　B. <head>
C. <html>　　D. <blow>

10. HTTP 的中文含义是(　　)。

A. 统一资源定位符　　　　　　B. 超文本传送协议

C. 网络套接字　　　　　　　　D. 邮件传输协议

11. URL 是资源的命名机制,由(　　)3 部分组成。

A. 协议、主机 DNS 名(或 IP 地址)和文件名

B. 主机或 IP 地址和文件名、协议

C. 协议、文件名、主机名

D. 协议、文件名、IP 地址

12. 如果 Tomcat 服务器启动时将 jar 包加载到内存,且 jar 包可被服务器上所有的应用程序使用,则应将 jar 包复制到 Tomcat 服务器的(　　)目录。

A. common　　　　　　　　B. server

C common/lib　　　　　　　D. server/lib

第14章 Servlet 技术

Servlet 是 Java Web 应用程序的核心组件。Servlet 在 Servlet 容器中加载运行，能够为客户端提供丰富的服务。此外，Servlet 规范为 Java Web 应用程序制定对象模型，因此，Servlet 是 Java 对象，且 Servlet 容器也可提供 Java 对象。

Servlet API

14.1 Servlet API

Servlet API 由一组 Java 类和接口组成，提供标准的、平台独立的框架，实现 Servlet 和 Web 服务器之间的通信。Tomcat 服务器的 lib 库文件夹中 servlet-api.jar 文件即是 Servlet API 的类库文件。Servlet API 主要由 4 个 Java 包组成：javax.servlet、javax.servlet.http、javax.setvlet.annotation 以及 javax.servlet.descriptor。

Servlet API 常用 Java 包只有两个：javax.servlet、javax.servlet.http。Servelet API 类和接口关系如图 14-1 中所示。

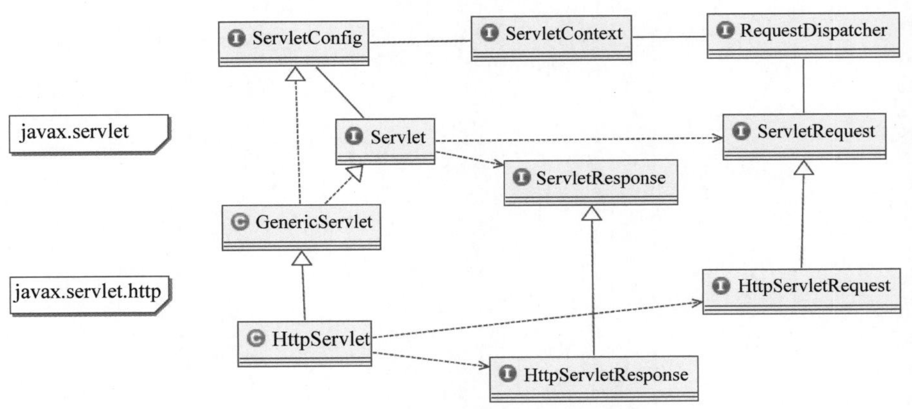

图 14-1 Servlet API 类和接口关系

14.1.1 javax.servlet 包

javax.servlet 包中定义独立于任何协议的 Servlet 接口以及相关的通用类。javax.servlet 包中共有 24 个接口、14 个类以及 2 个枚举类。表 14-1 列举出

javax.servlet 包中常用接口。

表 14-1　javax.servlet 包中常用接口

接　口　名	说　　明
Servlet	所有 Servlet 的父接口
ServletConfig	在初始化阶段 Servlet 容器使用 Servlet 配置对象向 Servlet 传递信息
ServletContext	Servlet 使用此接口中定义的方法完成与 Servlet 容器通信
ServletRequest	定义提供客户端请求信息给 Servlet 的请求对象
ServletRequestListener	定义监听请求对象的监听器接口，例如，进入或离开 Web 应用程序作用域
ServletRequestAttributeListener	定义监听请求对象属性的监听器接口，例如，属性发生改变
RequestDispatcher	定义接收客户端请求信息对象，并将请求分发到服务器上的其他资源
ServletResponse	定义提供服务器响应信息给客户端的响应对象

表 14-2 列举出 javax.servlet 包中常用类。

表 14-2　javax.servlet 包中常用类

类　　名	说　　明
GenericServlet	定义独立于任何协议的 Servlet 抽象类
ServletInputStream	提供输入流从客户端请求中读取二进制数据抽象类
ServletOutputStream	提供输出流发送二进制数据到客户端抽象类

14.1.2　javax.servlet.http 包

javax.servlet.http 包中主要封装对 HTTP 相关的类和接口，完成对客户端 HTTP 请求和响应的处理，以及实现会话机制。javax.servlet.http 包中共有 11 个接口和 6 个类。表 14-3 列举出 javax.servlet.http 包中常用接口。

表 14-3　javax.servlet.http 包中常用接口

接　口　名	说　　明
HttpServletRequest	继承自 ServletRequest 接口，提供支持 HTTP 请求信息的 Servlet
HttpServletResponse	继承自 ServletResponse 接口，提供支持 HTTP 响应消息的 Servlet
HttpSession	实现会话管理接口，提供区分同一页面不同客户端信息的功能
HttpSessionListener	提供监听会话生命周期变化功能
HttpSessionAttributeListener	提供监听会话属性变化功能
HttpSessionIdListener	提供监听会话 ID 变化功能

表 14-4 列举出 javax.servlet.http 包中常用类。

表 14-4 javax.servlet.http 包中常用类

类 名	说 明
HttpServlet	定义实现 HTTP 的 Servlet 抽象类
Cookie	定义创建 Cookie 对象的类,由服务器发送给客户端
ServletOutputStream	提供输出流发送二进制数据到客户端抽象类

14.1.3 javax.servlet.annotation 包

javax.servlet.annotation 包中定义 9 个注解接口和 2 个枚举类。允许用户使用注解方式完成声明 Servlet、过滤器、监听器以及指定声明组件的元数据等操作。表 14-5 列举出 javax.servlet.annotation 包中常用注解接口。

表 14-5 javax.servlet.annotation 包中常用注解接口

接 口 名	说 明
WebServlet	声明 Servlet,由服务器在部署期间处理
WebinitParam	给定 Servlet 初始化参数
WebListener	声明监听器
WebFilter	声明 Servlet 过滤器

14.1.4 javax.servlet.descriptor 包

javax.servlet.descriptor 包中定义访问由 Web.xml 文件提供的 Web 应用程序配置信息的类型。javax.servlet.descriptor 包中定义 3 个接口。表 14-6 列举出 javax.servlet.descriptor 包中常用接口。

表 14-6 javax.servlet.descriptor 包中常用接口

接 口 名	说 明
JspConfigDescriptor	提供访问 Web 应用程序<jsp-config>标签的配置信息
JspPropertyGroupDescriptor	提供访问 Web 应用程序<jsp-property-group>标签的配置信息
TaglibDescriptor	提供访问 Web 应用程序<taglib>标签的配置信息

Servlet 接口与类

14.2 Servlet 接口与类

14.2.1 Servlet 接口

Servlet 接口是 Servlet API 的核心接口,每个 Servlet 程序都必须直接或者间接实现该接口。在 Servlet 接口中定义了 5 个抽象方法，其中 3 个方法由 Servlet 容器调用，Servlet 容器在 Servlet 不同生命周期阶段调用特定方法，如表 14-7 所示。

表 14-7 Servlet 容器生命周期方法

方 法 名	说 明
init(ServletConfig config)	负责初始化 Servlet 对象。容器创建 Servlet 对象后自动调用
service(ServletRequest req, ServletResponse res)	负责响应用户请求信息，提供服务
destroy()	负责释放 Servlet 对象所占资源。当 Servlet 对象结束生命周期时自动调用

此外，Servlet 接口还定义 2 个获取 Servlet 配置信息的方法，如表 14-8 所示。在 Java Web 应用程序中调用方法，获取 Servlet 配置信息以及其他相关信息。

表 14-8 获取 Servlet 配置信息的方法

方 法 名	说 明
getServletConfig()	返回一个 ServletConfig 对象，包含初始化参数
getServletInfo()	返回一个字符串，包含 Servlet 创建对象、版本和版权等信息

14.2.2 ServletConfig 接口

Servlet 接口中 init(ServletConfig config)方法中使用 ServletConfig 类型参数，当 Servlet 容器初始化一个 Servlet 对象时，将 ServletConfig 对象传递为 Servlet 对象，建立 Servlet 对象与 ServletConfig 对象之间的联系。

ServletConfig 接口为用户提供获取 Servlet 配置信息的方法，如表 14-9 所示。接口主要返回 3 种类型信息：Servlet 名、Servlet 上下文对象以及 Servlet 初始化参数。

表 14-9 获取 Servlet 配置信息的方法

方 法 名	说 明
getInitParameter(String name)	根据指定的初始化参数名，返回对应的初始化参数值
getInitParameterNames()	返回一个枚举对象，包含所有的初始化参数名
getServletContext()	返回一个 ServletContext 对象
getServletName()	返回 Servlet 实例名，在 web.xml 中<servlet-name>子标签值，若没有，返回 Servlet 类名

获得 ServletConfig 对象有以下两种方式。

- 覆盖 Servlet 的 init(ServletConfig config)方法，然后把容器创建的 ServletConfig 对象保存到一个成员变量中。
- 在 Servlet 中，直接使用 getServletConfig()方法获得 ServletConfig 对象。

程序示例 14-1

程序示例 14-1　chapter14/ ConfigInfoServlet.pdf

14.2.3　GenericServlet 类

GenericServlet 抽象类为 Servlet 接口提供通用功能的实现,独立于任何网络应用层协议。GenericServlet 类实现了 Servlet 接口和 ServletConfig 接口,如图 14-2 所示。

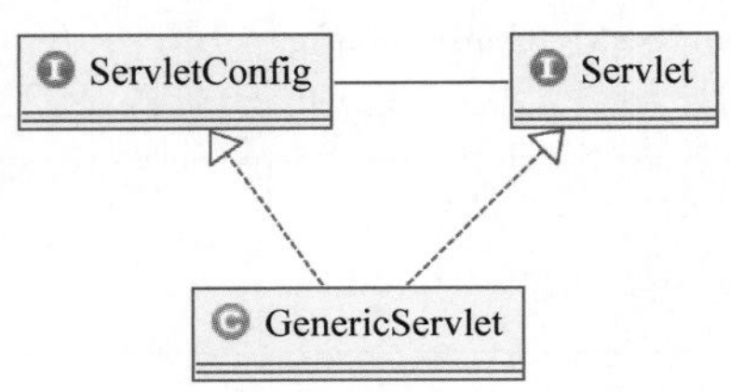

图 14-2　GenericServlet 类图

GenericServlet 类实现了 Servlet 接口中 init(ServletConfig config)初始化方法,同时也提供一个无参数的 init()方法。对于子类而言,如果希望覆盖父类中的初始化行为,有两种方式。

- 覆盖父类的无参 init()方法,直接在方法体内写入子类的初始化行为。
- 覆盖父类的有参 init()方法,但必须在该方法中的第一行调用 super.init(config)语句。

GenericServlet 类实现 Servlet 接口中 destroy()方法,但方法体内没有销毁对象操作。因此,用户可覆盖 destroy()方法,从而为待销毁的当前 Servlet 对象释放占用的资源,例如,关闭文件输入流和输出流,关闭数据库连接等。

需要注意的是,GenericServlet 类没有实现 Servlet 接口中 service()方法,此方法是类中唯一的抽象方法。因此,GenericServlet 类是抽象类。用户需要通过具体子类实现该方法,从而为特定的客户请求提供具体的服务。

GenericServlet 类实现 ServletConfig 接口中所有方法。因此,在该类的子类中可直接使用 ServletConfig 接口中定义的 getServletContext( )、getInitParameter( ) 和 getInitParameterNames()等方法。此外,GenericServlet 类还提供 log()方法实现日志记录的功能。

14.2.4　ServletRequest 接口

ServletRequest 接口提供定义客户端请求信息的对象。当服务器接收到客户端访问某个特定 Servlet 请求信息时,Servlet 容器首先分析客户端的信息并封装成为 ServletRequest 对象。当容器调用 Servlet 对象的 service()方法时,将 ServletRequest 对象传递给 Servlet 接口中 service()方法的形参。

ServletRequest 接口中定义的方法主要用于获取客户端请求数据的方法,具体内容如表 14-10 和表 14-11 所示。

表 14-10　ServletRequest 接口中常用访问方法

方　法　名	说　　明
getContentLength()	获取请求信息的长度,如果未知,返回−1
getContentType()	获取请求信息的 MIME[①] 类型,如果未知,返回 null

① MIME 称为 Multipurpose Internet Mail ExTensions,即多用途互联网邮件扩展。

续表

方 法 名	说 明
getInputStream()	获取读取请求信息的输入流
getLocalAddr()	获取服务器端的 IP 地址
getLocalName()	获取服务器端的主机名
getLocalPort()	获取服务器端的 FTP 端口号
getParameter(String name)	获取指定请求参数名对应的参数值
getProtocal()	获取客户端与服务器端通信协议名以及版本号
getReader()	获取读取字符串格式请求正文 BufferedReader 对象
getRemoteAddr()	获取客户端的 IP 地址
getRemoteHost()	获取客户端的主机名
getRemotPort()	获取客户端的 FTP 端口号
getHeaderNames()	获取请求头信息

表 14-11 请求作用域共享数据方法

方 法 名	说 明
setAttribute(String name, java.lang.Object Object)	将属性名和属性值(Java 对象)绑定在请求作用域内
getAttribute(String name)	返回指定参数名在请求作用域内对应 Object 对象
removeAttribute(String name)	删除请求作用域内指定参数名对应 Object 对象

14.2.5 ServletResponse 接口

ServletResponse 接口提供定义服务器响应信息的对象，Servlet 通过 ServletResponse 对象生成响应信息并发送给客户端。当容器调用 Servlet 对象的 service()方法时，将 ServletResponse 对象传递给 Servlet 接口中 service()方法的形参。ServletResponse 响应信息的默认 MIME 类型是 text/plain，即纯文本类型。

ServletResponse 接口中定义的方法主要用于生成响应信息的方法，如表 14-12 所示。

表 14-12 ServletResponse 接口中常用响应方法

方 法 名	说 明
setCharacterEncoding(String charset)	设置响应信息的字符编码，默认格式为 ISO-8859-1
setContentLength(int len)	设置响应信息的长度
setContentType(String type)	设置响应信息的 MIME 类型
setBufferSize(int size)	设置存放响应信息的缓冲区大小

续表

方法名	说明
getWriter()	获取 PrintWriter 对象，将字符文本发送到客户端操作
getOutputStream()	获取 ServletOutputStream 对象，Servlet 用于输出二进制响应信息
getCharacterEncoding()	获取响应信息的字符编码
getContentType()	获取响应信息的 MIME 类型
getBufferSize()	获取存放响应信息的缓冲区大小
reset()	清空缓冲区内容，且清空响应状态码及响应头
resetBuffer()	只清空缓冲区内正文内容
flushBuffer()	强制刷新缓冲区内响应数据，并发送至客户端
isCommitted()	返回布尔类型值，true 表示缓冲区内数据已提交给客户

为了提高输出数据的效率，首先使用 ServletOutputStream 或 PrintWriter 将数据写入缓冲区内，然后将缓冲区内响应信息发送给客户端，如果发送成功，则 isCommitted()方法返回 true。一般情况下，缓冲区内数据发送给客户端的情形有 3 种。

- 缓冲区数据已满，ServletOutputStream 或 PrintWriter 会自动把缓冲区内数据发送给客户端，并清空缓冲区。
- Servlet 调用 ServletResponse 对象的 flushBuffer()方法刷新缓冲区。
- Servlet 调用 ServletOutputStream 或 PrintWriter 对象的 flush()或 close()方法刷新或关闭输出。

需要注意的是，为了保证输出的响应信息能够全部发送给客户端，应当在所有数据输出完成之后，调用 ServletOutputStream 或 PrintWriter 对象的 close()方法关闭输出操作。本书使用的 Tomcat 服务器在调用 Servlet 对象的 service()方法后，会自动关闭 ServletOutputStream 或 PrintWriter，保证 Servlet 输出的所有内容被提交给客户端。

此外，如果需要设置响应信息的 MIME 类型和字符编码格式，必须严格执行设置规则，否则设置内容无效。具体设置顺序以及内容如下。

(1) 调用 ServletResponse 对象的 setContentType()和 setCharacterEncoding()方法。

(2) 调用 getOutputStream()或者 getWriter()方法获取输出对象输出响应正文至缓冲区。

(3) 提交缓冲区内数据给客户端。

Servlet 生命周期

14.3 Servlet 生命周期

Servlet 作为 Java Web 应用程序的核心组件，Servlet 容器控制其生命周期的各个阶段。根据 Servlet 技术规范，可将其生命周期分为 4 个阶段：加载实例化阶段、初始化阶段、运行阶段和销毁阶段，如图 14-3 所示。

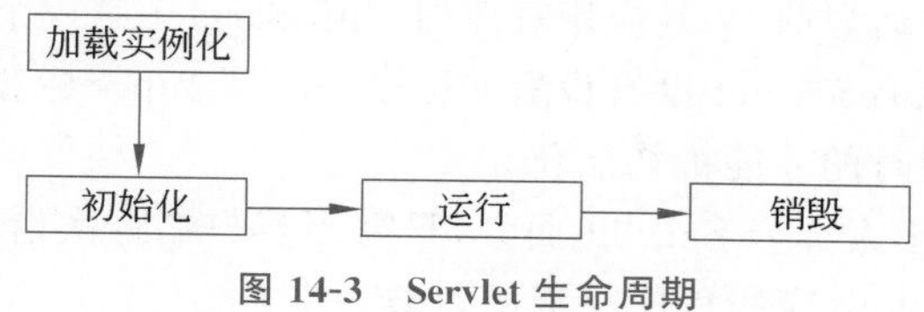

图 14-3 Servlet 生命周期

14.3.1 加载实例化阶段

在 Servlet 容器启动或 Servlet 程序第一次被访问时，Servlet 容器通过调用 class.forName()方法加载 Servlet，将它的.class 文件数据读入内存中，并实例化一个 Servlet 对象。

14.3.2 初始化阶段

Servlet 容器调用 init(ServletConfig config)方法完成初始化操作，使用特定 Servlet 的初始化配置信息 ServletConfig，建立 Servlet 对象与 ServletConfig 对象的关联。当 Servlet 容器初始化 Servlet 对象后，Servlet 对象可通过调用 getServletContext()方法能够得到当前 Web 应用程序的 ServletContext 对象。

在实际应用中，发生以下情形之一，使 Servlet 会进入初始化阶段。

- 当前 Web 应用程序处于运行时阶段，指定的 Servlet 对象首次被客户端请求访问完成初始化。一般情况下，Servlet 容器使用该方式初始化 Servlet 对象。
- 在 Web.xml 文件中设置＜load-on-startup＞标签，当 Servlet 容器启动 Servlet 所属的 Web 应用时，初始化 Servlet 对象。
- 当 Web 应用程序被重新启动时，Web 应用程序中所有 Servlet 都会在特定时刻重新初始化。

示例 14-1

```
<servlet>
    <servlet-name>infoServlet</servlet-name>
    <servlet-class>InfoServlet</servlet-class>
    <load-on-startup>1</load-on-startup>
</servlet>
<servlet>
    <servlet-name>SetServlet</servlet-name>
    <servlet-class>setServlet</servlet-class>
    <load-on-startup>2</load-on-startup>
</servlet>
<servlet>
    <servlet-name>DataBaseServlet</servlet-name>
    <servlet-class>dataBaseServlet</servlet-class>
</servlet>
```

在示例 14-1 中,InfoServlet 和 SetServlet 的<load-on-startup>的值分别为 1 和 2,那么,当 Servlet 容器启动当前 Web 应用程序时,InfoServlet 第一个初始化,SetServlet 第二个初始化。而 DataBaseServlet 没有设置<load-on-startup>标签值,则该 Servlet 只能在客户端首次请求访问时的才能被初始化。

需要注意的是,对于大部分 Servlet 而言,只需当客户端首次请求访问时才被初始化,减轻 Web 服务器启动 Web 应用程序时资源负载。

14.3.3 运行阶段

Servlet 生命周期的重要阶段,响应客户端的请求。当容器接收到对 Servlet 的访问请求时,其具体过程如下。

(1) 当首次接收到客户端访问特定 Servlet 访问请求时,Servlet 容器根据请求中的 URL,找到指定 Servlet 实例,并创建 ServletRequest 请求对象和 ServletResponse 响应对象。

(2) 创建一个新线程,并在线程中调用 service()方法,且将请求对象和响应对象作为实参传递给该方法。

(3) Servlet 实例使用响应对象获得输出流对象,将响应数据发送给客户端。

(4) 一旦完成服务操作之后,Servlet 容器将会销毁该访问请求的 ServletRequest 对象和 ServletResponse 对象;线程对象也将被销毁或者返回 Servlet 容器管理的线程池中。

14.3.4 销毁阶段

当 Web 应用程序被终止运行时,Servlet 容器调用该应用程序内所有 Servlet 对象的 destroy()方法销毁对象,释放其所占用的资源。

程序示例 14-2

例如,关闭文件输入流或输出流,关闭与数据库的连接等。与此同时,Servlet 容器也会销毁与该 Servlet 对象关联的 ServletConfig 对象空间。

程序示例 14-2 **chapter14/LifeCycleServlet.pdf**

HttpServlet 类与接口

14.4 HttpServlet 类与接口

14.4.1 HttpServlet 类

HttpServlet 类是 GenericServlet 类的子类,提供与 HTTP 相关的通用实现。因此,在 Java Web 开发基于 HTTP 的自定义 Servlet 程序时,需要继承 HttpServlet 类。对于自定义的具体子类,针对客户端请求方式来覆盖 HttpServlet 类中相应的响应方法。

在 HttpServlet 类中覆盖实现了 Servlet 接口中 service()方法,其语法格式如下:

```
service(HttpServletRequest req, HttpServletResponse resp)
```

一般情况下,在 service()方法中使用 HttpServletRequest 接口中 getMethod()方法获取客户端的请求方式,确定匹配的服务方法。例如,如果为 GET 请求方式,则调用 doGet()方法;如果为 POST 请求方式,则调用 doPost()方法。

14.4.2 HttpServletRequest 接口

HttpServletRequest 接口是 ServletRequest 接口的子接口，HttpServlet 类中覆盖的 service()方法以及 doGet()和 doPost()等方法都有一个 HttpServletRequest 类型参数。

HttpServletRequest 接口提供用于读取 HTTP 请求信息的方法，如表 14-13 所示。

表 14-13 HttpServletRequest 接口常用方法

方 法 名	说 明
getContextPath()	获取客户端所请求访问的 Web 应用程序 URL 入口
getCookies()	获取 HTTP 请求中所有 Cookie
getHeader(String name)	获取 HTTP 请求头的指定参数对应的信息
getHeaderNames()	获取枚举对象，包含 HTTP 请求头中所有项目名
getMethod()	获取 HTTP 请求方式
getRequestURI()	获取 HTTP 请求头中第 1 行的 URI
getQueryString()	获取 HTTP 请求头中查询字符串，即 URL 中"?"后面的内容

14.4.3 HttpServletResponse 接口

HttpServletResponse 接口是 ServletResponse 接口的子接口，HttpServlet 类中覆盖的 service()方法以及 doGet()和 doPost()等方法都有一个 HttpServletResponse 类型参数。

HttpServletResponse 接口提供用于响应 HTTP 请求的方法，Servlet 可设置 HTTP 响应头或向客户端写入 Cookie，具体如表 14-14 所示。

表 14-14 HttpServletResponse 接口常用方法

方 法 名	说 明
addHeader()	给 HTTP 响应头添加一项内容
sendError(int sc)	发送给客户端一个代表指定 sc 错误状态代码的 HTTP 响应
sendError(int sc,String msg)	发送给客户端一个代表指定 sc 错误状态代码以及具体错误信息的 HTTP 响应
setHeader(String name,String value)	设置 HTTP 响应头一项内容，如已存在，则覆盖原有的内容
addCookie(Cookie cookie)	给 HTTP 响应信息中添加一个 Cookie

程序示例 14-3 chapter14/HttpServletResponseServlet.pdf

在程序示例 14-3 中，通过浏览器访问下面 URL 地址：

程序示例 14-3

```
http://localhost:8080/chapter14/HttpServletResponseServlet
```

浏览器将会出现由 HttpServletResponseServlet 生成的 HTML 页面。如果添加

"?username=world"到 URL 末尾处,可通过 HttpServletRequest 对象中 getParameter()方法获取到指定参数 username 对应的参数值 world。

HTTP 消息

14.5 HTTP 消息

HTTP 消息是指由客户端到服务器端的请求信息和由服务器端发送到客户端的响应组成的一种消息。HTTP 消息由以下 4 部分组成。

(1) 一个起始行,描述需执行的请求或者响应的状态,起始行只有一行。

(2) 一个可选的 HTTP 头集合,指明请求或描述消息的正文。

(3) 一个空行,指明所有关于请求的元数据已经发送完毕。

(4) 一个可选内容,包含请求相关数据的正文(例如,HTML 表单数据)或者响应的文档。正文大小由起始行的 HTTP 头指定。

依据 HTTP 消息组成形式,可将 HTTP 消息划分为 HTTP 请求和 HTTP 响应。

14.5.1 HTTP 请求

由客户端向服务器端发送的 HTTP 消息称为 HTTP 请求,由请求行、请求头、空行和请求信息包组成。一个典型的 HTTP 请求信息如下。

```
请求行  GET /chapter14 HTTP/1.1
请求头  user-Agent = Mozilla/5.0(Macintosh; Intel Mac OS X 10_16)
        accept=text/html,application/xhtml+xml,application/xml;q=0.9,*/*;
        q=0.8
        cache-control= no-cache
        accept-Language = zh-cn
        accept-Encoding = gzip, deflate AppleWebKit/605.1.15 (KHTML, like Gecko)
                      Safari/522.0)
        host=localhost:8080
        connection=keep-alive
空行
请求信息包
```

1. 请求行

由方法名、请求资源 URI 和 HTTP 版本号组成,它们之间使用空格符分隔。典型的请求行信息如下:

```
POST /MineGroup/Intro HTTP/1.1
```

在请求行中的方法名指定客户端请求服务器端完成的动作,根据 HTTP 规定:HTTP 请求方式主要分为 8 种类型。

(1) GET。客户端通过 GET 请求方式访问服务器端的一个文档,服务器端分析请求消息后将指定文档发送给客户端。GET 请求对应 HttpServlet 类中的 doGet()成员方法。

(2) POST。客户端可通过 POST 请求方式向服务器端发送大量数据信息。在 HTTP 请求中不仅包含要访问信息的 URI,还包含大量的请求正文内容,一般情况下,请求正文内容包括 HTML 表单数据。POST 请求对应 HttpServlet 类中的 doPost()成员方法。

(3) HEAD。客户端和服务器端之间内部数据的通信方式,服务器端不返回具体的文档。内部数据不影响用户浏览网页过程,对用户是透明的。HEAD 请求方式不能单独使用,而与其他请求方式结合使用获取辅助信息。例如,搜索引擎使用 HEAD 请求方式获取网页的标志信息;HTTP 服务器安全认证时,使用 HEAD 请求传递认证信息等。HEAD 请求对应 HttpServlet 类中的 doHead()成员方法。

(4) PUT。客户端通过 PUT 请求将文档上传至服务器端。PUT 请求对应 HttpServlet 类中的 doPut()成员方法。

(5) DELETE。客户端通过 DELETE 请求删除远程服务器端上的文档。DELETE 请求对应 HttpServlet 类中的 doDelete()成员方法。

(6) TRACE。调试 Web 服务器端连接的 HTTP 方式,该方式使得服务器端原样返回任何客户端请求的内容,但是支持该请求方式的服务器端存在跨站脚本漏洞,基本不使用。

(7) OPTION。用于获取当前 URL 所支持的方式。若请求成功,则它会在 HTTP 头中包含一个名为 Allow 的头,对应值是所支持的请求方式,如 GET 很少使用。

(8) CONNECT。在 HTTP 1.1 协议上新增的命令。CONNECT 请求方式需使用 TCP 直接连接网络资源,不适用网页开发。CONNECT 请求方式的作用:将服务器端视为请求访问中转站,服务器端代替用户访问其他网络资源,然后将获取的数据返回给用户。那么,用户就可以访问到服务器端能够访问的网络资源,也称 HTTP 代理。

需要注意的是,GET 和 POST 请求是最常用 HTTP 请求方式,而 PUT 和 DELETE 请求方式并不常用。因此,很多 HTTP 服务器并不支持 PUT 和 DELETE 请求处理。GET 和 POST 请求方式的区别如表 14-15 所示。

表 14-15　GET 和 POST 请求方式的区别

类　型	GET 方式	POST 方式
资源类型	主动资源和被动资源	主动资源
数据类型	文本数据	文本数据或二进制数据
数据量	不超过 255 个字符	无限制
可见性	数据是 URL 组成部分,在浏览器地址栏中对用户可见	数据作为请求信息发送给服务器,在浏览器中对用户不可见
数据缓存	数据可在浏览器 URL 历史中缓存	数据不能在浏览器 URL 历史中缓存

在 HttpServlet 类中,除定义 service()方法为客户端提供服务外,还针对每个 HTTP 请求方法定义相应的 doXXX()方法,其语法格式如下:

```
protected void doXXX(
HttpServletRequest req, HttpServletResponse resp)
throws ServletException, IOException
```

针对不同的 HTTP 请求方式都有对应的 HttpServlet 类处理请求的方法,如表 14-16 所示。

表 14-16　不同的 HTTP 请求方式对应的 HttpServlet 类处理请求的方法

HTTP 请求方式	HttpServlet 类处理请求的方法	HTTP 请求方式	HttpServlet 类处理请求的方法
GET	doGet()	DELETE	doDelete()
POST	doPost()	TRACE	doTrace()
HEAD	doHead()	OPTION	doOption()
PUT	doPut()		

客户发送给服务器的请求信息被封装在 HttpServletRequest 对象中,其中包含了由浏览器发送给服务器的数据,包括请求参数、客户端有关信息等。

程序示例 14-4

程序示例 14-4　chapter14/HttpRequestInfoServlet.pdf

2. 请求头

HTTP 请求头包含需要发送给服务器的信息,以"键-值"对的形式发送数据。HTTP 请求头如表 14-17 所示。

表 14-17　HTTP 请求头

名　称	说　明
User-Agent	关于浏览器和平台信息
Accept	客户端能够接收并处理的 MIME 类型
Accept-Charset	客户端可接收的字符集
Accept-Encoding	客户端能够处理的页面编码方式
Accept-Language	客户端能够处理的语言类型
Host	服务器端 DNS 名
Authorization	访问密码保护的 Web 页面时,客户使用该请求头标识身份
Cookie	将之前设置的 Cookie 发送给服务器
Date	发送消息的日期和时间
Connection	指示连接是否支持持续连接,参数值 keep-alive 表示支持持续连接

程序示例 14-5

程序示例 14-5　chapter14/RequestHeaderInfoServlet.pdf

3. 空行

最后一个请求头之后是一个空行,其主要用于发送回车符和换行符,告知服务器空行之后不再有请求头。

4. 请求信息包

请求信息包体不在 GET 方式中使用，而是在 POST 方式中使用。POST 方式适用于需要客户填写表单的场合。与请求信息包相关的内容包括请求信息包的类型 Content-Type 和请求信息包的长度 Content-Length。

14.5.2　HTTP 响应

由服务器端发送给客户端的 HTTP 消息称为 HTTP 响应，由状态行、响应头、空行和响应数据包组成。一个典型的 HTTP 响应结构如下。

```
状态行        HTTP/1.1 200 OK
响应头        content-Type: text/html
              content-Length: 52
空行
响应数据包    <html><body>
              <p>hello world</p>
              </body></html>
```

1. 状态行

状态行由 HTTP 版本、说明请求结果的响应状态码以及描述状态码的短语组成。典型的状态行信息如下：

```
HTTP/1.1 404 Not Found
```

该状态行表示没有找到指定 URI 匹配的资源。

在 HTTP 1.1 版中定义了若干状态码，这些状态码由 3 位整数表示，一般分为 5 类，如表 14-18 所示。

表 14-18　状态码

状态码范围	说　明	状态码范围	说　明
100～199	表示信息	400～499	表示客户端错误
200～299	表示请求成功	500～599	表示服务器端错误
300～399	表示重定向		

状态码 200 是由 Servlet 容器自动设置，Servlet 本身不需要指定该状态码，但是，对于其他状态码，可由 Servlet 容器设置，也可由响应对象的 setStatus()方法设置，其语法格式如下：

```
public void setStatus (int sc)
```

其中，sc 表示需要指定的状态码。

HttpServletResponse 接口中定义了代表 HTTP 响应状态代码的静态常量，具体如表 14-19 所示。

表 14-19 HttpServletResponse 接口中常用状态码的静态常量

静态常量名	说　　明
HttpServletResponse.SC_OK	响应状态码为 200
HttpServletResponse.SC_FOUND	响应状态码为 302
HttpServletResponse.SC_BAD_REQUEST	响应状态码为 400
HttpServletResponse.SC_FORBIDDEN	响应状态码为 403
HttpServletResponse.SC_NOT_FOUND	响应状态码为 404
HttpServletResponse.SC_METHOD_NOT_ALLOWED	响应状态码为 405

此外，如果 Servlet 容器发现客户端不能访问某些资源文件时，在默认情况下，Servlet 容器将会创建一个 HTML 响应页面，包含指定的错误信息。

响应对象提供 sendError()方法实现向客户端发送错误信息页面的功能，其有两种实现方式，语法格式如下：

```
public void sendError(int sc)
public void sendError(int sc, String msg)
```

其中，sc 表示需要指定的状态码，msg 表示需要指定的显示消息。

程序示例 14-6

程序示例 14-6　**chapter14/StatusResponseServlet.pdf**

2. 响应头

响应头是服务器端向客户端发送的消息，其组成部分如表 14-20 所示。

表 14-20 HTTP 响应头

名　　称	说　　明
Allow	服务器支持的访问请求方式(如 GET、POST)
Content-Encoding	文档编码方法。只有解码后才能得到 Content-Type 头指定内容类型。一般使用 gzip 压缩文档减少页面下载时间
Content-Type	文档 MIME 类型。Servlet 默认为 text/plain。如需显示 HTML 网页格式，通常需显示指定为 text/html
Content-Length	文档内容长度，只有当 HTTP 使用持久 HTTP 连接时才需要
Date	当前 GMT 时间。可使用 setDateHeader()方法设置
Expires	设置文档何时过期，从而不再缓存
Last-Modified	文档最后修改的时间
Location	客户端提取文档的地址。通过 sendRedirect()方法提供

续表

名　称	说　明
Refresh	客户端在多长时间之后刷新文档，以秒为单位
Server	服务器名。由 Web 服务器设置
Set-Cookie	设置和页面关联的 Cookie。使用 addCookie()方法实现
WWW-Authenticate	客户端在 Authorization 头中提供授权信息类型，由 Web 服务器专门机制来控制受密码保护页面的访问

在某些情况下，许多浏览器会将服务器端的网页存放在客户端的缓存中。如果用户多次请求访问服务器端同一个网页，且客户端的缓存中存在该网页，就无须请求访问服务器端的页面。但是，浏览器缓存技术只适用于静态网页，以及非敏感数据的网页。针对动态网页或者敏感数据(银行卡账号信息)网页，服务器端不希望客户端缓存网页内容，可通过设置响应头来禁止客户端缓存页面，其语法格式如下：

```
response.setHeader("Cache-Control", "no-cache")
```

或

```
response.setHeader("Expires", "0");
```

在 HTTP/1.1 版本中，Cache-Control 决定客户端是否可以缓存网页，如取值为 no-cache，则客户端不会将 Servlet 生成的网页保存在客户端缓存中；Expires 选项用于设定网页过期时间，如取值为 0，则表示网页立即过期，如果用户重复请求访问该网页，客户端每次都会从服务器端获取最新的网页数据。

3. 空行

最后一个响应头之后是一个空行，其主要用于发送回车符和换行符，告知服务器端空行之后不再有响应头。

4. 响应信息包

程序示例 14-7

服务器端发送给客户端的具体页面内容。一般情况下，服务器端发送 HTML 页面或者 JSP 页面。

程序示例 14-7　**chapter14/ResponseHeaderInfoServlet.pdf**

14.6 Servlet 注解

Servlet 注解

在 Servlet 3.0 技术规范中，增加 Servlet 注解功能，无须在 web.xml 文件中定义 Servlet 配置信息即可运行 Web 应用程序，简化开发流程。

Servlet 注解功能由 javax.servlet.annotaion 包提供，因此，使用 Servlet 注解功能时需要引入此包。

14.6.1 @WebServlet

本节介绍 Servlet 类中常用的注解技术@WebServlet,在注解类中的属性和 web.xml 文件中配置 Servlet 的特定标签对应,其属性用法如表 14-21 所示。

表 14-21 @WebServlet 注解的属性用法

属 性	类 型	说 明
name	String	指定 Servlet 名,等价于 XML 文件<servlet-name>标签,如果没有指定,默认值为类的全限定名
urlPatterns	String[]	指定一组 Servlet 的 URL 匹配模式。等价于<url-pattern>标签
value	String[]	等价于 urlPatterns 属性,但二者不可同时使用
loadOnStartup	int	指定 Servlet 加载顺序,等价于<load-on-startup>标签
initParams	WebInitParam[]	指定一组 Servlet 初始化参数,等价于<init-param>标签
asyncSupported	boolean	指定 Servlet 是否支持异步处理模式,等价于<async-supported>标签
description	String	指定 Servlet 描述信息,等价于<description>标签
displayName	String	指定 Servlet 显示名称,等价于<display-name>标签

示例 14-2

```
@WebServlet(name="CheckServlet", urlPatterns={"/check.do"})
```

在示例 14-2 中,使用@WebServlet 注解的 name 属性指定 Servlet 名,而 urlPatterns 属性指定访问该 Servlet 的 URL。注解在应用程序启动时被 Web 容器处理,根据具体的标签配置将响应的类部署为 Servlet。

一旦 Servlet 指定了注解类型,就无须在 web.xml 文件中定义该 Servlet,但仍需要将 web.xml 文件中根标签<web-app>的 metadata-complete 属性设置为 false。

14.6.2 @WebInitParam

@WebInitParam 注解不能单独使用,需要配合@WebServlet 使用,其主要作用是为 Servlet 完成初始化参数操作,等价于在 web.xml 文件中<servlet>标签的<init-param>子标签。@WebInitParam 注解的属性用法如表 14-22 所示。

表 14-22 @WebInitParam 注解的属性用法

属 性	类 型	说 明
name	String	指定初始化参数名,等价于<param-name>标签
value	String[]	指定初始化参数值,等价于<param-value>标签
description	String	关于初始化参数描述,等价于<description>标签

部署描述文件

14.7　部署描述文件

Web 服务器使用部署描述文件初始化 Web 应用程序组件，启动时读取该文件，配置 Web 应用程序，也称 DTD (Document Type Definition)文件。为了保证跨 Web 服务器的可移植性，部署描述文件的 DTD 标准由 Sun 公司制定。DTD 规定 XML 文档的语法和标签的使用规则，包括一系列的元素和实体声明，其语法定义格式如下：

```
<!ELEMENT web-app
(description?,display-name?, icon?,distributable?,
context-param*, filter*, filter-mapping*, listener*,
servlet*,servlet-mapping*, session-config?, mime-mapping*,
welcome-file-list?,error-page*, jsp-config*, security-constraint*,
login-config?, security-role* )>
```

在 DTD 定义中，有 4 种常用的符号如表 14-23 所示。

表 14-23　DTD 常用符号

符号类型	说　　明	符号类型	说　　明
?	元素可出现 0 次或者 1 次	+	元素可出现 1 次或者多次
*	元素可出现 0 次或者多次	无符号	元素只可出现 1 次

在部署描述文件中，DTD 常用标签如表 14-24 所示。

表 14-24　DTD 常用标签

标　　签	说　　明
<description>	Web 应用程序的简短描述
<display-name>	定义 Web 应用程序的显示名字
<context-param>	定义 Web 应用程序的初始化参数，在整个应用程序范围内有效
<servlet>	定义一个 Servlet
<servlet-mapping>	定义 Servlet 映射
<welcome-file-list>	定义 Web 应用程序的欢迎文件
<session-config>	定义会话时间
<listener>	定义监听器
<filter>	定义过滤器
<filter-mapping>	定义过滤器映射
<error-page>	定义错误处理页面
<security-constraint>	定义 Web 应用程序的安全约束

续表

标　签	说　明
<mime-mapping>	定义常用文件扩展名的 MIME 类型
<login-config>	配置安全验证登录界面
<security-role>	配置安全角色

14.7.1 <servlet>标签

使用<servlet>标签为 Web 应用程序定义一个 Servlet,<servlet>子标签如表 14-25 所示。

表 14-25 <servlet>子标签

子 标 签	说　明
<servlet-name>	定义 Servlet 名,必选且唯一
<servlet-class>	指定实现此 Servlet 的类,必须是带包名的完整名称。可通过 ServletConfig 接口中 getServletName()方法访问
<init-param>	定义 Servlet 的初始化参数,可包含多个此标签。可通过 Servlet 类中 getInitParameter(String name)方法访问
<load-on-startup>	指定 Web 应用启动时,Servlet 加载顺序。优先加载零或者数值小的 Servlet;如果为负数或未指定,则在客户首次访问时加载 Servlet

其中,每个<init-param>标签必须有且仅有一组<param-name>和<param-value>子标签。此外,只有当前 Servlet 才能访问该标签的初始化参数和初始值。

示例 14-3

```
<servlet>
    <servlet-name>TestServlet</servlet-name>
    <servlet-class>edu.cumtb.TestServlet</servlet-class>
    <init-param>
        <param-name>username</param-name>
        <param-value>admin</param-value>
    </init-param>
    <load-on-startup>1</load-on-startup>
</servlet>
```

14.7.2 <servlet-mapping>标签

使用<servlet-mapping>标签设定客户访问某个 Servlet 的 URL,<servlet-mapping>子标签如表 14-26 所示。

表 14-26 <servlet-mapping>子标签

子 标 签	说 明
<servlet-name>	指定 Servlet 名，必须与<servlet>标签中的名称一致
<url-pattern>	指定访问此 Servlet 的 URL，相对于 Web 应用 URL 路径

<servlet-mapping>标签使得程序中定义的 Servlet 类名和客户访问的 URL 彼此独立。当 Servlet 类名发生改变时，只需修改<servlet>标签中<servlet-class>子标签，而客户端访问 Servlet 的 URL 无须修改。

示例 14-4

```
<servlet-mapping>
    <servlet-name>TestServlet</servlet-name>
    <url-pattern>/test</url-pattern >
</servlet-mapping>
```

14.7.3 <session-config>标签

使用<session-config>标签设置 HTTP Session 的生命周期。<session-config>标签只包含一个<session-timeout>子标签，用于设置 Session 可保持客户端不活动状态的最长时间，单位为 s。如果客户端超过设定时间没有访问，服务器将作为无效的 Session 并销毁处理。

示例 14-5

```
<session-config >
    <session-timeout >30</session-timeout>
</session-config >
```

14.7.4 <welcome-file-list>标签

在浏览器地址栏中输入一个路径名，没有指定特定的文件，也能访问一个页面，这个页面就是欢迎页面，文件名通常为 index.html。

在 Tomcat 服务器中，如果访问的 URL 是目录，并没有特定的 Servlet 与这个 URL 模式匹配，则将在该目录中查找 index.html 文件，如果找不到，将查找 index.jsp 文件，如果找到上述文件，将该文件返回给客户；如果找不到(包括目录也找不到)，将向客户发送 404 错误信息。

示例 14-6

```
<welcome-file-list >
    <welcome-file>index.html</welcome-file>
    <welcome-file>index.jsp</welcome-file>
</welcome-file-list >
```

14.7.5 web.xml 描述文件

Web 应用程序发布部署描述文件,也称 web.xml 描述文件。web.xml 中的元素和 Tomcat 服务器完全独立。

结合上述所学知识点,可写出一个完整的 web.xml 示例。在 web.xml 描述文件中,顶层元素是<web-app>标签,其他所有的子元素都必须定义在<web-app>标签内。

程序示例 14-8

程序示例 14-8 web.xml 描述文件

14.8 课后习题

1. 下列关于 Servlet 说法正确的是(　　)。(可多选)
   A. Servlet 是一种动态网站技术
   B. Servlet 运行在服务器端
   C. Servlet 针对每个请求都使用一个进程处理
   D. Servlet 与普通的 Java 类一样,可直接运行,不需要环境支持
2. 下列关于 Servlet 编写方式正确的是(　　)。(可多选)
   A. 必须是 HttpServlet 子类
   B. 通常需要覆盖 doGet()和 doPost()方法或其中之一
   C. 通常需要覆盖 service()方法
   D. 通常需要在文件声明<servlet>和<servlet-mapping>两个标签
3. 关于 Servlet 生命周期描述正确是(　　)。(可多选)
   A. init()方法只会调用一次
   B. service()方法在每次请求该 Servlet 时都会被调用
   C. 构造方法只会调用一次
   D. destroy()方法在每次请求完毕时会被调用
4. 简述 Servlet 生命周期。Servlet 在第一次和第二次被访问时,生命周期的执行有何区别?
5. 创建一个简单的部署描述文件 web.xml,实现 Servlet 运行。
6. 使用 Web 注解的方式实现第 5 题的效果。

第15章

Servlet 高阶技术

Servlet 容器启动一个 Web 应用程序后，自动创建唯一的 ServletContext 对象，当 Servlet 容器终止运行 Web 应用程序时，就会销毁该 ServletContext 对象。因此，ServletContext 对象与 Web 应用程序具有相同的生命周期。HTTP 是一种无状态的请求-响应协议，需要借助会话机制保证客户端与服务器端之间不间断请求响应序列执行。与此同时，客户端访问服务器端时，服务器端会在客户端硬盘存放 Cookie 信息，客户端以后访问同一个服务器端时，浏览器会将 Cookie 信息原样发送给服务器端。

 15.1 ServletContext 接口

ServletContext 接口

15.1.1 常用方法

ServletContext 是保证 Servlet 与 Servlet 容器之间完成通信的接口。Servlet 容器启动 Web 应用程序时，会自动创建 ServletContext 对象，并且每个 Web 应用程序都有一个唯一的 ServletContext 对象与之对应。

在 Servlet 中，获取 ServletContext 对象有以下两种方法。

(1) 在自定义的 Servlet 类中，直接调用 getServletContext()方法，其语法格式如下：

```
ServletContext context = getServletContext();
```

(2) 在自定义的 Servlet 类中，先得到 ServletConfig 对象，再调用 getServletContext()方法，其语法格式如下：

```
ServletConfig sc = getServletConfig();
ServletContext context = sc.getServletContext();
```

ServletContext 接口中分别定义访问 Web 应用资源、访问服务器内其他 Web 应用资源以及访问容器信息等成员方法，方便用户直接使用。

1. 访问 Web 应用资源

ServletContext 接口定义了访问 Web 应用资源的成员方法，如表 15-1 所示。

表 15-1　访问 Web 应用资源的成员方法

方　法　名	说　　明
getContextPath()	返回当前 Web 应用的 URL 入口
getInitParameter(String name)	返回 Web 作用域内指定参数名的初始化值,以<context-param>标签表示参数
getInitParameterNames()	返回枚举对象,包含 Web 作用域所有初始化参数名
getServletContextName()	返回 Web 应用程序名,以<display-name>标签表示的值
getRequestDispatcher(String path)	返回一个转向其他 Web 组件的请求转发对象

2. 访问服务器内其他 Web 应用资源

ServletContext 接口中定义访问服务器内其他 Web 应用资源的成员方法,如表 15-2 所示。

表 15-2　访问服务器内其他 Web 应用的成员方法

方　法　名	说　　明
getContext(String uriPath)	返回当前 Servlet 容器内指定 URI 的 Web 应用程序的 ServletContext 对象

使用上述方法可直接获取到指定 URI 的其他 Web 应用程序,访问相应的应用资源。但是,一个 Web 应用程序随意访问另一个 Web 应用程序是不可取的,可能会导致安全问题。因此,大多数 Servlet 服务器实现让用户设置是否允许 Web 应用程序得到其他 Web 程序的 ServletContext 对象。在 Tomcat 服务器中,使用<Context>标签的 crossContext 属性设置。

3. 访问容器信息

ServletContext 接口中定义访问容器信息的成员方法,如表 15-3 和表 15-4 所示。

表 15-3　访问 Servlet 容器信息的成员方法

方　法　名	说　　明
getMajorVersion()	返回 Servlet 容器支持的 Java Servlet API 的主版本号
getMinorVersion()	返回 Servlet 容器支持的 Java Servlet API 的次版本号
getServletInfo()	返回 Servlet 容器的名称和版本

程序示例 15-1

程序示例 15-1　chaptert15/DisplayServletContainerServlet.pdf

表 15-4 访问服务器文件系统资源的成员方法

方 法 名	说 明
getRealPath(String path)	返回文件系统中指定路径的真实路径
getResource(String path)	返回一个指定路径的 URL
getResourceAsStream(String path)	返回一个读取指定路径的文件的输入流
getMimeType(String file)	返回指定参数文件的 MIME 类型

程序示例 15-2 chaptert15/DisplayResourceServlet.pdf

程序示例 15-2

4. 日志功能

ServletContext 接口中定义日志记录的成员方法，便于记录服务器运行信息，如表 15-5 所示。

表 15-5 日志记录的成员方法

方 法 名	说 明
log(String msg)	向 Servlet 的日志文件中写日志
log(String msg,java.lang.Throwable throwable)	向 Servlet 的日志文件中写错误日志以及异常的堆栈信息

15.1.2 应用作用域

ServletContext 对象可访问同一个 Web 应用程序中的所有 Servlet 对象，实现 Servlet 对象之间的数据共享，具有以下特点。

(1) 共享数据的生命周期位于 Web 应用程序的生命周期内。

(2) 共享数据可被 Web 应用程序中所有的 Web 组件共享。

要实现 Web 应用程序的数据共享，可利用 ServletContext 对象来存取 Web 应用程序范围内（也称应用作用域）共享的数据。只需将表示共享数据的 Java 对象作为 ServletContext 对象的属性存在，那么 Java 对象生命周期与 ServletContext 对象保持一致，每个属性包括一对“属性名-属性值”，其中，属性名表示共享数据的名称，属性值用于标识共享数据的值。ServletContext 接口提供一组 Web 应用作用域存取共享数据的方法，如表 15-6 所示。

表 15-6 Web 应用作用域存取共享数据的方法

方 法 名	说 明
setAttribute(String name,java.lang.Object Object)	将属性名和属性值(Java 对象)绑定在应用作用域内
getAttribute(String name)	返回应用作用域内指定参数名对应的 Object 对象
getAttributeNames()	返回应用作用域内枚举对象，包含所有参数名
removeAttribute(String name)	删除应用作用域内指定参数名对应的 Object 对象

程序示例 15-3

程序示例 15-3　Web 应用程序中应用作用域共享数据

```
chapter15/DisplayUserInfoServlet.java
DataInfo.java
chapter15/RemoveUserInfoServlet.java
```

在程序示例 15-3 中演示 Web 应用程序中应用作用域共享数据具体步骤如下。

(1) 访问 DisplayUserInfoServlet 时,判断 DataInfo 对象是否为空,否则输出用户信息,并且网页访问次数 count 加 1。

(2) 刷新上述访问 Servlet 页面,每次刷新页面,计数器的数值加 1,假设累积刷新页面 3 次,此时显示值为 4。

(3) 新建一个浏览器窗口,访问 RemoveUserInfoServlet,然后再次访问 DisplayUserInfoServlet,浏览器显示的访问次数又为 1,表明 RemoveUserInfoServlet 中删除了原有的 DataInfo 对象,数值被清空。

综上所述,DisplayUserInfoServlet 对象和 RemoveUserInfoServlet 对象共享同一个 ServletContext 对象,在页面中也能够共享到与 ServletContext 关联的 DataInfo 对象。

请求并发

15.2 请求并发

一个 Web 应用程序可以接收多个客户端并发请求访问,且有可能访问同一个 Servlet。为了保证 Servlet 能够同时响应多个客户的 HTTP 请求,Servlet 容器为每个请求分配一个工作线程,并发执行同一个 Servlet 对象的 service()方法。然而,当多个线程同时执行同一个 Servlet 对象的 service()方法时,可能会导致并发问题。

1. 不同 HTTP 请求同时访问非共享数据

当不同 HTTP 请求同时访问非共享数据时,一个 HTTP 请求对应一个工作线程,并且一个工作线程对应一个变量。为了保证数据访问的正确性,应将变量设置为 service()方法的局部变量。

局部变量在一个方法中定义时,一个线程执行局部变量所在的方法,在线程的堆栈中创建局部变量,但当线程执行完成后,局部变量结束生命周期。如果同一时刻有多个线程同时执行该方法,那么,每个线程都拥有各自的局部变量。

2. 不同 HTTP 请求同时访问共享数据

当不同 HTTP 请求同时访问共享数据时,所有的工作线程访问同一个变量。因此,应将变量设置为 Servlet 类中的数据成员,即实例变量。

当多个线程同时访问同一个实例变量时,使用 Java 语言提供的同步机制(见 12.5 节)避免出现并发访问的问题。Java 同步机制保证在任意时刻,只允许一个工作线程执行 service()方法中的同步代码块，只有当前的工作线程执行完成之后，才允许其他工作线程执行同步代码块。

15.3 请求转发

15.3.1 常用方法

在实际应用中，需要将请求转发到服务器其他资源。用户首次通过客户端访问服务器端指定的 Servlet1 对象，当前 Servlet1 对象执行完成之后，通过服务器端替代客户端的发送请求，调用服务器端的 Servlet2 对象，服务器端接收到请求之后，自动调用 Servlet2 对象完成响应，请求转发执行流程如图 15-1 所示。

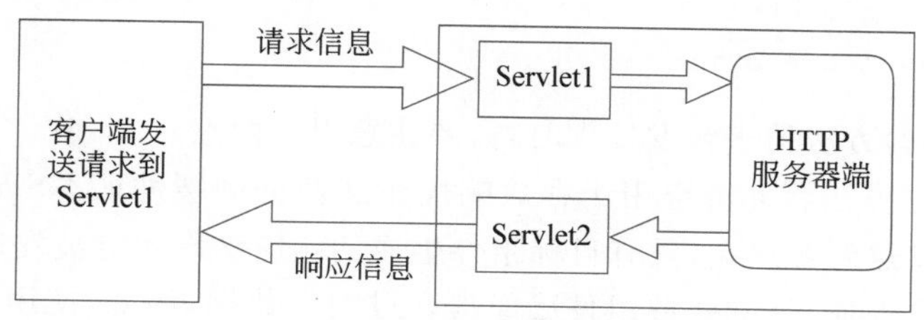

图 15-1 请求转发执行流程

在请求转发过程中，客户端只发送一次请求，参与响应操作的所有 Servlet 对象共享该请求，因此，Servlet 接收请求方式与客户端发送请求方式保持一致。请求转发机制具有以下特点。

(1) 客户端只需要发送一次请求，客户端地址栏内容不发生改变。

(2) Servlet 调用发生在服务器端，也称服务器跳转，且共享同一个请求对象，可读取到请求转发之前请求对象设置的属性值。

(3) Servlet 执行到跳转语句后无条件立刻跳转，后续代码不再被执行。

(4) 请求转发不能转向当前 Web 应用程序之外的页面资源，转发速度相对较快。

Serlvet 可通过两种方式获得请求转发(RequestDispatcher)对象。

(1) 使用 ServletRequest 接口中定义的方法创建请求转发对象。

```
RequestDispatcher getRequestDispatcher(String path)
```

其中，path 路径可使用绝对路径，也可使用相对路径，是相对于当前 Servlet 组件的路径。

(2) 使用 ServletContext 接口中定义的方法创建请求转发对象。

```
RequestDispatcher getRequestDispatcher(String path)
```

其中，path 路径必须使用绝对路径，即使用"/"开头的路径，表示当前 Web 应用程序的 URL 入口。

在 RequestDispatcher 接口中定义两个常用成员方法实现请求转发操作，如表 15-7 所示。

表 15-7 RequestDispatcher 接口常用成员方法

方 法 名	说 明
forward(ServletRequest req, ServletResponse resp)	将请求转发到服务器上另一个动态或静态资源
include(ServletRequest req, ServletResponse resp)	将控制转发值到指定资源,并将其输出内容包含到当前输出中

程序示例 15-4

1. forward 请求转发

程序示例 15-4 使用请求转发实现登录跳转

```
chapter15/LoginServlet.java
/WebContent/login.html
/WebContent/welcome.html
```

使用 forward()方法请求转发处理时,需要注意以下两点。

(1) forward()方法首先清空用于存放响应正文数据的缓冲区。Servlet 源组件生成的响应结果无法发送到客户端,只有目标组件生成的响应结果才能被发送到客户端显示。

(2) 请求转发之前,Servlet 源组件已经提交过响应数据,例如,使用 ServletResponse 接口中的 flushBuffer()方法,或者调用响应接口关联的输出流 close()方法。那么,使用 forward()方法请求转发之后将抛出 IllegalStateException 异常。因此,使用 forward()方法之前,不能提交响应数据。

2. include 请求转发

使用 include 请求转发时,会将其他组件的内容包含到当前 Servlet 源组件响应数据中提交给客户端。

使用 include()方法请求转发处理时,需要注意以下 4 点。

(1) 如果目标组件为 Servlet,则调用 service()方法处理,并将其产生的响应数据添加到 Servlet 源组件的响应结果中。

(2) 如果目标组件为 HTML 文档,则直接把文档的内容添加到 Servlet 源组件的响应结果中。

(3) include 转发执行完成之后,继续执行 Servlet 源组件 service()方法中的后续代码块。

(4) 在目标组件中,忽略程序对响应状态代码或者响应头的设置信息。

15.3.2 请求作用域

请求作用域是指服务器端响应一次客户请求的过程,从 Servlet 容器接收一个客户端请求开始,直到返回响应数据结束。请求作用域与 ServletRequest 对象和 ServletResponse 对象的生命周期相对应。

服务器端每次接收到一个客户端请求,都会创建一个针对该请求的 ServletRequest

对象和 ServletResponse 对象，并传递给 Servlet 的 service()方法。当服务器端将响应数据返回给客户端之后，上述两个对象结束生命周期。

请求作用域内共享的数据可作为 ServletRequest 对象的属性存在。Web 组件只需共享同一个 ServletRequest 对象就能够共享请求作用域内的共享数据。请求作用域共享数据的方法如表 15-8 所示。

表 15-8　请求作用域共享数据的方法

方法名	说明
setAttribute(String name, java.lang.Object Object)	将属性名和属性值(Java 对象)绑定在请求作用域内
getAttribute(String name)	返回指定参数名在请求作用域内对应的 Object 对象
removeAttribute(String name)	删除请求作用域内指定参数名对应的 Object 对象

当 Servlet 源组件和目标组件之间存续请求转发或包含关系时，对于客户端的每次请求，二者都可共享同一个 ServletRequest 对象和 ServletResponse 对象。因此，Servlet 源组件和目标组件能够共享请求作用域内的共享数据。

15.4 重　定　向

重定向

客户端首次向服务器端发送请求之后，服务器端首次响应信息不包含具体的数据内容，只在响应头中设置目的地地址信息，该地址可是任何有效的 URL，客户端接收响应信息之后又向服务器端发送另一次请求，整个过程称为间接请求转发，也称重定向。重定向操作具有以下特征：

(1) 客户端需发送两次请求信息，客户端地址栏内容发生改变，显示目标文件的地址。

(2) Servlet 调用发生在客户端，也称客户端跳转，无法共享请求对象，无法读取重定向之前请求对象设置的属性值。

(3) 重定向支持转向本 Web 应用程序之外的页面和网站，但转发速度相对较慢。

重定向执行流程如图 15-2 所示。

需要注意的是，第二次请求的 Web 组件有可能在同一个服务器上，如图 15-2 所示；也可能不在同一个服务器上，如程序示例 15-5 所示。

使用 ServletResponse 接口中定义的方法实现重定向操作，其语法格式如下：

```
sendRedirect(String path)
```

其中，path 路径使用“/”时，根目录表示服务器的根目录，绝对路径应写为“/当前 Web 应用程序根目录/资源”。

程序示例 15-5

程序示例 15-5　使用重定向实现登录跳转

```
chapter15/SendRedirectServlet.java
/WebContent/loginRedirect.html
```

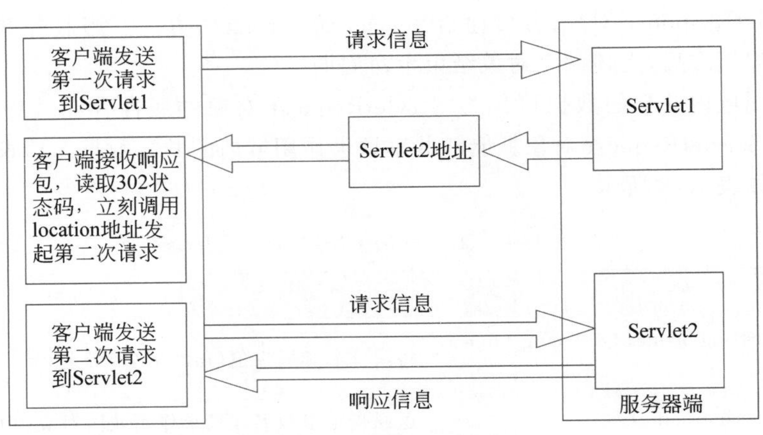

图 15-2 重定向执行流程

使用重定向操作时,需要注意以下 4 点。

(1) Servlet 源组件生成的响应数据不会发送至客户端显示,只有目标组件生成的响应数据才会发送至客户端显示。

(2) 进行重定向操作之前,如果 Servlet 源组件已经提交响应数据给客户端,使用 sendRedirect()方法会抛出 IllegalStateException 异常。因此,不可以在 Servlet 源组件中提交响应结果。

(3) Servlet 源组件不能与目标组件共享同一个 ServletRequest 对象,因此,不可以共享请求作用域内的共享数据。

(4) 对于 sendRedirect()方法中的参数 path,如果是以"/"开头,表示相对于当前服务器根路径的 URL;如果是以"http://"开头,表示一个完整的 URL。

会话管理

15.5 会话管理

在很多情况下,Web 服务器必须能够跟踪客户的状态,而 HTTP 是无状态的协议,当一个客户端与服务器端之间多次进行 HTTP 请求/响应通信时,HTTP 自身没有提供服务器连续跟踪特定客户端状态的能力,因此,服务器端无法确定多个访问请求是否来自相同客户端或者不同客户端。

在 Web 应用程序开发领域,会话机制用于跟踪客户状态,能够维持一个客户端与服务器端之间不间断的请求响应序列。在一个会话期间,客户端可以多次请求访问 Web 应用程序的同一个网页,也可以请求访问同一个 Web 应用程序的多个网页,会话运行机制如图 15-3 所示。

一个完整的会话机制流程如下。

(1) 当客户端向服务器端发送第一个请求时,开启一个会话。服务器端为客户端创建一个会话对象,并将请求对象与该会话对象进行关联。服务器端在创建会话对象期间为其指定一个唯一的标识符,作为该客户的唯一标识。

(2) 当服务器端第一次向客户端发送响应数据时,服务器端将会话对象标识符添加

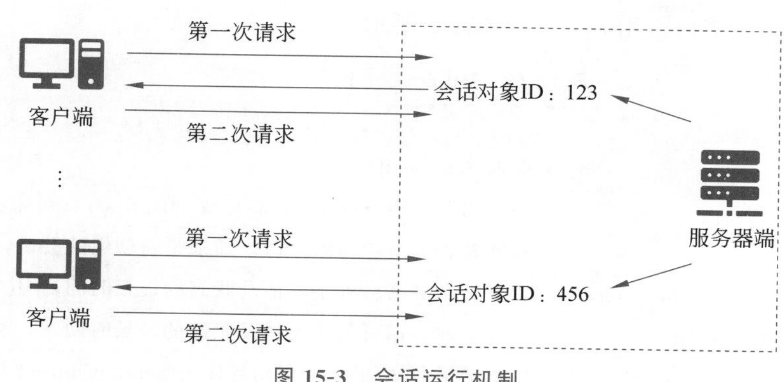

图 15-3 会话运行机制

到响应头中，与响应数据一起发送给客户端。

（3）客户端接收到服务器端的响应数据后，将会话对象标识符存储在内存中，当客户端再次向服务器端发送第二次请求时，将会话对象标识符添加到请求头中，与请求数据一起发送给服务器。

（4）服务器端第二次接收到客户端请求后，从请求对象中取出会话对象标识符，在服务器端查找匹配，如匹配成功，则将该请求与之前创建的会话对象关联起来。

（5）上述过程中的(2)～(4)保持重复，构成一个完整的会话机制。

需要注意的是，如果客户端在指定时间内没有发送任何请求，服务器端将销毁会话对象，一旦会话对象失效，即使客户端再次发送同一个会话对象标识符也无法恢复原有的会话。

此外，不可使用客户 IP 地址唯一标识客户，因为客户可能通过局域网访问 Internet，在局域网中每个客户有一个 IP 地址，但是针对服务器，客户实际 IP 地址是路由器 IP 地址，局域网内所有客户 IP 地址都相同，无法唯一标识客户。

15.5.1 常用方法

Servlet API 中使用 HttpSession 接口定义会话，Servlet 容器必须实现这一接口。当一个会话开始时，Servlet 容器将创建一个 HttpSession 对象，并为对象分配一个唯一标识符，称为会话标识(Session ID)。

Servlet 容器调用 HttpServlet 类的服务方法时，会传递一个 HttpServletRequest 类型的形参，HttpServlet 可通过 HttpServletRequest 对象获取 HttpSession 对象。

HttpServletRequest 接口中提供两个与会话机制有关的方法，如表 15-9 所示。

表 15-9 HttpServletRequest 接口常用方法

方 法 名	说 明
getSession()	使当前 HttpServlet 支持会话，存在即返回 HttpSession 对象，否则新建一个会话对象
getSession(Boolean create)	如果参数 create 为 true，等价于 getSession()方法；如果为 false，假设会话已经存在，返回 HttpSession 对象，否则返回 null

HttpSession 接口常用方法如表 15-10 所示。

表 15-10　HttpSession 接口常用方法

方　法　名	说　　明
getId()	获取 Session ID
invalidate()	销毁当前会话,Servlet 容器释放 HttpSession 对象占用的资源
isNew()	判断是否为新创建的会话。如果是新创建的会话,返回为 true
setMaxInactiveInterval(int interval)	设置一个会话可处于不活动状态的最长时间,单位为 s
getMaxInactiveInterval()	读取当前会话可处于不活动状态的最长时间
getServletContext()	获取会话所述的 Web 应用程序的 ServletContext 对象
getCreationTime()	获取会话创建的时间
getLastAccessedTime()	获取会话最后被访问的时间

通常情况下,发生以下情形会产生一个新的会话,Servlet 容器创建一个 HttpSession 对象。

(1) 客户端第一次访问 Web 应用程序中支持会话的任何一个网页。

(2) 客户端与 Web 应用程序的一次会话被销毁后,客户端再次访问该 Web 应用程序中支持会话的任何一个网页。

此外,如果发生以下情形会销毁会话,Servlet 容器结束 HttpSession 对象的生命周期,且销毁存放在会话作用域内的共享数据。

(1) 客户端进程终止,结束 Web 访问。

(2) 服务器端执行 HttpSession 对象的 invalidate()方法结束会话。

(3) 会话过期,客户端在一段时间内没有和 Web 应用程序交互,超出配置文件中会话存续有效时间。

15.5.2　会话作用域

会话作用域是指客户端与一个 Web 应用程序进行一次会话的过程,与 HttpSession 对象的生命周期相对应。

会话作用域内共享的数据可作为 HttpSession 对象的属性存在。Web 组件只需共享同一个 HttpSession 对象,就能够共享会话作用域内的共享数据。会话作用域共享数据的方法如表 15-11 所示。

表 15-11　会话作用域共享数据的方法

方　法　名	说　　明
setAttribute(String name,java.lang.Object Object)	将属性名和属性值(Java 对象)绑定在会话作用域内
getAttribute(String name)	返回指定参数名在会话作用域内对应的 Object 对象
getAttributeNames()	返回会话作用域内的所有共享数据的属性名
removeAttribute(String name)	删除会话作用域内指定参数名对应的 Object 对象

Cookie

 15.6　Cookie

Cookie 的英文意思是"点心"，是客户端访问服务器端时，服务器端在客户端存储空间中存放的信息，就好比是服务器端送给客户端的"点心"。Cookie 是一小段文本信息，通过让服务器端读取先前保存到客户端的信息，可跟踪客户状态，对于需要区别客户的服务器特别有用，能够为客户端提供一系列的方便。

Servlet 无须直接和 HTTP 请求或者响应中的原始 Cookie 数据交互，而由 Servlet 容器完成。Servlet 技术规范中，使用 javax.servlet.http.Cookie 类管理 Cookie，每个 Cookie 对象包含一个 Cookie 名和值，可使用下列构造方法创建 Cookie 对象。

```
public Cookie(String name, String value)
```

其中，name 为 Cookie 的名称，value 为 Cookie 的值，都以字符串形式存放。

15.6.1　常用方法

Cookie 类还提供很多成员方法管理 Cookie，如表 15-12 所示。

表 15-12　Cookie 类的常用成员方法

方　法　名	说　　明
getName()	获取 Cookie 的名称，一旦创建，不可更改
getValue()	获取 Cookie 的值
setValue(String newValue)	设置 Cookie 的值
setMaxAge(int expiry)	设置 Cookie 在浏览器中的最长存活时间，单位为 s
getMaxAge()	获取 Cookie 在浏览器中的最长存活时间

Cookie 运行机制由 HTTP 规定，大多数 Web 服务器和浏览器都支持 Cookie，其使用 Cookie 的条件如下。

(1) 对于服务器。

- 在 HTTP 响应结果中添加 Cookie 数据。
- 解析 HTTP 请求中的 Cookie 数据。

(2) 对于浏览器。

- 解析 HTTP 响应数据中的 Cookie 数据。
- 保存 Cookie 数据到本地硬盘。
- 读取本地 Cookie 数据，并添加至 HTTP 请求头中。

程序示例 15-6

程序示例 15-6　**chapter15/UseCookieServlet.pdf**

15.6.2　Cookie 共享

默认情况下，考虑网络访问安全因素，同一个 Web 应用程序内组件可访问该 Web 应用程序的 Cookie 信息。如果需要改变 Cookie 的共享范围,那么 Web 应用程序写 Cookie 数据时,可通过表 15-13 所示的方法来设置 Cookie 的共享路径和共享域名。

表 15-13 Cookie 共享设置方法

方 法 名	说 明
setPath(String path)	设置 Cookie 可被访问的服务器路径
getPath()	获取可访问 Cookie 的服务器路径
setDomain(String pattern)	设置该 Cookie 所在的服务器域名,必须以"."开头
getDomain()	获取可访问该 Cookie 的服务器域名

假设,在服务器 A 中有两个 Web 应用程序: displayApp 和 ShowApp;在服务器 B 中有一个 Web 应用程序: SetApp。通过 setPath()方法设置不同的 Cookie 访问的路径层次。

(1) 同一个服务器中 Web 应用程序共享 Cookie。

```
CookietempCookie = new Cookie("username", "admin");
tempCookie.setPath("/");
response.addCookie(tempCookie);
```

其中,setPath()的参数为"/",表示服务器的根路径。因此,同一个服务器内所有的 Web 应用程序可共享该 Cookie。

(2) 只允许服务器 A 中 ShowApp 应用程序访问 Cookie。

```
CookietempCookie = new Cookie("username", "admin");
tempCookie.setPath("/ShowApp/");
response.addCookie(tempCookie);
```

其中,setPath()的参数为/ShowApp/,表示只有服务器 A 中的 ShowApp 应用程序才能访问该 Cookie。

(3) 只允许服务器 A 中 ShowApp 应用程序子目录组件访问 Cookie。

```
CookietempCookie = new Cookie("username", "admin");
tempCookie.setPath("/ShowApp/show/");
response.addCookie(tempCookie);
```

其中,setPath()的参数为/ShowApp/show/,表示只有服务器 A 中 ShowApp 应用程序 show 子目录中 Web 组件才能访问该 Cookie。

(4) 服务器 B 中 SetApp 应用程序访问服务器 A 中的 Cookie。

```
假设服务器 B 的域名为 www.java.com:
CookietempCookie = new Cookie("username", "admin");
tempCookie.setDomain(".java.com");
tempCookie.setPath("/SetApp/");
response.addCookie(tempCookie);
```

其中，setDomain()的参数为.java.com，使服务器 B 中 Web 应用程序能够访问；setPath()的参数为/SetApp/，表示只有服务器 B 中的 ShowApp 应用程序才能访问该 Cookie。

15.7　课后习题

1. 简述请求转发和重定向的跳转方式。在 Servlet 中分别使用什么方式实现？

2. 关于 Cookie 的描述正确的是(　　)。(可多选)

A. Cookie 保存在客户端　　B. Cookie 可被服务器端修改

C. Cookie 可保存任意长度的文本　　D. 浏览器可关闭 Cookie 功能

3. 在 Servlet 中，如果需要获取客户端主机名，应使用请求对象 request 的(　　)方法。

A. getServletName()　　B. server()

C. getRemotePort()　　D. getRemoteHost()

4. 关于 HttpSession 的 getAttribute()和 setAttribute()方法，描述正确的是(　　)。(可多选)

A. getAttribute()方法返回类型是 String

B. getAttribute()方法返回类型是 Object

C. setAttribute()方法保存数据时如果名称重复会覆盖之前的数据

D. setAttribute()方法保存数据时如果名称重复会抛出异常

5. 下列选项中可以关闭会话的是(　　)。(可多选)

A. 调用 HttpSession 的 close()方法

B. 调用 HttpSession 的 invalidate()方法

C. 等待 HttpSession 超时

D. 调用 HttpServletRequest 的 getSession(false)方法

6. 关于 ServletContext 描述正确的是(　　)。(可多选)

A. 一个应用对应一个 ServletContext

B. ServletContext 的范围比 Session 范围大

C. 第一个会话在 ServletContext 中保存数据，第二个会话读取不到这些数据

D. ServletContext 使用 setAttribute()和 getAttribute()方法操作数据

7. 使用 Cookie 实现自动登录功能。

第16章

JSP 技术

JSP(Java Server Pages)是由 Sun Microsystems 公司创建的一种动态网页技术标准。JSP 部署于网络服务器上,可以响应客户端发送的请求,并根据请求内容动态地生成 HTML、XML 或其他格式文档的 Web 网页,然后返回给请求者。JSP 技术以 Java 语言作为脚本语言,为用户的 HTTP 请求提供服务,并能与服务器上的其他 Java 程序共同处理复杂的业务需求。

本章将介绍 JSP 语法和运行机制、JSP 界面包含其他 Web 组件,以及将请求转发给其他 Web 组件的方法。

JSP 语法概述

 16.1 JSP 语法概述

下面是一个简单的 JSP 页面,实现刷新页面时实时累加访问的次数。

示例 16-1

```
<%@ page language="java" contentType="text/html; charset=UTF-8"
   pageEncoding="UTF-8"%>
<!DOCTYPE html>
<html>
<head>
<meta charset="UTF-8">
<title>×××矿业集团信息管理系统</title>
</head>
<body>
<h1>欢迎访问×××矿业集团信息管理系统</h1>
    <%!int count = 0;%>
    <%
        count++;
    %>
    已被访问次数<%=count%>次。
</body>
</html>
```

在示例 16-1 中,包含的 JSP 页面标签如表 16-1 所示。

表 16-1 JSP 页面标签

标签类型	语法	说明
声明	＜％!Java 声明％＞	声明变量或者定义方法
小脚本	＜％Java 代码段％＞	执行业务逻辑的 Java 代码
表达式	＜％＝表达式％＞	用于在 JSP 页面中输出表达式值
指令	＜％@指令属性＝"属性值"％＞	指定转换时向服务器发出的指令
动作	＜前缀:动作名属性＝"属性值"/＞	向服务器提供请求时的指令
EL 表达式	${expression}	JSP 2.0 引入的表达式语言
注释	＜％--注释内容 --％＞	用于文档注释
模板文本	HTML 语法	HTML 标签和文本

在示例 16-1 的 JSP 页面中使用 JSP 声明、JSP 小脚本、JSP 表达式等脚本元素，以及 page 指令告知服务器转换时的内容。下面将详细讲解 JSP 语法标签。

16.1.1 JSP 脚本元素

在 JSP 页面中，灵活地使用脚本元素可生成页面中的动态内容。脚本元素包含 3 个部分：JSP 声明、JSP 小脚本以及 JSP 表达式。

1. JSP 声明

JSP 声明用于在 JSP 页面中声明变量以及定义方法，可以包含任意数量的合法 Java 声明语句，必须以分号结束。通过声明标识定义的变量和方法可以被整个 JSP 页面访问，对应于 Servlet 类的成员变量和成员方法。

JSP 声明的语法格式如下：

```
<%! Java 声明%>
```

需要注意的是，＜％与！之间不能有空格符号，但！和后续代码之间可以有空格符号。此外，允许＜％与％＞不在同一行。

下面代码实现在 JSP 声明标签中声明一个变量和定义一个方法。

示例 16-2

```
<%!
    String[] people = {"Manager", "Admin", "Worker"};
    String getPeople(int index){
        return people[index];
    }
%>
```

为了方便区分声明变量和定义方法，也可使用多个 JSP 声明标签分别声明变量和定义方法。

示例 16-3

```
<%!
    String[] people = {"Manager", "Admin", "Worker"};
%>
<%!
    String getPeople(int index){
        return people[index];
    }
%>
```

2. JSP 小脚本

在 JSP 页面中,使用小脚本可直接嵌入任何有效的 Java 代码段,也称脚本代码(Scriptlet)。代码段将在页面请求的处理期间被执行,通过 Java 代码可定义变量或者流程控制语句;也可使用 JSP 内置对象在页面输出内容、处理请求和响应、访问 Session 等。

JSP 小脚本的语法格式如下:

```
<%Java 代码段 %>
```

需要注意的是,<%后面没有任何特殊字符,且代码必须是合法的 Java 代码。在 JSP 小脚本中声明变量只能在当前 JSP 页面内有效,当页面关闭后,变量会被销毁。

使用 JSP 小脚本的优点:可在 JSP 页面中嵌入计算逻辑,以及可打印输出 HTML 模板文本。下面代码实现在 JSP 小脚本中嵌入计算逻辑。

示例 16-4

```
<%@ page contentType="text/html;charset = UTF-8"%>
<%! int count = 0; %>
<%
    out.print("<html><body>");
    count++;
    out.print("该页面已被访问" + count +"次。");
    out.print("</body></html>");
%>
```

3. JSP 表达式

如果在 JSP 页面的模板文本中使用 JSP 表达式标签,能够将表达式的值输出到网页上。在 JSP 表达式中,基本数据类型的数据自动转换成字符串再进行输出。

JSP 表达式的语法格式如下:

```
<%= 表达式%>
```

需要注意的是,<%与=之间不能有空格符号,但=和后续代码之间可以有空格符号。表达式可以为任何 Java 语言的完整表达式,且该表达式的最终运算结果将被转换为字符串格式输出。

下面代码实现在 JSP 表达式中计算表达式，并输出其值。

示例 16-5

```
<%@  page contentType="text/html; charset = UTF-8"%>
<%! int count = 0; %>
<%
out.print("<html><body>");
count++;
该页面已被访问<%= count %>次
out.print("</body></html>");
%>
```

4. 使用脚本元素注意事项

在 JSP 页面的声明中定义的变量和方法都变成产生的 Servlet 类的成员，在页面中出现的顺序无关紧要；JSP 小脚本内的 Java 代码被转换成页面实现类的_jspService()方法的一部分，小脚本中声明的变量成为该方法的局部变量，顺序很重要。

在 Java 语言中，实例变量被自动初始化为默认值，而局部变量使用之前必须明确赋值。因此，JSP 声明中声明的变量被初始化为默认值。JSP 小脚本中声明的变量，使用之前必须明确初始化。

16.1.2　JSP 指令

指令标识主要用于设置整个 JSP 页面范围内都有效的相关信息，被服务器解释并执行，不会产生任何内容输出到网页中。指令标识对客户端而言是不可见的。

JSP 指令的语法格式如下：

```
<%@ 指令 属性="属性值" %>
```

其中，指令用于指定指令名；属性用于指定属性名，不同指令包含不同的属性；在一个指令中，可设置多个属性，各属性之间使用逗号或者空格分隔；属性值用于指定属性的值。

在 JSP 页面中，常用指令包含 page、include 和 taglib 共 3 条指令，如表 16-2 所示。

表 16-2　JSP 指令

指　令　名	说　　明
<%@page　　%>	定义整个 JSP 页面的相关属性
<%@include　　%>	文件静态包含指令，可以包含其他文件
<%@taglib　　%>	声明 JSP 页面中所使用的标签库

16.1.3　JSP 动作

动作标识是页面发送给服务器的命令，指示服务器在页面执行期间完成某种任务，其语法格式如下：

```
<前缀:动作名 属性="属性值" />
```

在 JSP 页面中可使用 3 种动作：JSP 标准动作、标准标签库(JSTL)中的动作以及用户自定义动作。本书着重讲解 JSP 标准动作，常用的 JSP 标准动作如表 16-3 所示。

表 16-3 常用的 JSP 标准动作

动 作	说 明
jsp:include	在当前页面中包含另一个页面的输出
jsp:forward	将请求转发到指定的页面
jsp:useBean	查找或创建一个 JavaBeans 对象
jsp:setProperty	设置 JavaBeans 对象的属性值
jsp:getProperty	获取 JavaBeans 对象的属性值

JSP 表达式并不总是写到页面的输出流中，也可用来向 JSP 动作传递属性值。

示例 16-6

```
<%! String pageURL = "copyright.jsp"; %>
<jsp:include page="<%= pageURL %>" />
```

JSP 表达式<%=pageURL %>值并不发送到输出流，而是在请求时计算出该值，然后将它赋给<jsp:include>动作标签的 page 属性。以上述方式向动作传递一个属性值，而使用的表达式称为请求时属性表达式。

使用请求时属性表达式时，需要注意以下两点。

(1) 请求时属性表达式不能用在指令的属性中。

(2) 指令具有转换时的语义，即容器仅在页面转换期间使用指令。

16.1.4 EL 表达式

JSP 2.0 技术规范中新增对 EL 表达式的支持，可在 JSP 页面中使用的数据值访问语言，其语法格式如下：

```
${expression}
```

其中，以“$”符号开头，花括号内包含合法的 EL 表达式。其既可出现在 JSP 页面的模板文件中，也可用于 JSP 标签属性中。

示例 16-7

```
${userName}
```

16.1.5 JSP 注释

JSP 提供一种隐藏注释，不仅在浏览器中无法看见，且在查看 HTML 源代码时也无法查看，安全性较高，其语法格式如下：

```
<%--注释内容--%>
```

JSP 注释有 3 个优势。

(1) JSP 注释不影响 JSP 页面的输出,但对用户理解代码有所帮助。

(2) Web 容器输出 JSP 页面时,不显示 JSP 注释内容。

(3) 在调试 JSP 页面时,可以将 JSP 页面中的内容注释。

16.2 JSP 页面生命周期

JSP 页面生命周期

JSP 页面从结构上看与 HTML 页面类似,但其实际上作为 Servlet 运行。然而,JSP 与 Servlet 的本质区别在于 Servlet 容器必须先把 JSP 编译成 Servlet 类才可运行。

当 JSP 页面第一次被访问时,Servlet 容器根据 JSP 标签规则解析 JSP 文件,并将其转换成相应的 Java 源程序文件,该文件声明了一个 Servlet 类,称为页面实现类。Servlet 容器编译该类并将其装入内存,与其他 Servlet 一样执行,并将其输出结果发送到客户端。因此,JSP 页面的生命周期包含 7 个阶段,如表 16-4 所示。

表 16-4 页面的 JSP 生命周期阶段

阶段名	说明
页面转换	对 JSP 页面进行解析,并创建一个对应 Servlet 的 Java 源文件
页面编译	对 Java 源文件进行编译
加载类	将编译后的类加载到 Servlet 容器中
创建实例	创建一个 Servlet 实例
调用 jspInit()方法	调用此方法初始化
调用_jspService()方法	对每个页面请求调用一次此方法
调用 jspDestroy()方法	当 Servlet 容器停止 Servlet 服务时调用此方法

1. 页面转换

Web 服务器读取 JSP 页面,解析 JSP 语法元素,将其转换成 Java 源程序文件,JSP 文件中的元素都将转换为页面实现类的成员。

在此阶段,Web 服务器将会检查 JSP 页面中 JSP 标签的语法,如果发现错误,将不能转换。此外,服务器还将执行其他有效性检查和验证。一旦验证完成,Web 服务器将当前 JSP 页面转换成一个 Servlet,并存放在下列目录中:

```
<tomcat-install>\work\Catalina\localhost\helloweb\org\apache\jsp
```

所有 JSP 页面必须实现 JspPage 接口声明的 jspInit()和 jspDestroy()两个方法以及 HttpJspPage 接口声明的一个_jspService()方法。每个服务器都将提供一个特定的类作为页面实现类的基类,提供 Servlet 接口所有方法的默认实现和 JspPage 接口两个方法的默认实现。在转换阶段,服务器把_jspService()方法添加到 JSP 页面的实现类中,使该类成为 3 个接口的一个具体子类。

Web 服务器依据规则完成 JSP 页面转换过程,具体规则细节如下。

(1) 所有 JSP 声明都转换成页面实现类的成员,它们被原样复制。JSP 声明的变量转换成实例变量,JSP 声明的方法转换成实例方法。

(2) 所有 JSP 小脚本转换成页面实现类_jspService()的一部分,它们也被原样复制。小脚本的声明变量转换成_jspService()的局部变量,小脚本的语句转换成_jspService()中的语句。

(3) 所有 JSP 表达式都转换成为_jspService()的一部分。JSP 表达式的值使用 out.print()语句输出。

(4) 有些 JSP 指令在转换阶段产生 Java 代码。例如,page 指令的 import 属性转换成页面实现类的 import 语句。

(5) 所有 JSP 动作都通过调用类来替换。

(6) 所有 EL 表达式通过计算后使用 out.write()语句输出。

(7) 所有模板文本都成为_jspService()的一部分。模板内容使用 out.write()语句输出。

(8) 所有 JSP 注释都被忽略。

2. 页面编译

JSP 页面转换成页面实现类的 Java 源文件之后,Web 服务器调用 Java 编译器编译源文件,编译器将检查 JSP 声明、JSP 小脚本以及 JSP 表达式中编写的全部 Java 代码。

对于每个客户端请求,服务器检查 JSP 页面源文件的时间戳以及相应的 Servlet 类文件,以确定页面是否更新,或者是否已经转换成类文件。如果修改了 JSP 页面,那么转换成 Servlet 的整个过程都需要重新执行一次。

3. 加载类

当页面实现类编译为字节码文件后,Web 服务器就调用类加载程序将页面实现类加载到服务器内存。

4. 创建实例

Web 服务器调用实现类的构造方法,创建一个 Servlet 类的实例。

5. 调用 jspInit()方法

Web 服务器调用 jspInit()方法初始化 Servlet 实例,该方法在任何其他方法调用之前使用,并且在整个 JSP 页面生命周期内只执行一次。

通常情况下,jspInit()方法完成初始化或只需一次设置的操作。例如,初始化 JSP 页面中使用<%!　%>声明的实例变量。

6. 调用_jspService()方法

客户端每次请求当前 JSP 页面时,Web 服务器都将调用一次_jspService()方法,并传递请求对象和响应对象。

在页面转换阶段，JSP 页面中所有 HTML 元素、JSP 小脚本以及 JSP 表达式都成为_jspService()方法体的一部分。

7. 调用 jspDestroy()方法

当 Web 服务器决定停止为当前页面实现类的实例提供服务时，服务器调用 jspDestroy()方法。该方法是页面实现类实例使用的最后一个方法，主要用于清理 jspInit()方法获取的资源。

通常情况下，用户无须实现 jspInit()方法和 jspDestroy()方法，而由服务器厂商提供的基类实现。开发人员也可根据实际问题的需要，使用 JSP 声明来覆盖上述两个方法，但不能覆盖_jspService()方法，因其由 Web 服务器自动产生。

程序示例 16-1

程序示例 16-1 chapter16/lifeCycle.jsp

16.3 page 指令

page 指令

page 指令是 JSP 页面最常用的指令，用于定义整个 JSP 页面的相关属性，告知服务器关于 JSP 页面的总体特性。属性在 JSP 被服务器解析成 Servlet 时会转换为相应的 Java 程序代码。

page 指令的语法格式如下：

```
<%@page 属性列表 %>
```

其中，在 page 指令中，属性列表可以是一个或者多个针对指令的“属性-值”对，属性之间用空格分隔。

page 指令常用的属性有 10 个。

1. language 属性

language 属性指定文件中程序代码所使用的编程语言。目前仅支持 Java 为有效值和默认值。该属性作用于整个文件，当多次使用时，只有第一次使用有效。

2. extends 属性

extends 属性用于设置 JSP 页面继承的 Java 类，所有 JSP 页面在执行之前都会被服务器解析成 Servlet，而 Servlet 由 Java 类定义，所以 JSP 和 Servlet 都可以继承指定的父类。但是，该属性并不常用，有可能会影响服务器的性能优化。

3. import 属性

import 属性用于设置 JSP 需要引入的包名或者类名列表，使用逗号分隔，类似于 Java 程序的 import 语句。在转换阶段，服务器对属性声明的每个类都转换成页面实现类的一个 import 语句。

4. contentType 属性

contentType 属性指定 JSP 页面输出的 MIME 类型和字符集,MIME 类型默认值为 text/html,字符集默认值为 ISO-8859-1。MIME 类型与字符集之间使用分号分隔。

```
<%@ page contentType="text/html; charset =ISO-8859-1" %>
```

5. pageEncoding 属性

pageEncoding 属性用于设置 JSP 页面的编码格式,默认值为 ISO-8859-1。默认编码格式不支持中文字符,因此需要使用 GBK 属性值",以显示简体中文和繁体中文,或者使用 UTF-8 字符编码格式。

如果在 JSP 页面中设置 pageEncoding 属性,则 JSP 页面使用该属性设置的字符集编码;如果没有设置该属性,JSP 页面使用 contentType 属性指定的字符集(charset 指定的字符集)。

6. session 属性

session 属性指定 JSP 页面是否使用 HTTP 的 Session 对象,其属性值是 boolean 类型,默认值为 true。如果设置为 false,则当前 JSP 页面将无法使用 Session 对象。

7. errorPage 属性

errorPage 属性用于指定处理 JSP 页面异常错误的其他 JSP 页面,指定的 JSP 错误处理页面必须设置 isErrorPage 属性为 true。该属性的属性值是一个 URL 字符串。

如果在 JSP 页面中设置该属性,那么在 web.xml 文件中定义的任何错误处理页面都将被忽略,而优先使用该属性定义的错误处理页面。

8. isErrorPage 属性

通过 isErrorPage 属性可将当前 JSP 页面设置成错误处理页面来处理 JSP 页面异常。

该页面仅从异常对象中检索信息,并产生适当的错误消息。由于页面内没有实现任何业务逻辑,因此可以被不同的 JSP 页面重复使用。

此外,也可在 web.xml 文件中为整个 Web 应用程序配置错误处理页面。根据异常类型或者 HTTP 错误码来分配不同错误处理页面。在部署描述文件中,配置错误处理页面需使用<error-page>标签,包含 3 个子标签。

<exception-type>:指定处理错误的异常类型。

<error-code>:HTTP 错误码。

<location>:错误处理页面。

需要注意的是,上述前面两个标签不可同时使用;<location>标签的值必须以"/"开头,它是相对于 Web 应用的上下文根目录;如果在 JSP 页面中使用 page 指令的 errorPage 属性指定了错误处理页面,则 errorPage 属性指定页面优先使用。

示例 16-8

常用部署描述文件的配置结构有以下两种方式：

- 方式一：

```
<error-page>
    <exception-type>
        java.lang.ArithmeticException
    </exception-type>
    <location>/error/arithmeticError.jsp
    </location>
</error-page>
```

- 方式二：

```
<error-page>
    <error-code>404</error-code>
    <location>/error/notFoundError.jsp</location>
</error-page>
```

9. buffer 属性

buffer 属性用于设置 JSP 中隐含变量 out 输出对象使用的缓冲区大小，默认为 8KB，且单位只能使用 KB。建议设置 8 的倍数作为该属性的属性值。

10. autoFlush 属性

autoFlush 属性用于设置 JSP 页面缓存已满时，是否自动刷新缓存，默认值为 true。如果设置为 false，则缓存被填满时将抛出异常信息。

16.4　JSP 组件包含

JSP 组件包含

16.4.1　include 指令包含

文件包含指令 include 可以在一个 JSP 页面中包含另一个 JSP 页面。但该指令属于静态包含，被包含文件中所有内容会被原样写入包含页面，这些被转换成单个页面实现类的页面集合称为转换单元，如图 16-1 所示。因此，使用 include 指令包含操作最终将生成一个文件，所以在被包含和包含的文件中，不能有相同名称的变量。

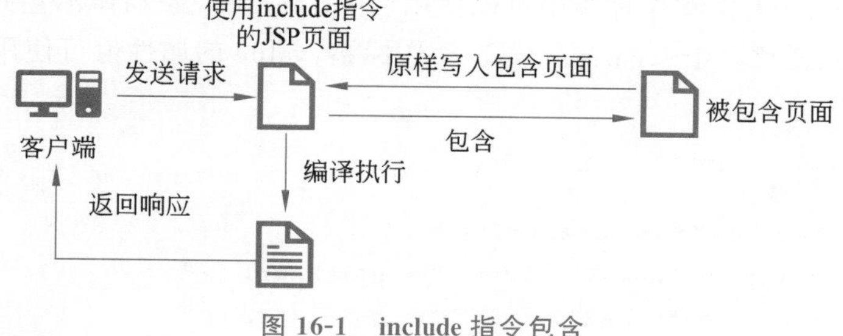

图 16-1　include 指令包含

理解转换单元需要注意以下 3 点。

(1) page 指令影响整个转换单元。通知容器关于页面的总体性质,contentType 属性指定响应的内容类型,session 属性指定页面是否参加 HTTP 会话。

(2) 在一个转换单元中一个变量不能多次声明。如果一个变量已经在主页面中声明,就不能再在被包含的页面中声明。

(3) 在一个转换单元中不能使用<jsp:useBean>动作标签对一个 bean 声明两次。

include 指令的语法格式如下:

```
<%@ include file="path"%>
```

include 指令只有一个 file 属性,用于指定要包含文件的路径。路径既可以是相对路径,也可以是绝对路径。

include 指令静态包含使用限制如下。

(1) 在转换阶段不进行任何处理,file 属性值不能是请求时表达式。

(2) 不能通过 file 属性值向被包含的页面传递任何参数,因为请求参数是请求的一个属性,在转换阶段没有任何意义。

(3) 被包含的页面可能不能单独编译。

在开发网页时,如果很多网页包含相同的内容,就可将相同的内容单独放到一个文件中,其他 JSP 文件通过 include 指令将这个文件包含进来,提高代码的可重用性,便于维护网页。

16.4.2 include 动作包含

通过 JSP 标准动作<jsp:include>实现的,其语法格式如下所示:

```
<jsp:include page="relativeURL" flush="true|false"/>
```

其中,page 属性是必需的,其值是相对 URL,并指向任何静态或动态 Web 组件,包括 JSP 页面、Servlet 等;flush 属性是可选的,将控制转向被包含页面之前是否刷新主页面。默认值为 false。使用 include 动作包含时,page 属性可使用请求时属性表达式。

示例 16-9

```
<%! String pageURL = "other.jsp"; %>
<jsp:include page="<%= pageURL %>"/>
```

由图 16-2 可知,被包含页面是单独执行。因此,不能共享在主页面中定义的变量和方法。在<jsp:include>动作标签中可以使用<jsp:param />动作标签向被包含的页面传递参数,可嵌入任意多个<jsp:param>动作标签,value 的属性值可使用请求时的属性表达式来指定。

示例 16-10

```
<jsp:include page="somePage.jsp">
    <jsp:param name="name1"value="<%= someExpr1 %>" />
    <jsp:param name="name2"value="<%= someExpr2 %>" />
```

```
</jsp:include>
```

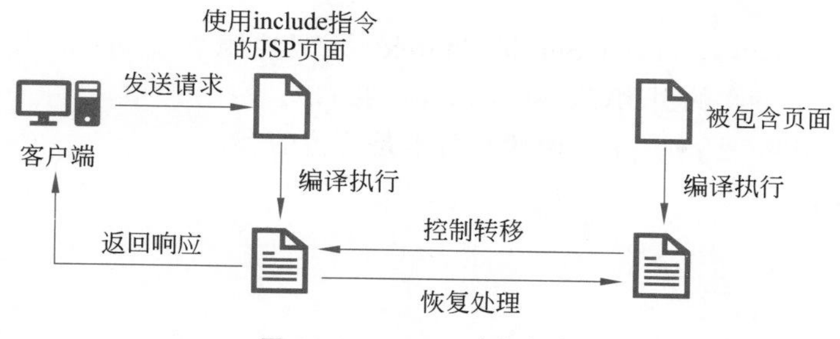

图 16-2 include 动作包含

通过<jsp:param>动作标签传递的“属性-值”对保存在 Request 对象，且只能由被包含的组件使用。参数的作用域是被包含的页面，在被包含的组件完成处理后，容器将从 Request 对象中清除参数。

需要注意的是，上述操作都适用于 forward 动作，但不推荐在 JSP 页面中使用。

16.5 JSP 隐含变量

JSP 隐含变量

Servlet 可访问由 Servlet 容器提供的 ServletContext、ServletRequest 和 ServletResponse 等对象。在 JSP 页面的转换阶段，Servlet 容器在_jspService()中声明并初始化上述对象变量，可在 JSP 页面小脚本或表达式中直接使用，称为隐含变量。JSP 页面提供 9 个隐含变量，如表 16-5 所示。

表 16-5 JSP 页面隐含变量

隐含变量名	类 或 接 口	说 明
application	javax.servlet.ServletContext	Web 应用程序上下文
session	javax.servlet.http.HttpSession	用户会话
request	javax.servlet.http.HttpServletRequest	页面的当前请求对象
response	javax.servlet.http.HttpServletResponse	页面的当前响应对象
out	javax.servlet.jsp.JspWriter	页面输出流
page	java.lang.Object	页面的 Servlet 实例
pageContext	javax.servlet.jsp.PageContext	页面上下文
config	javax.servlet.ServletConfig	Servlet 配置对象
exception	javax.servlet.Throwable	处理异常错误

对于 JSP 页面，每个隐含变量都被固定的引用对象使用，JSP 页面中不需要做任何对象变量声明，就可直接通过表 16-5 所列的隐含变量直接引用对象。隐含变量的固定引用与 JSP 对应的 Servlet 类服务方法中的方法参数或者局部变量。

1. application 变量

application 是 javax.servlet.ServletContext 类型的隐含变量，是 JSP 页面所在的 Web 应用程序的上下文的引用(ServletContext 接口)。

使用 application 变量时，下面两段小脚本是等价的。

示例 16-11

- 代码 1：

```
<%
    String path = application.getRealPath("/WEB-INF/counter.db");
    application.log("绝对路径为"+path);
%>
```

- 代码 2：

```
<%
    String path = getServletContext().getRealPath("/WEB-INF/counter.db");
    getServletContext().log("绝对路径为"+path);
%>
```

2. session 变量

session 是 javax.servlet.http.HttpSession 类型的隐含变量，它在 JSP 页面中表示会话对象。使用会话对象，必须要求 JSP 页面参加 HTTP 会话，即要求将 JSP 页面的 page 指令的 session 属性值设置为 true。

默认情况下，session 属性的值为 true。如果明确将 session 属性设置为 false，容器将不会声明该变量，在 JSP 页面中使用 session 变量将产生错误。

3. request 变量和 response 变量

在 JSP 页面中，可直接通过 request 变量来获取 HTTP 请求中的请求参数，使用 response 变量发送响应信息。

示例 16-12

```
<%
    String remoteAddr = request.getRemoteAddr();
    response.setContentType("text/html;charset=UTF-8");
%>
你的 IP 地址为<%=remoteAddr%><br>
你的主机名为<%=request.getRemoteHost()%>
```

4. out 变量

out 是 javax.servlet.jsp.JspWriter 类型的隐含变量，打印输出所有的基本数据类型、字符串以及用户定义的对象。

示例 16-13

```
<%
int anInt = 3;
float aFloatObj = new Float(5.6);
out.print(anInt);
out.print(anInt>0);
out.print(anInt * 3.5/100-500);
out.print(aFloatObj);
out.print(aFloatObj.floatValue());
out.print(aFloatObj.toString());
%>
```

此外，out 变量可在 JSP 小脚本中直接使用，也可在 JSP 表达式中使用它产生 HTML 代码。

示例 16-14

```
<%out.print("Hello World!"); %>
<%= "Hello User!" %>
```

5. pageContext 变量

pageContext 是 javax.servlet.jsp.PageContext 类型的隐含变量，是一个页面上下文对象。pageContext 类是一个抽象类，容器提供了一个具体子类(如 JspContext)。

pageContext 变量有 3 个作用。

(1) 存储隐含对象的引用。pageContext 对象管理所有在 JSP 页面的对象，包括用户定义的和隐含的对象，并且它提供了一个访问方法进行检索。

(2) 提供在不同作用域内返回或设置属性的方法。

(3) 提供 forward()方法和 include()方法实现将请求转发到另一个资源和将一个资源的输出包含到当前页面中。

从 Servlet 中将请求转发到另一个资源，需要写下面两行代码。

示例 16-15

```
RequestDispatcher rd = request.getRequestDispatcher("other.jsp");
rd.forward(request, response);
```

而在 JSP 页面中，通过使用 pageContext 变量仅需一行就可以完成上述功能。

```
pageContext.forward("other.jsp");
```

6. config 变量

config 是 javax.servlet.ServletConfig 类型的隐含变量。通过部署描述文件为 Servlet 传递一组初始化参数，从而在 Servlet 中可使用 ServletConfig 对象检索这些参数。类似地,也可为 JSP 页面传递一组初始化参数,参数在 JSP 页面中可以使用 config 隐含变量来检索。实现步骤如下。

(1) 在部署描述文件 web.xml 中使用<servlet-name>声明一个 Servlet。

(2) 使用<jsp-file>标签使其与 JSP 文件关联,对该命名的 Servlet 的所有初始化参数。

(3) 在 JSP 页面中通过 config 隐含变量使用。

示例 16-16

```
<servlet>
    <servlet-name>initTestServlet</servlet-name>
    <jsp-file>/init.jsp</jsp-file>
    <init-param>
        <param-name>company</param-name>
        <param-value>×××MineGroup</param-value>
    </init-param>
</servlet>
<servlet-mapping>
    <servlet-name>initServlet</servlet-name>
    <url-pattern>/init.jsp</url-pattern>
</servlet-mapping >
```

7. exception 变量

exception 是 java.lang.Throwable 类型的隐含变量,被用作其他页面的错误处理器。为使页面能使用 exception 变量,必须在 page 指令中将 isErrorPage 的属性值设置为 true。

在 JSP 页面中,page 指令的 isErrorPage 属性设置为 true 时,容器明确定义了 exception 变量。该变量指向使用该页面作为错误处理器的页面抛出的未捕获的 java.lang.Throwable 对象。

8. page 变量

page 变量是 java.lang.Object 类型的对象,是指生成的 Servlet 实例,该变量很少被使用。

JSP 作用域

16.6 JSP 作用域

JSP 作用域是指数据共享的范围,即一个信息能够共享的范围。JSP 页面有 4 个作用域对象,对应类型分别是 ServletContext、HttpSession、HttpServletRequest 和 PageContext。

在 JSP 页面中,所有的隐含对象以及用户定义的对象都属于上述 4 种作用域之一,如表 16-6 所示。

表 16-6　JSP 作用域

作用域名	对象名	说明
应用作用域	application	在整个 Web 应用程序有效
会话作用域	session	在一个用户会话期间有效
请求作用域	request	在用户的请求或转发请求内有效
页面作用域	pageContext	只在当前的页面作用域有效

1. 应用作用域

在应用作用域的对象可被 Web 应用程序的所有组件共享，并在应用程序生命周期内都可以访问。对象是通过 ServletContext 实例的“属性-值”对维护的。

在 JSP 页面中，该实例可通过隐含对象 application 访问。在应用程序级共享对象，可使用 ServletContext 接口的 setAttribute()方法和 getAttribute()。

程序示例 16-2　应用作用域共享数据

程序示例 16-2

```
chapter16/AppShareData.java
chapter16/useShare.jsp
```

2. 会话作用域

在会话作用域的对象可以被属于同一个用户会话的所有请求共享，并只能在会话有效时才可被访问。对象是通过 HttpSession 实例的“属性-值”对维护的。

在 JSP 页面中，该实例可通过隐含对象 session 访问。会话级共享对象可以使用 HttpSession 接口的 setAttribute()方法和 getAttribute()方法。

程序示例 16-3　会话作用域共享数据

程序示例 16-3

```
chapter16/SessShareData.java
chapter16/useShare.jsp
```

3. 请求作用域

在请求作用域的对象可以被处理同一个请求的所有组件共享，并仅在该请求被服务期间可被访问。对象由 HttpServletRequest 实例的“属性-值”对维护。

在 JSP 页面，该实例是通过隐含对象 request 的形式被使用的。Servlet 使用请求对象的 setAttribute()方法将一个对象存储到请求作用域中。将请求转发到 JSP 页面，在 JSP 页面中通过脚本或 EL 取出作用域中的对象。

程序示例 16-4　请求作用域共享数据

程序示例 16-4

```
chapter16/ReqShareData.java
chapter16/ShowReqData.jsp
```

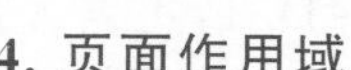

4. 页面作用域

在页面作用域的对象只能在所定义的转换单元中被访问。对象是由 PageContext 抽象类的一个具体子类实例的“属性-值”对维护的。在 JSP 页面中,该实例可通过隐含对象 pageContext 访问。为了在页面作用域中共享对象,可以使用 javax.servlet.jsp.PageContext 定义的 setAttribute()方法和 getAttribute()方法。

PageContext 类中还定义了几个常量和其他属性处理方法,使用它们可以方便地处理不同作用域的属性。定义的常量有 4 个。

(1) public static final int APPLICATION_SCOPE,表示应用作用域。

(2) public static final int SESSION_SCOPE,表示会话作用域。

(3) public static final int REQUEST_SCOPE,表示请求作用域。

(4) public static final int PAGE_SCOPE,表示页面作用域。

在 pageContext 对象的 setAttribute()方法中使用 scope 参数指明上述常量的作用域范围,完成在 JSP 页面中设置对象属性的共享范围。使用 getAttribute()方法获取属性值。

示例 16-17

下面代码设置一个页面作用域的属性:

```
<%Float one = new Float(42.5);%>
<%pageContext.setAttribute("foo", one);%>
```

下面代码获得一个页面作用域的属性:

```
<%= pageContext.getAttribute("foo")%>
```

程序示例 16-5

程序示例 16-5 页面作用域共享数据

chapter16/PageShareData.java
chapter16/useFinal.jsp

16.7 课后习题

1. 下列不属于 JSP 组成元素的是( )。

A. 脚本　　B. 声明　　C. 表达式　　D. JavaScript

2. 下列注释方式可在 JSP 中使用,并且客户端无法查看的是( )。

A. <!-- 注释 -->　　B. <%注释%>

C. <%-- 注释--%>　　D. <%!注释%>

3. 在 JSP 页面中有下述代码,第二次访问此页面的输出结果是( )。

```
<%! int x = 0;%>
<%int y = 0;%>
<%=x++>,<%=y++>
```

A. 0, 0　　B. 0, 1　　C. 1, 0　　D. 1, 1

4. JSP 页面在执行时是以( )方式进行的。

A. 解释式　　B. 转换式　　C. 编译式　　D. 翻译式

5. <jsp:param>动作标签经常与(　　)标签一起使用。(可多选)

A. <jsp:useBean>　　B. <jsp:include>

C. <jsp:setProperty>　　D. <jsp:forward>

6. 下列关于 JSP 执行过程描述正确的是(　　)。(可多选)

A. JSP 在第一次被请求时转换成 Servlet,并编译为字节码文件

B. JSP 在容器启动时被转换为 Servlet,并编译为字节码文件

C. 在第二次请求时,将不再执行转换过程

D. 如果 JSP 页面发生错误,将不再执行转换过程

7. 下列属于 JSP 内置对象的是(　　)。(可多选)

A. request　　B. response

C. ServletContext　　D. session

8. 需在 JSP 页面中包含同一个 Web 应用程序中的其他 JSP 页面,可使用(　　)。(可多选)

A. @import 指令　　B. @include 指令

C. <jsp:include>动作标签　　D. <jsp:import>动作标签

9. JSP 有哪些内置对象? 其作用分别是什么?

10. JSP 页面中,动态 include 包含与静态 include 包含的区别是什么?

11. JSP 页面中两种跳转方式有何区别?

12. JSP 中 Model2 的工作原理是什么?

第17章 JavaBean 在 JSP 中的应用

JavaBean 是一种软件组件模型，可以轻松重用并集成到应用程序中的 Java 类。任何可用 Java 代码创造的对象都可以利用 JavaBean 进行封装。通过合理的组织具有不同功能的 JavaBean，可以快速地生成一个全新的应用程序。JavaBean 可以被 Servlet、JSP 等 Java 应用程序调用，其包含属性（properties）、方法（methods）、事件（events）等特性。

JavaBean
简介

 17.1 JavaBean 简介

JavaBean 是一种使用 Java 语言编写的可重用组件。它的类必须是具体的且公共的，并具有无参数的构造方法。JavaBean 通过提供符合一致性设计模式的公有方法 set()和 get()设置或获取私有数据成员。

JavaBean 的种类按照功能可以划分为可视化和不可视化两类：可视化的 JavaBean 就是拥有 GUI 的，对最终用户是可见的；不可视化的 JavaBean 不要求继承，它更多地被用在 JSP 中，封装业务逻辑、数据分页逻辑、数据库操作和事务逻辑等，实现业务逻辑和前台程序的分离，提高了代码的可读性和易维护性，使系统更加健壮和灵活。

典型的 JSP 与 JavaBean 结合使用方式如图 17-1 所示，其有 3 个优点。

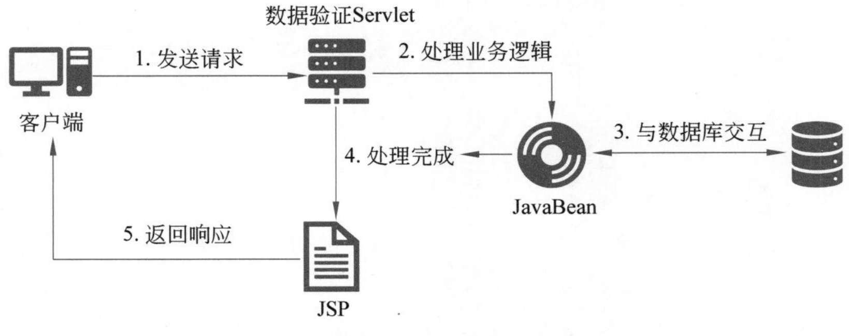

图 17-1 JavaBean 执行逻辑

(1) HTML 显示逻辑与 Java 业务逻辑分离，便于代码维护。

(2) 降低开发 JSP 网页的程序员对 Java 编程能力的要求。

(3) JSP 侧重生成动态网页，事务处理交由 JavaBean 完成，充分利用 JavaBean 组件的可重用性特点，提高网站开发效率。

JavaBean 使用 Java 语言定义类，定义时需要遵循 JavaBean 规范，具体规则如下。

(1) 定义 JavaBean 的类必须是公共类，使用 public 修饰符修饰类。

(2) JavaBean 定义构造方法时，必须使用 public 修饰符，且不能包含参数；如果没有定义构造方法，Java 编译器提供默认的无参构造方法。

(3) JavaBean 类的数据成员必须是使用 private 修饰符声明的私有数据成员，只允许在类的内部访问。

(4) 对于 JavaBean 类中的每个数据成员，必须有相应的公有成员方法 setXxx()和 getXxx()方法来访问和修改 JavaBean 中的私有属性 Xxx 的值。

(5) JavaBean 必须放在一个包内，方便后续引用。

(6) 对于部署完成的 JavaBean，如果类中内容发生改变，则必须重新编译源文件，同时启动服务器才能生效。

示例 17-1

定义一个 JavaBean 类，类名为 UserInfoBean。在 UserInfoBean 类中定义一个属性 userName，并定义访问该属性的两个方法：getUserName()和 setUserName()。

```
package Beans;
public class UserInfoBean {
    private String userName;
    public UserInfoBean() {

    }

    public String getUserName() {
        return userName;
    }

    public void setUserName(String name) {
        this.userName = name;
    }
}
```

17.2 JSP 使用 JavaBean

JSP 使用 JavaBean

在 JSP 页面中，可通过程序代码访问 JavaBean，也可通过特定的 JSP 标签来访问 JavaBean。使用 JSP 标签访问时，可减少 JSP 页面中的程序代码，使其页面更加接近 HTML 页面。可通过 3 个 JSP 标准动作使用 JavaBean，如表 17-1 所示。

表 17-1 JSP 标准动作使用 JavaBean

JSP 动作标签	说　明
<jsp:useBean>	在 JSP 页面中查找或创建一个 Bean 实例
<jsp:setProperty>	设置 Bean 实例属性值
<jsp:getProperty>	获取 Bean 实例属性值

如果在 JSP 页面中访问 JavaBean,首先需要通过<%@page >指令中的 import 属性引入 JavaBean 类,例如:

```
<%@page import="Bean.UserInfoBean">
```

17.2.1 <jsp:useBean>动作标签

用于在 JSP 页面中查找或创建 Bean 实例,可将该实例存储到指定的范围。一般语法格式如下:

```
<jsp:useBean id="beanName"
scope="page|request|session|application"
{class="package.class" | type="package.class" |}
{ />| >其他标签</jsp:useBean>}
```

(1) id 属性。代表 JavaBean 对象标识符,本质上表示引用 JavaBean 对象的局部变量名,可在 JSP 页面的表达式或者小脚本中使用该变量名。JSP 技术规范要求存放在所有范围内的每个 JavaBean 对象都必须有唯一的 id 属性标识。

(2) scope 属性。用于指定 JavaBean 对象的作用域范围,可选值包括 page、request、session 和 application,默认为 page。此外,如果 JSP 页面的 page 指令中 session 属性设置为 false 时,那么 JavaBean 不能在 JSP 页面中使用 session 作用域。

(3) class 属性。用于指定创建 Bean 实例的 Java 类名。如果服务器在指定的作用域内无法找到一个 Bean 实例与之对应,则将使用 class 属性指定的类创建一个 Bean 实例。如果指定的类属于某个包时,则必须指定类的全名,如 Bean.UserInfoBean。

(4) type 属性。用于声明 id 属性对应变量的类型。由于该变量是在请求时指向真实的 Bean 实例,因此,id 属性变量类型必须与 Bean 类型相同,或者是其父类,或者是类实现的接口。与 class 属性一样,如果类或者接口属于某个包时,需要指定其全名。

注意:在<jsp:useBean>动作标签属性中,id 属性是必选的,scope 属性可选,而 class 属性和 type 属性需要至少指定一个或者两个同时指定。

示例 17-2

使用<jsp:useBean>动作标签指定 class 属性和 scope 属性。

```
<jsp:useBean id="userInfo" class="Bean.UserInfoBean" scope="request">
```

示例 17-2 中,使用<jsp:useBean>动作标签处理步骤如下。

(1) 定义一个名称为 userInfo 的局部变量,表示 Bean 实例名。

(2) 试图从 scope 属性指定的请求作用域内读取 userInfo 属性,并使 userInfo 局部变量引用具体的属性值,即 UserInfoBean 对象。

(3) 假设在 scope 指定的作用域范围内 userInfo 属性不存在,则通过 UserInfoBean 类的默认构造方法创建一个新的 UserInfoBean 对象,并存放在页面作用域内且命名为 userInfo。

也可在 Servlet 中使用 Java 程序片段改写示例 17-2。

示例 17-3

使用 Servlet 改写示例 17-2。

```
public class useInfoBean extends HttpServlet {
    private static final long serialVersionUID = 1L;
    UserInfoBean userInfo = null;
     protected void doGet (HttpServletRequest request, HttpServletResponse
     response) throws ServletException, IOException {
        userInfo = (UserInfoBean)request.getAttribute("userInfo");
        if(userInfo == null) {
            userInfo = new UserInfoBean();
            request.setAttribute("userInfo", userInfo);
        }
    }
}
```

示例 17-4

使用<jsp:useBean>动作标签指定 type 属性和 scope 属性。

```
<jsp:useBean id="userInfo" type="Bean.UserInfoBean" scope="request">
```

示例 17-4 中,假设在 scope 指定的作用域范围内 userInfo 属性不存在,将会产生实例化异常错误。因此,使用 type 属性时,必须要保证 Bean 实例必须存在。

17.2.2 <jsp:setProperty>动作标签

设置 Bean 实例属性值。一般语法格式如下:

```
<jsp:setProperty name="beanName"
{property="propertyName"value="{string|<%=expression%>}"|
property ="propertyName" [param="paramName"]|
property = "*" } />
```

(1) name 属性。标识一个 Bean 实例,该实例必须是<jsp:useBean>动作标签声明的实例,并且 name 属性值必须与<jsp:useBean>动作标签中 id 属性值相同。使用时该属性必须指定。

(2) property 属性。指定需要设置的 Bean 实例属性,服务器根据指定的属性调用相应的 setXxx()方法完成设置操作。使用时该属性必须指定。

(3) value 属性。为 Bean 实例属性指定属性值。属性值既可以是常量,也可以是接收请求时的属性表达式。

(4) param 属性。指定请求参数名,如果请求信息中包含指定的参数,则使用该参数对应的参数值来设置 Bean 实例的属性。

注意:value 属性和 param 属性都是可选的,并且不可同时使用。如果两个属性都没有指定新值,服务器将查找与 Bean 实例属性同名的请求参数。

示例 17-5

使用<jsp:setProperty>动作标签。

```
<jsp:setProperty name="userInfo" property="userName" value="admin">
```

示例 17-5 中,根据 name 属性值 userInfo,找到由<jsp:useBean>动作标签声明的 id 为 userInfo 的 UserInfoBean 对象,然后使用指定的 value 值给 property 属性赋值。

使用<jsp:setProperty>动作标签等价于以下代码:

```
<%userInfo.setUserName("admin") %>
```

默认情况下,如果请求参数名与 Bean 类中的属性名一致时,无须指定 param 属性或者 value 属性,其使用方式如下:

```
<jsp:setProperty name="userInfo" property="userName" >
```

17.2.3 <jsp:getProperty>动作标签

获取 Bean 实例属性值。一般语法格式如下:

```
<jsp:getProperty name="beanName"property="propertyName"/>
```

(1) name 属性。标识一个 Bean 实例,该实例必须是<jsp:useBean>动作标签声明的实例,并且 name 属性值必须与<jsp:useBean>动作标签中 id 属性值相同。使用时该属性必须指明。

(2) property 属性。指定需要设置的 Bean 实例属性,服务器根据指定的属性调用相应的 getXxx()方法完成获取操作。使用时该属性必须指明。

程序示例 17-1

程序示例 17-1 chapter17/UseBeans.jsp

在程序示例 17-1 中,Servlet 容器运行<jsp:getProperty>动作标签时,根据 property 属性指定的属性名,自动调用 UserInfoBean 类中的 getUserName()方法。

在 JavaBean 类中,属性名和 getXxx()和 setXxx()方法之间存在固定的对应关系:如果属性名为 username,则 getXxx()方法名为 getUserName,setXxx()方法名为 setUserName,属性名中的第一个字母在方法名中改为大写。

注意:如果在 UserInfoBean 类中没有定义 getUserName()方法,那么 Servlet 容器运行<jsp:getProperty>动作标签时会抛出运行异常。因此,开发人员必须严格遵守 JavaBean 技术规范,才能保证 JSP 中访问 JavaBean 能够正常运行。

 17.3 JavaBean 作用范围

JavaBean 作用范围

在<jsp:useBean>动作标签中可设置 JavaBean 的 scope 属性，决定 JavaBean 对象的存在范围。由 17.2.1 节可知，scope 属性取值包括 4 种类型。

（1）page：表示页面范围，是 scope 属性的默认值。

（2）request：表示请求范围。

（3）session：表示会话范围。

（4）application：表示应用范围。

下面使用访问 UserInfoBean 的 4 个 JSP 页面例子讲解 4 种作用范围的区别与特点。

（1）login1.jsp 和 login2.jsp：存取页面范围内的 UserInfoBean。

（2）requestDisplay1.jsp 和 requestDisplay2.jsp：存取请求范围内的 UserInfoBean。

（3）sessionDisplay.jsp：存取会话范围内的 UserInfoBean。

（4）applicationDispay.jsp：存取应用范围内的 UserInfoBean。

17.3.1 页面范围

页面范围执行周期：从客户端请求访问一个 JSP 页面开始，直到当前 JSP 页面执行结束。

在 login1.jsp 页面中声明一个页面范围内的 UserInfoBean。

```
<jsp:useBean id="userInfo" class="Bean.UserInfoBean">
```

每次客户端请求访问 login1.jsp 页面时，<jsp:useBean>动作标签都会创建一个 UserInfoBean 实例对象，并将它存放在页面范围内。

此时，页面范围内的 UserInfoBean 对象在以下两种情形下都会结束生命周期。

（1）客户端请求访问的 login1.jsp 页面执行完毕，然后通过<jsp:forward>动作标签将请求转发给另一个 Web 组件。

（2）客户端请求访问的 login1.jsp 页面执行完毕，并向客户端发送响应。

因此，页面范围内的 JavaBean 对象只能在当前 JSP 页面中有效。一旦将页面请求转发到 login2.jsp 页面后，login2.jsp 无法访问到 login1.jsp 页面范围内的 JavaBean 对象。

程序示例 17-2

程序示例 17-2

chapter17/login1.jsp
chapter17/login2.jsp

使用<jsp:getProperty>动作标签访问 UserInfoBean 对象的属性值 admin，并发送到客户端显示。然而，如果在 login1.jsp 页面中添加<jsp:forward page="login2.jsp"/>，通过客户端访问修改后的 login1.jsp 页面，login1.jsp 将把请求转发给 login2.jsp 页面，客户端最后得到 login2.jsp 的响应结果。在 login2.jsp 页面中无法访问到 login1.jsp 页面中的 userInfo 对象，无法获取该对象的属性值。

17.3.2 请求范围

请求范围执行周期：从客户端请求访问一个 JSP 页面开始，直到当前 JSP 页面执行结束；如果当前 JSP 页面将请求转发到其他 Web 组件，则直到其他 Web 组件执行结束。

在 requestDisplay1.jsp 中声明一个存放在请求范围内的 UserInfoBean。

```
<jsp:useBean id="userInfo" type="Bean.UserInfoBean" scope="request">
```

每次当客户端请求访问 requestDisplay1.jsp 页面时，requestDisplay1.jsp 都会创建一个 UserInfoBean 对象，并存放在请求范围内。

请求范围内的 UserInfoBean 对象在以下两种情形下都会结束生命周期。

（1）客户端请求访问的当前 requestDisplay1.jsp 页面执行完毕，并向客户端发送响应。

（2）客户端请求访问的当前 requestDisplay1.jsp 页面时，将请求转发给 requestDisplay2.jsp 后，requestDisplay2.jsp 执行完毕，并向客户端发送响应。

因此，请求范围内 JavaBean 对象存在响应一个客户请求的整个过程中。当所有共享同一个客户请求的 JSP 页面执行完毕，并向客户端发送响应时，本次请求范围内的 JavaBean 对象结束生命周期。

对于 requestDisplay1.jsp 页面中声明的 UserInfoBean 对象而言，可被以下 Web 组件共享。

（1）requestDispay1.jsp 页面。

（2）与 requestDispay1.jsp 页面共享同一个客户端请求的 Web 组件，包括 requestDispay1.jsp 文件通过＜%@ include＞指令标签包含的 Web 组件、＜jsp:include＞动作标签包含的 Web 组件以及＜jsp:forward＞动作标签转发的其他 Web 组件。

请求范围内的 JavaBean 对象作为属性值保存在 HttpServletRequest 对象中，属性名为 JavaBean 的 id 属性名，属性值为 JavaBean 实例对象。

在 Servlet 类中，可通过 HttpServletRequest 对象中的 getAttribute()方法读取请求范围内的 JavaBean 对象。例如：

```
UserInfoBean userInfo =
(UserInfoBean)request.getAttribute("userInfo");
```

程序示例 17-3

程序示例 17-3

chapter17/requestDisplay1.jsp
chapter17/requestDisplay2.jsp

如果在 requestDisplay1.jsp 页面中添加＜jsp:forward page＝"requestDisplay2.jsp"/＞，通过客户端访问修改后的 requestDisplay1.jsp 页面，requestDisplay1.jsp 把请求转发给 requestDisplay2.jsp 页面，客户端最后得到 requestDisplay2.jsp 的响应结果。

在 requestDisplay2.jsp 页面可以访问 requestDisplay1.jsp 页面中的 userInfo 对象，并获取该对象的属性值。

17.3.3　会话范围

会话范围执行周期为整个会话的生存周期。处于同一个会话中的 Web 组件共享该会话范围内的 JavaBean 对象。

在 sessionDisplay.jsp 中声明一个存放在会话范围内的 UserInfoBean。

```
<jsp:useBean id="userInfo" type="Bean.UserInfoBean" scope="session">
```

会话范围内的 JavaBean 对象作为属性值保存在 HttpSession 对象中，属性名为 JavaBean 的 id 属性名，属性值为 JavaBean 实例对象。

在 Servlet 类中，可通过 HttpSession 对象中的 getAttribute()方法读取会话范围内的 JavaBean 对象。例如：

```
UserInfoBean userInfo =
(UserInfoBean)session.getAttribute("userInfo");
```

每次客户端请求访问 sessionDisplay.jsp 页面时，sessionDisplay.jsp 都会创建一个 UserInfoBean 对象，并存放在会话范围内。通过同一个客户端多次请求访问该页面，那么客户请求始终处于同一个会话中，因此，sessionDisplay.jsp 不再创建新的 userInfo 对象，而是访问当前会话范围内已经存在的 userInfo 对象。

会话范围内的 UserInfoBean 对象在以下两种情形下都会结束生命周期。

(1) 客户端主动结束会话。

(2) 服务器端中断会话。

程序示例 17-4　**chapter17/sessionDisplay.jsp**

程序示例 17-4

17.3.4　应用范围

应用范围执行周期对应整个 Web 应用的生存周期。处于同一个 Web 应用程序内的所有 Web 组件共享应用范围内的 JavaBean 对象。

在 applicationDisplay.jsp 中声明一个存放在应用范围内的 UserInfoBean。

```
<jsp:useBean id="userInfo" class="Bean.UserInfoBean"
scope="application">
```

应用范围内的 JavaBean 对象作为属性值保存在 ServletContext 对象中，属性名为 JavaBean 的 id 属性名，属性值为 JavaBean 实例对象。

在 Servlet 类中，可通过 ServletContext 对象中的 getAttribute()方法读取应用范围内的 JavaBean 对象。例如：

```
ServletContext appContext = getServletContext();
UserInfoBean userInfo = (UserInfoBean)
appContext.getAttribute("userInfo");
```

每次客户端请求访问 applicationDisplay.jsp 页面时，applicationDisplay.jsp 都会创建一个 UserInfoBean 对象，并存放在应用范围内。通过同一个客户端多次请求访问该页面,那么客户请求始终处于同一个 Web 应用范围内中,因此,applicationDisplay.jsp 不再创建新的 userInfo 对象,而是访问当前应用范围内已经存在的 userInfo 对象。

程序示例 17-5

程序示例 17-5 chapter17/applicationDisplay.jsp

17.4 课后习题

MVC 模式

1. 在 JSP 页面中,使用<jsp:setProperty>动作标签和<jsp:getProperty>动作标签描述正确的是(　　)。

A. <jsp:setProperty>动作标签和<jsp:getProperty>动作标签都必须在<jsp:useBean>动作标签的开始标签和结束标签之间

B. <jsp:setProperty>动作标签和<jsp:getProperty>动作标签可用于对 Bean 中定义的所有属性进行选择和设置

C. <jsp:setProperty>动作标签和<jsp:getProperty>动作标签中 name 属性值必须和<jsp:useBean>动作标签中的 id 属性值相对应

D. <jsp:setProperty>动作标签和<jsp:getProperty>动作标签中 name 属性值可与<jsp:useBean>动作标签中的 id 属性值不同

2. 给定 TheBean 类,假设尚未创建 TheBean 类的实例,以下 JSP 标准动作语句(　　)能够创建这个 Bean 的一个新实例,并存储于请求作用域。

A. <jsp:useBean name="myBean" type="TheBean"/>

B. <jsp:takeBean name="myBean" type="TheBean"/>

C. <jsp:useBean id="myBean" class="TheBean" scope="request"/>

D. <jsp:takeBean id="myBean" class="TheBean" scope="request"/>

3. JavaBean 的 scope 取值(　　)可使该 JavaBean 被多个用户共享,即和 Web 应用有相同的生命周期。

A. page　　B. request　　C. session　　D. application

4. 使用<jsp:setProperty>动作标签可以在 JSP 页面中设置 Bean 的属性,但必须保证 Bean 有对应的(　　)方法。

A. SetXxx()　　B. setXxx()　　C. getXxx()　　D. GetXxx()

5. 关于 JavaBean 描述正确的是(　　)。

A. Java 文件与 Bean 所定义的类名可以不同,但必须注意区分字母的大小写

B. 在 JSP 文件中引用 Bean,使用<jsp:useBean>动作标签

C. 被引用的 Bean 文件扩展名为 java

D. Bean 文件放在任何目录下都可以被引用

6. 某个 JSP 页面中声明使用 JavaBean 语句如下:

```
<jsp:useBean id="user" class="TheBean" scope="page"/>
```

如果需要取出该 JavaBean 的 loginName 属性值,下面语句正确的是(　　)。(可多选)

A. <jsp:getProperty name="user" property="loginName">

B. <jsp:getProperty id="user" property="loginName"/>

C. <jsp:getProperty name="user" property="l*"/>

D. <%=("loginName")%>

7. 使用 JavaBean 的优势(　　)。(可多选)

A. 提供标准化接口,运行期有 JSP 和 J2EE 连接器支持

B. 更明确地分离 Web 页面设计和业务逻辑处理软件设计

C. 可在多个 Web 应用程序中复用

D. 可实现安全性、事务性、并发性和持久性

8. 实现一个简单 JSP 注册页面,编写注册类 JavaBean 代码,完成对注册信息的验证。其中,要求用户名为字母或者数字,年龄必须为数字。

图书资源支持

感谢您一直以来对清华版图书的支持和爱护。为了配合本书的使用，本书提供配套的资源，有需求的读者请扫描下方的“书圈”微信公众号二维码，在图书专区下载，也可以拨打电话或发送电子邮件咨询。

如果您在使用本书的过程中遇到了什么问题，或者有相关图书出版计划，也请您发邮件告诉我们，以便我们更好地为您服务。

我们的联系方式：

地　　址：北京市海淀区双清路学研大厦 A 座 714

邮　　编：100084

电　　话：010-83470236　010-83470237

客服邮箱：2301891038@qq.com

QQ：2301891038（请写明您的单位和姓名）

资源下载：关注公众号“书圈”下载配套资源。

资源下载、样书申请

书圈

图书案例

清华计算机学堂

观看课程直播